MAMA'S LAST HUG
ママ、最後の抱擁

Animal Emotions and What They Tell Us about Ourselves
わたしたちに動物の情動がわかるのか

FRANS DE WAAL フランス・ドゥ・ヴァール 柴田裕之訳

紀伊國屋書店

バーガース動物園のチンパンジーのコロニーに長年君臨したアルファメスのママと、娘のモニーク。この写真が撮影された頃、ママは権力の絶頂期にあった。身体的な力ではどの大人のオスに対しても優位には立てなかったが、それでも絶大な政治的影響力を振るっていた。

50歳のママ。老いは隠せず、関節炎のせいで歩くのにもひどく難儀していた。それにもかかわらず、依然としておおいに敬われていた。

ママは並ぶ者のない紛争仲裁者として知られていた。この写真では、アルファオスのニッキー（右）と、ママ自身の子分で、金切り声を上げて抗議しているフォンスという幼いオス（左）の喧嘩の仲裁をしている。ママはニッキーに向かってパント・グラント（「ホッホッホッホッ」という連続した鳴き声）を発しながら、2頭の間に割って入る。その声を聞くと、ニッキーは落ち着きを取り戻す。それからママはニッキーのグルーミングに取りかかり、そのあと、フォンスを導いてその場を去る。

幼いアカゲザルが、近づいてくる上位のオスに向かって歯を剝いているところ。口を上下には開けないまま唇を左右に大きく開くこの表情は服従を表すが、同時に、その場にとどまることを厭わない気持ちも示している。

人間の微笑みも含め、多くの霊長類が歯を剝く仕草は、不快な刺激に対する反射的な応答に由来すると考えられている。この写真では、ケニアでサボテンを食べているヒヒが、唇を上下左右に引いて、棘を避けている。

メスのアカゲザルが、彼女の種の典型的な威嚇の表情を下位者に向けているところ。あまり歯を見せずに口を開けながら、相手を睨みつけている。

アカゲザルの群れのアルファメス、オレンジが、大人になった2頭の娘の間に座っているところ。2頭は激しい喧嘩のあと、オレンジに近寄ってきた。この家族内の仲直りの間、3頭のメスはみな親しげな声を上げ、唇を打ち合わせて音を立てながら、お互いの赤ん坊に注意を集中させた。

あらゆる霊長類にとって、身体的接触には気を落ち着かせる効果がある。この2頭のメスのチンパンジーは、しっかりと身を寄せ合いながら、コミュニティ内の緊迫した喧嘩を見守っている。

吹雪の中、日本の地《じ》獄谷《ごくだに》野《や》猿公苑《えんこうえん》で温泉に浸かりながらグルーミングするマカク。霊長類は厖大な時間をグルーミングに費やす。グルーミングは、絆と支援関係の維持に役立つ。

オマキザルは他者が持っている食べ物に細心の注意を払う。彼らは気軽に食べ物を分かち合うが、不公平にも敏感だ。

霊長類は、期待どおりにならないと、騒々しい癇癪を起こすことがある。この幼い子供(右)は、赤ん坊を抱いている母親に押しのけられると、金切り声を上げ始めた。赤ん坊が生まれるまでは、この子はいつも母親の腹にしがみついていたのだ。

共感の最もありふれた表現は慰めで、苦しんでいる他者を元気づける反応だ。ロラ・ヤ・ボノボ・サンクチュアリのボノボが、喧嘩に負けたばかりの別のボノボを優しく抱き締めている。(ザナ・クレイの厚意により掲載)

メスのチンパンジー(右)がアルファオスの口にキスしているところ。2頭は喧嘩をし、オスがメスを追い回した。人間の場合と同じで、チンパンジーのキスは、仲直りするときや、離れ離れになっていたあと再会した相手に挨拶するときに、よく見られる。

1979年にバーガース動物園でローシェを抱いている著者。私たちは養母のカイフを訓練して哺乳瓶で授乳できるようにし、この赤ん坊のチンパンジーを育てさせることに成功した。（デズモンド・モリスの厚意により掲載）

幼いチンパンジーが抗議しながら、大人のオスが自分から奪ったベリーを返してくれるよう、手を伸ばして懇願しているところ。

眉間の小さな筋肉が引き起こす、眉をひそめる表情が、人間ならではのものかどうかを巡って、ダーウィンの時代以来、激しい議論が闘わされてきた。他の霊長類も同じ筋肉を持っており、怒りを感じているときにやはりその筋肉を収縮させることが、今ではわかっている。幼いボノボのオス（左）が、眉をひそめ、口をきつく結んで、年下の敵を睨んでいる。敵はメス（右）の庇護を求めた。彼女は片腕を彼の体に回し、叩くような動作をして、攻撃者を思いとどまらせようとしている。

人間の微笑みと同じで、ボノボが歯を剝くと、他者をなだめ、気分を良くさせるのに役立つことが多い。この写真では、ロレッタ（右）が乳児のレノアとの睨み合いを解消している。レノアは食べ物、すなわち葉のたっぷりついた枝を取ろうと手を伸ばし続ける。ロレッタにとって問題は、自分より上位であるレノアの母親の存在だ。ロレッタはレノアが届かない所に食べ物を移し、代わりに握手を求め、親しげに歯を剝いている。

2頭の大人のオスのチンパンジーが、喧嘩の終わりに樹上高くに行き着いた。1頭がもう1頭に向かって手を差し出し、仲直りをしようと誘っている。私がこの写真を撮影した直後に、この2頭のオスは抱き合ってキスし、それからいっしょに木を降りた。

チンパンジーの発声で最も大きいのが金切り声で、恐れや怒りを表す。たいていは、高位の個体に向けられる。この写真では、2頭のメスが怒って1頭の大人のオスを追い払っている。

アルファオスはつねにプレッシャーの下で生きており、ストレスで苛立つことがある。ヤーキーズ国立霊長類研究センターのフィールドステーションで暮らすこのオスには競争相手がいて、飽くことなくトップの座を狙い、毎日彼を挑発していた。絶え間ない不安が、このアルファの目に表われているようだった。

類人猿は遊びで取っ組み合ったり追いかけ合ったりするときに、しゃがれた、喘ぐような笑い声を発する。

サンディエゴ動物園で直立するボノボの大人のメス（左）と思春期のオス（右）。ボノボは脚が比較的長く、足の形や脳の大きさの点でも、あらゆる大型類人猿のなかで、私たちの祖先と最も近い体つきをしている。遺伝子の観点からは、ボノボはチンパンジーと並ぶほど私たちに近いので、人間の進化に関心のある人なら誰もが、チンパンジーに対するのと同じだけの関心をボノボにも抱いてしかるべきだ。

MAMA'S LAST HUG
ママ、最後の抱擁
Animal Emotions and What They Tell Us about Ourselves
わたしたちに動物の情動がわかるのか

私の心に火を灯してくれる、カトリーヌに捧げる

目次

［　］は著者、〔　〕は訳者による注を示す。邦訳のない書名は原題を（　）に記す。

カバー写真および一部を除く口絵写真は著者の撮影による。

また、本文中のイラストはすべて著者による。

プロローグ

行動観察は、私にとってごく自然なことだ。あまりにたやすいので、やり過ぎる嫌いがある。ようやくそれを悟ったのは、ある日帰宅して、地元のバスで見かけた光景を母に話したときだ。小学校も最終学年の頃だったと思う。年上の男の子と女の子が、気持ち悪いキスをしていた。まったく気が知れなかったが、ティーンエイジャーならやりがちなことで、二人は口を開け、ぬめぬめした唇をべたっと押しつけ合っていた。それ自体はどうということはなかったけれど、それから気がついた。キスのあと、女の子がガムを噛んでいた。キスの前に見たとき、ガムを噛んでいたのは男の子だけだったのに。あれっ、と首をひねったが、それから思い当たった。ガムを口移しにしたのだろう。ところがその話をしても、母は少しも面白がらず、困った顔をして言うのだった。人さまのことをそんなにじろじろ眺めるのはやめになさい、あまりお行儀の良いことではありませんからね、と。

観察は、今では私の仕事になった。だが、女性が何色の服を着ているかや、男性がかつらを着けているかどうかに気づくなどとは思わないでほしい。その手のことにはからきし興味がないので。その代わりに的《まと》を絞っているのが、情動表現やボディランゲージや社会的ダイナミクスだ。これらは人間と他の霊長類とでとてもよく似ているから、私の観察力はどちらにも同じように使える。もっとも、研究の対象としているのはおもに後者だが。学生時代は、動物園で飼育しているチンパンジーのコロニー〔飼育環境下の集団〕を見下ろす場所に研究室があったし、ジョージア州アトランタ近くのヤーキーズ国立霊長類研究センターの研究者としても、過去二五年にわたって同じような環境に身を置いてきた。ここのフィールド・ステーションのチンパンジーたちは、日中は屋外で過ごしており、ときどき大騒ぎをし、それがひどくやかましいので、私たちは窓に駆け寄ってその光景に見入る。たいていの人には、二〇頭ばかりの毛むくじゃらの獣が叫んだり金切り声を上げたりしながら走り回る、めちゃくちゃな混乱状態に見えるだろうが、じつはそこにはとても秩序立った社会が存在している。私たちは顔を見れば、いや、声を聞いただけでも、どれがどのチンパンジーか区別できるし、彼らが何をしそうか予想がつく。パターンを認識できなければ、観察は焦点が定まらず、行き当たりばったりになってしまう。一度もやったことがなく、ろくに知らないスポーツを観戦するようなものだ。ようするに、何も見えてこない。だからこそ、ここアメリカではサッカーの国際試合のテレビ中継は観るに堪えないのだ。ほとんどのスポーツナレーターは中途からサッカーを担当するようになったので、基本的な戦略がつかめない。ボールしか見ておらず、決定的な場面でもくだらないことをべらべらしゃべり続ける。パターン認識ができないと、そういうことになるのだ。

カギは、中心的な場面以外にも目配りすることだ。たとえば、オスのチンパンジーが石を投げたり脇を突進していったりして別のオスを畏縮させていたなら、わざとその二頭から目を逸らし、周辺を調べる必要がある。そこで新たな展開が見られるからだ。私はこれを「全体的観察《ホリスティック》」と呼んでいる。状況全体に注意を払うということだ。威嚇されたオスの大の仲良しが隅のほうで眠っていても、それを無視していいわけではない。彼が目覚めて二頭に向かっていった途端、まもなく流れが変わることをコロニーの誰もが察する。メスが大声を上げて新たな動きを知らせ、母親たちは赤ん坊をぎゅっと抱き締める。

　騒ぎが収まったあとも、あっさり背を向けたりしてはいけない。この一件の主役たちから目を離さずにいるに限る——まだ幕は下りていないから。これまで私はチンパンジーの仲直りを何千回も目にしてきたが、最初の頃の一回には仰天した。つい先ほどまで争っていた二頭のオスが直立して全身の毛を逆立て、歩み寄ったのだ。その体は、いつもの倍も大きく見えた。二頭は凄まじい目付きで睨《にら》み合ったので、私はまた喧嘩が始まるものとばかり思った。だが、そばまで来ると、一頭が突然くるりと向きを変え、尻を突き出した。すると、もう一頭は相手の肛門の周りを念入りにグルーミング（毛づくろい）し始めた。大きな音を立てて唇や歯を打ち合わせ、この作業にどれほど熱中しているかを示す。一頭目も

オスのチンパンジーたちは喧嘩のあとの仲直りのとき、ライバルの尻を熱心にグルーミングしたがる。両者が同時にそうしようとしたら、珍妙な「シックスナイン」の姿勢になりかねない。

同じことをしたがったので、珍妙な「シックスナイン」の姿勢に落ち着き、二頭とも同時に相手の尻をグルーミングできた。ほどなく二頭はリラックスして向き直ると、顔をグルーミングし合った。こうして平穏が戻った。

最初にグルーミングした箇所は異様に見えるかもしれないが、思い出してほしい。英語にはbrown-nosing（［相手の尻にキスして排泄物で］鼻を茶色くする）やass-licking（［相手の］尻を舐《な》める）といった表現〔いずれも、おべっかを使うことを意味する〕がある（他の多くの言語も似たようなものだ）。これにはしっかりした根拠があることは請け合いだ。人間は、強烈な恐れを覚えると吐いたり下痢をしたりする場合がある。英語ではおびえることをcrap one's pants（パンツに脱糞する）と言う。パンツを抜きにすれば、これは類人猿でもよくあることだ。体の出口は重大な情報を漏らすものなのだ。オスのチンパンジーどうしの小競り合いが終わったずっとあとに、一方がぶらつきながら、競争相手が草むらで座っていたまさにその場所にさりげなく近づいたかと思うと、やにわに身を屈めて匂いを嗅ぐ姿が見られるかもしれない。チンパンジーは人間と同じで視覚をおおいに頼りにしているものの、嗅覚も相変わらず重要だ。隠し撮りからわかったのだが、人間も握手をしたあと、相手が同性のときにはとくに、手の匂いを嗅ぐことが多い。何気なく手を上げて顔に近づけ、化学物質のかすかな香りを嗅いで、相手の気質を知ろうとする。それは無意識の動作で、私たちはこれに限らず、他の霊長類の行動に似たことをたくさんする。それなのに、自分たちは合理的な行為者であり、万事心得て行動していると思いたがる一方で、他の種《しゅ》は自動機械《オートマトン》として片づけてしまう。だが本当は、それほど単純ではない。

私たちは絶えず自分の感情に触れているとはいえ、情動と感情は別物だから厄介だ。私たちは情動と感情をいっしょくたにしがちだが、感情は内面の主観的状態であり、厳密に言えば本人にしか知りようがない。私には自分の感情はわかるが、あなたの感情はわからない――あなたがそれについて語ってくれたことを除いては。私たちは自分の感情について、言葉で伝え合う。一方、怒りや恐れから性的欲望や愛情、権力欲に至るまで、情動は身体的・心的状態であり、行動を促す。情動は特定の刺激で引き起こされ、行動面の変化を伴うので、表情や肌の色、声音、仕草、体臭などによって、外側からでも感知できる。こうした変化を経験している人がその変化を自覚したときにだけ、それは感情になる。感情は意識的な経験なのだ。だから私たちは、情動は示すが、感情については語る。

　仲直り、すなわち衝突に続く友好的な和解について考えてみよう。仲直りは測定可能な情動的相互作用だ。それを検知するには、敵対していた者どうしの間で何が起こるかを観察する根気さえあればいい。だが、悔恨や寛容や安堵といった、仲直りに伴う感情は、それを経験している本人にしか知りえない。あなたは他者も自分と同じ感情を抱いているのではないかと思うこともあるだろうが、相手が同じ種の仲間だったとしてさえ、確信は持てない。たとえば誰かが、別の人を赦《ゆる》した、と言うかもしれないが、その言葉を信じられるだろうか？　人は口とは裏腹に、機会があり次第、赦したはずの言動を蒸し返すことがままある。私たちは自分の内面の状態を十分に知らず、自分自身と周りの人の両方に判断を誤らせることが多い。私たちは、偽りの幸せに浸り、恐れを抑え込み、見当違いの愛情を注ぐ達人なのだ。だから私は、言葉を使わない生き物相手の仕事が気に入っている。彼らの感情は推測するしかないが、少なくとも彼らは、自分について心にもないことを語って私をあらぬ方向に導いたりはけっしてしない。

人間の心理を研究するときには、たいてい質問紙に頼るが、そうした質問紙は自己申告した感情を重視する一方、実際の行動は軽んじる。だが私は、その逆を良しとする。私たちは、人間どうしが接する場面をもっと観察する必要がある。わかりやすい例として、イタリアでの大規模な学会の話を紹介しよう。何年も前、私は駆け出しの研究者としてその会合に出席した。霊長類がどのように争いを解決するのかについて話すためにその場にいたが、人間による申し分ない例が示されるところを目にしようとは思ってもいなかった。とある科学者が、傍若無人の振る舞いをしていた。あんな行動は見たことがなかったし、その後もめったにお目にかかったためしがない。彼は著名で、しかも英語を母語としていたからに違いない。国際会議では、アメリカ人とイギリス人は母国語で話せるという並外れた特権を享受できるために、自分は知的に優れているのだと勘違いすることがよくある。ブロークンイングリッシュで彼らに異を唱える人はいないので、その誤った考え方が正されることはまずない。

プログラムは講演が目白押しで、一つ終わるごとに、英語を母語とする例の大先生が最前列の席から飛び出ていって、ご丁寧にも、その講演を私たち聴衆が理解するのを助けにかかる。たとえば、あるイタリア人女性が研究を発表し終え、まだ拍手が続いているのに、大先生は席を立って演壇に上がり、講演者からマイクを奪うと、文字どおりこう言った。「この人が本当に言いたかったのは……」テーマが何だったかはもう覚えていないが、そのイタリア人講演者は顔をしかめた。大先生の尊大さと講演者への無礼な態度は見逃しようもなかった。近頃なら、これは「マンスプレイニング〔男性が女性に偉そうに説明すること〕」とでも言うことだろう。

聴衆の大半は同時通訳で聴いていた。実際、通訳する時間差があったおかげで、聴衆は大先生の行動の裏にある傲慢《ごうまん》さを見透かしやすかったのかもしれない。テレビ中継されている討論で音を消したほうが、ボディランゲージを読み解きやすくなるのと同じだ。聴衆は怒りと軽蔑の声を上げ始めた。

大先生の顔に浮かんだ驚きの表情から、自分の出過ぎた行動がどう受け止められているのか、完全に判断を誤っていたことが窺《うかが》えた。そのときまでは、万事問題なく運んでいるとばかり思い込んでいたのだ。彼はうろたえ、穴があったら入りたい気持ちになったのだろうか、そそくさと演壇を降りた。

彼とイタリア人講演者が席に戻ってからも、私は目を離さなかった。一五分としないうちに、大先生はその講演者に近づき、通訳を聞くために使っていたヘッドセットを差し出した。相手が持っていなかったからだ。彼女は礼儀正しくそれを受け取った（本当は、必要なかったかもしれない）。それは暗黙の和解の申し出と受け容れと見なせる。「暗黙の」というのは、二人が先ほどの気まずい瞬間に触れる様子がまったくなかったからだ。人間は衝突のあと、微笑みや褒め言葉で善意を示し、それで一件落着とすることが多い。二人が何を話しているのかは聞き取れなかったが、聞くところによると、講演がすべて終わったあと、大先生はもう一度その講演者に歩み寄り、「なんとも馬鹿な真似《まね》をしてしまいました」とはっきり言ったという。このあっぱれな自己認識は、明白な仲直りの申し出に近かった。

人間による争い事の解決はいたるところで見られるし、あの学会ではそれが目を見張るようなかたちで行なわれたものの、私自身の講演に対する反応は今一つだった。私は研究を始めたばかりだったし、科学界はまだ人間以外の種が仲直りをするという考え方を受け容れる段階になかった。私の観察結果を疑う人は一人もいなかったと思う。裏付けとなるデータと写真を山ほど提供したから。ただみんな、その観察結果をどう受け止めればいいのか、見当もつかなかったのだ。当時、動物の争いに関する理論は、もっぱら勝ち負けに的を絞っていた。勝つのは善、負けるのは悪で、肝心なのは誰が資源を手に入れるか、だった。一九七〇年代の科学界では、動物はホッブズの描いた自然状態の人間のような存在、つまり暴力的で競争を好み、利己的で真の思いやりなどけっして持たない生き物だと考えられていた。だから、仲直りを重視する私はとうてい理解してもらえなかった。そのうえ、「仲直り」という言葉には情動が絡んでいるように聞こえたらしい。そして、情動的なものは評判が良くなかった。研究者のなかには、こちらを見下すような態度をとり、君は科学にはお呼びでないロマンティックな考え方に惚れ込んでしまったのだと、私に言って聞かせる人もいた。私はまだ青二才だったから、彼らは説教を垂れた。自然界では万事が生存と繁殖を中心に回っており、仲直りをする生き物など先が見えている、妥協は弱者がすることだ、と。たとえチンパンジーがそのような行動を見せたとしても、実際にそれが必要なのかどうかは怪しいと彼らは言った。それに、他のどんな種も、仲直りなど間違ってもしたためしがない、と。私は偶然の出来事を研究しているにすぎないというわけだ。

　それから数十年の月日が流れ、何百もの研究が積み重なった今、じつは仲直りはどこでも見られるありふれた行動であることが知られている。ラットやイルカからオオカミやゾウまで、社会的哺乳動物のすべてで、そしてまた鳥類でも見られる。この行動は関係修復を助ける。実際、あまりに効果的なので、今日、もし喧嘩のあとに仲直りしない社会的哺乳動物が見つかったら、誰もが驚くはずだ。どうやって社会のまとまりを保っているのかと、不思議に思うだろう。だが当時、私はそんなことは知らなかったから、先輩方のご親切な助言をいちいち拝聴した。もっとも、それで気が変わることはなかった。私にしてみれば、観察はどんな理論にも優るからだ。実生活で動物がすることは、動物はこのように振る舞うはずであるという先入観につねに優先する。生まれながらの観察者なら、自ずとそう考える。すなわち、科学に対して帰納的に取り組むのだ。

　同様に、他の霊長類が、情動に満ちた状況で人間のものに似た表情を浮かべるのを観察したなら(チャールズ・ダーウィンが『人及び動物の表情について』でそうした観察を行なったことは有名だ)、彼らと人間の内面生活の類似性を見過ごすわけにはいかない。彼らは歯を見せてにっこり笑うし、くすぐられるとしゃがれ声でくすくす笑うし、苛立つと唇を尖らせる。これが自動的に理論の出発点となる。動物の情動について、あるいはその欠如について、どんな見方をしようと勝手だが、人間と他の霊長類が顔面の同じ筋組織を通して反応を示したり意図を伝えたりするのが理に適《かな》うような枠組みを、どうしても思いつかなければならない。ダーウィンは、人間と他の種の情動的連続性を想定することで、自然にそれをやってのけた。

　それでも、情動を表現する行動と、情動の意識的経験あるいは無意識的経験との間には、途方もない違いがある。動物が何を感じているのかがわかると主張する人は誰であれ、科学的ではない。それはあくまで推量にすぎない。もっとも、その推量は必ずしも悪いわけではないし、人間と関連する種が関連した感情を持っていると想定することには私も大賛成だが、確証があるわけではない点は見落とすべきではない。本書の題の『ママ、最後の抱擁《ハグ》』は、ママという名の年老いたチンパンジーが死の二週間ほど前に年老いた教授と交わした抱擁だと言うときにさえ、私は自分の記述に彼女の感情を含めるわけにはいかない。ハグというお馴染みの行動は、感動的な背景と相まって、ママの感情をたしかに示唆しているとはいえ、その感情には依然としてアクセスできない。この不確実性のせいで、情動を研究する者は昔から頭を悩ませてきたのだし、この分野は曖昧で厄介だと思われることが多い。

科学は不明確なものを好まない。だから、動物の情動のこととなると、科学の立場は世間の見方としばしば食い違う。動物には心の動きがあるかと道行く人に訊けば、「もちろん」という答えが返ってくるに決まっている。みな自分のペットの犬や猫にはありとあらゆる心の動きがあるのを知っており、それを踏まえて他の動物にも情動があると思っている。だが大学で教授たちに同じ質問を投げかけると、その多くが頭を掻き、困った顔をして、いったいどういう意味なのかと尋ねるだろう。そもそも、情動をどう定義するのか？　彼らは、B・F・スキナーに倣って情動を退けるかもしれない。スキナーは、動物を機械と見なすことを奨励したアメリカの行動主義者で、情動を「私たちが俗に、それが行動を引き起こすと考える架空の原因の絶好の例[1]」として切り捨てた。たしかに、今時動物の情動を頭から否定する科学者はめったにいないが、情動について語るのに抵抗を覚える人は多い。

動物の生活に情動があるのを疑っている人に侮辱されたと、動物になり代わって感じる読者がいたら、心に留めておいてもらいたい。科学に特有の精査がなかったら、私たちは、地球は平らだとか、蛆虫《うじむし》は腐りかけた肉から自然に湧いてくるとかいったことを、今なお信じていただろう。科学は、一般的な先入観に疑問を投げかけるときに真価を発揮する。だから私は、動物の情動に対する懐疑的な見方には同意しないとはいえ、動物の情動の存在を単に肯定するだけでは、空は青いと言うようなものだとも思う。それではろくに先へは進めない。私たちはもっと知る必要がある。それはどんな情動なのか？　どのように感じられるのか？　何の役に立つのか？　魚がおそらく感じるだろう恐れは、馬が感じる恐れと同じなのか？　そうした疑問に答えるには、印象だけでは不十分だ。私たちが自分自身の種の内面を調べる方法を見てみよう。研究対象とする人間を部屋に入れ、心搏数《しんぱくすう》や電気皮膚反応や顔面の筋収縮などを測定する装置につなぎ、動画を観てもらったりゲームをしてもらったりする。脳もスキャンする。人間以外の種も、同じように念入りに調べる必要がある。

　私は野生の霊長類について回るのが大好きで、長年の間に地の果てまで出かけ、じつに多くのフィールド研究の現場を訪ねてきたが、私であろうと他の誰であろうと、現場での観察から学べることには限度がある。これまで目撃したうちでも、とりわけ情動に満ちあふれた瞬間を一つ挙げよう。私のはるか頭上にいた野生のチンパンジーたちが突然、血も凍るような叫び声を上げ始めた。チンパンジーは、この世で指折りの騒々しい動物だ。だから、叫びを耳にした私は一瞬心臓が止まる思いだった。いったい何の騒ぎか？　じつは、チンパンジーたちは不運なサルを捕まえたところで、どれほどその肉を貴重に思っているかは疑いようがなかった。サルの死骸の持ち主に群がってご馳走を楽しむチンパンジーたちを見守りながら、私は考えた。持ち主が肉を仲間に分け与えるのは、自分だけでは食べきれないからで、別段、何とも思っていないのか、それとも、彼が肉を一片口に運ぶごとに、それに恐る恐る触れながら哀れっぽい声を上げる物乞いたちを全部追い払ってしまいたいからなのか？　はたまた、彼は仲間たちがどれほどお裾分けに与《あずか》りたがっているのかを承知しているので、ひょっとして利他主義から分け与えているのだろうか？　観察しているだけでは、けっして確かなことは言えない。肉の持ち主の腹の空《す》き具合を変えたり、あるいは、他のチンパンジーが乞い求めにくくしたりする必要がある。それでもなお、彼は気前良く分け与えるだろうか？　彼の行動の背後にある動機を突き止めるには、制御された実験をするしかないのだ。

これは知能の研究ではすこぶるうまくいった。今日私たちは動物の精神生活《メンタルライフ》について堂々と口にするが、それは記号によるコミュニケーションや自己鏡映像認知、道具の使用、将来に向けての計画立案、他者の視点の採用などについて、一世紀にわたって実験を積み重ねてきたからこそだ。こうした研究によって、人間を動物界の残りから隔てているとされる壁に大きな風穴がいくつも開いた。情動についても同じ展開になることが期待できるが、それは体系的な取り組み方を導入した場合に限られる。理想的には、研究室とフィールドの両方の成果を使い、それを同じパズルの異なるピースとして組み合わせるといいだろう。

情動は捉え所がないかもしれないが、私たちの生活の中で際立った一面でもある。情動はあらゆるものに意味を与える。実験をすると、人は心を揺さぶるような写真や話を、当たり障りのないものよりもずっとよく記憶する。また、これまでにしたことやこれからしようとしていることのほぼすべてを、情緒的な言葉で表現したがる。結婚式はロマンティックだったりお祭り気分だったりするし、葬儀には涙の雨が降るし、スポーツの試合では結果次第でおおいに楽しい思いもすれば落胆を味わったりもする。

動物に関しても、私たちの情動にはバイアスがある。インターネット上で、野生のオマキザルが石を使って木の実を割っている動画は、水牛の群れが子供の水牛からライオンたちを追い払っている（水牛たちが捕食者たちを角にかける間に、子供が鉤爪《かぎづめ》から逃れる）動画に比べて、再生回数がはるかに少ないだろう。どちらの動画も印象的で興味深いが、私たちの心の琴線に触れるのは後者だけだ。私たちは水牛の子供に自分を重ね、その鳴き声を耳にし、母親のもとに戻れたことを喜ぶ。ライオンたちにとってその結果は少しも喜ばしいものではなかったことなど、都合良く忘れてしまう。

これまた情動の持つ一面であり、私たちは情動のせいで、ついどちらか一方に肩入れしてしまう。私たちは情動に強い興味を抱いているだけではない。社会の構造は、私たちがたいてい認める以上に情動が決めている。権力を渇望するという、全霊長類共通の特徴がなかったら、政治家はどうしてより高い地位を求めたりするだろうか？　親子を結ぶ情動的な絆がなかったら、人はどうして家族のことを心配するだろうか？　社会的なつながりと共感に根差した人間としての良識がなかったら、どうして私たちは奴隷制や児童労働を廃止したのか？　エイブラハム・リンカーンは奴隷制へ反対する理由を説明するにあたって、南部を通る旅で出くわした、鎖につながれた奴隷の哀れな姿にわざわざ触れている。私たちの司法制度は恨みや報復の感情を公正な刑罰へと導くし、医療制度は思いやりに元をたどれる。病院（英語で病院を表すhospitalは、ラテン語で「手厚くもてなす」ことを意味する*hospitalis*に由来する）は、修道女が営む宗教的な慈善事業として始まり、専門家が経営する非宗教的な施設になったのはずっとあとのことだ。実際、私たちがとりわけ大切にしている制度や努力の成果はみな、人間の情動としっかりと絡み合っており、情動抜きでは存在しないだろう。

この認識があるから、私は少し違った見地から動物の情動を眺めざるをえない。それだけをじっくり考えるべきテーマとしてではなく、私たちの存在そのものや、目的と夢、高度に組織化された社会に光を当ててくれるものとして、動物の情動を見ることになる。私は霊長類の行動が専門なので、当然ながら人間の仲間の霊長類たちにおもに注意を向けるが、それは、彼らの情動のほうが本質的に注目に値すると考えているからではない。たしかに彼らのほうが私たちに似たかたちで情動を示すが、魚類から鳥類や昆虫類まで、情動は動物界のいたるところに存在する。タコなどの賢い軟体動物でさえ情動を持っている。

　私は他の種を、「他の動物」とか「人間でない動物」とはめったに呼ばないつもりだ。事を単純にするために、たいていはただ、「動物」と呼ぶことにする。生物学者である私にとって、人間も同じ動物界の一員であることほど自明な事実はないのだが。私たちは動物だ。私は自分自身の種が情動面で他の哺乳類とたいして違わないと思っているし、実際のところ、人間ならではの情動を特定しろと言われたら困ってしまう。だから、私たちはこの地球上でいっしょに暮らす仲間たちと共有している情動的背景に、細心の注意を払ったほうがいいだろう。

MAMA'S LAST HUG An Ape Matriarch's Farewell

第1章 ママの最後の抱擁《ハグ》

類人猿のアルファメスの暇《いとま》乞い

ママが五九歳になるひと月前、そしてヤン・ファン・ホーフの八〇歳の誕生日のふた月前、年老いたホミニド（ヒト科の動物）の両者は、情動に満ちあふれた再会を果たした。すっかりやつれて死を目前にしたママは、動物園で飼育されているチンパンジーのうちでも最高齢の部類だった。えんじ色のレインジャケットに銀髪が映えるヤンは生物学の教授で、はるか昔、私の博士論文を指導してくれた。ママとヤンは、四〇年来の親友だった。

藁《わら》の寝床で胎児のように身を丸めたママは、大胆にも彼女の夜間用ケージに入ったヤンが、ホッホッホッという優しい親しげな声を二、三度発しながら近づいてきても、見上げようとさえしなかった。私たちのように類人猿を扱う人間は、彼らの典型的な声や仕草をよく真似る。ヤンがかけたような優しい声は、相手を安心させる。まどろんでいたママは、ようやく目覚めても、一瞬、状況が呑み込めなかった。だがその後、ヤンその人が目の前にいるのを見て、途方もない喜びの表情を浮かべた。心底嬉しそうに歯を剝き出して笑う。文字どおりの破顔一笑で、人間が普段するよりもはるかに大きく唇が広がる。チンパンジーの唇は信じられないほど柔軟なので、すっかり裏返るから、ママの歯や歯肉ばかりか、唇の内側さえもが見えた。ママは顔の半分もある笑みをたたえ、感情が高ぶったときの甲高い声を、小さいながらも出した。このときの情動は、明らかに好ましいものだった。なぜならママは、身を屈めるヤンの顔に手を伸ばしたからだ。彼女はそっとヤンの髪を撫で、それから長い腕の一方をヤンの首に掛けて引き寄せた。こうして抱き締めている間も、彼女の指はヤンの後頭部とうなじをリズミカルに軽く叩き続ける。ぐずる赤ん坊を静かにさせるときにもチンパンジーが使う、相手をなだめる仕草だ。

いかにもママらしい。彼女の領域を侵犯したヤンの懸念を、ママは察したに違いない。だから、心配しなくていいと知らせていたわけだ。彼女はヤンに会えて嬉しかったのだ。

自分自身の姿を認める

このような触れ合いは前代未聞だった。ヤンとママはその生涯を通じて、格子越しに何度となくグルーミングをしたことがあったが、正気の人間なら大人のチンパンジーと同じケージには絶対入らないだろう。チンパンジーは大きくは見えないが、筋力では私たちをはるかに凌ぐ。だから、ぞっとするような襲撃事件の報告はいくらでもある。どれほど大柄なプロレスラーも、大人のチンパンジーには歯が立たないはずだ。ヤンに、この動物園にいる他のチンパンジー（そのなかには、ママとほとんど同じぐらい長く知っている者もいた）が相手でも同じことをしただろうかと訊くと、命が惜しいから、そんなことは考えてもみないと答えた。チンパンジーは何をしでかすかわからないため、いっしょにいて安全なのは育てた人間だけで、ママにとってヤンは育ての親ではなかった。ただ、ママがもうすっかり弱っていたので、状況が変わったのだ。そのうえ、それまでにママはヤンには好ましい感情を何度も表していたから、両者はお互いを信頼するようになっていた。だからこそヤンは、オランダのアーネムにあるバーガース動物園のコロニーでアルファメス（最上位のメス）として長年君臨してきたこの女王に、最初で最後の直接の謁見をする勇気が出たのだった。

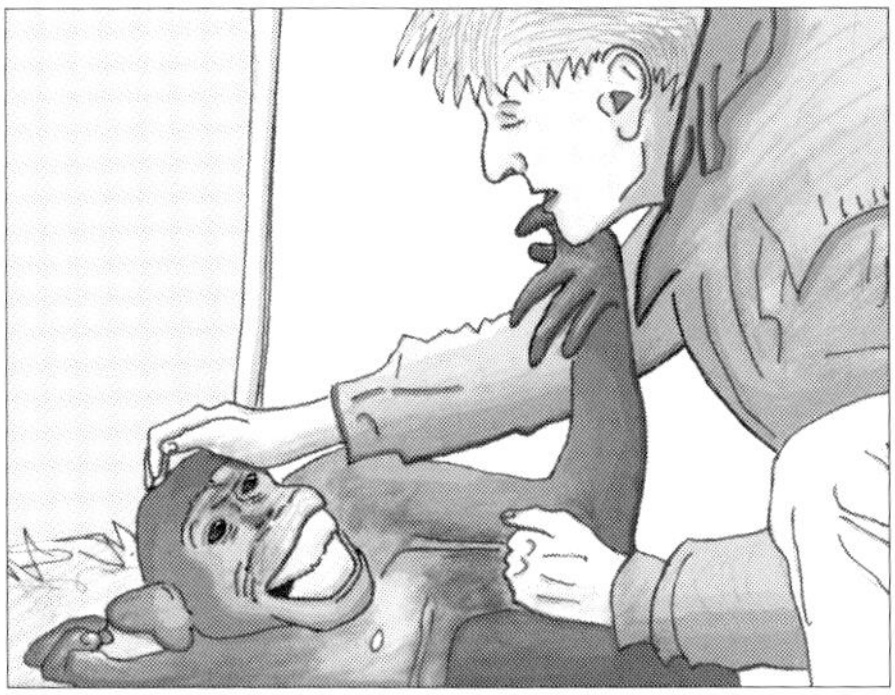

2016年、ヤン・ファン・ホーフは、バーガース動物園で死の床に就いていた高齢のチンパンジーのアルファメスを、最後にもう一度訪ねた。ママは40年来の友であるこの教授を抱き締めながら、歯を剥いた大きな笑みを浮かべた。ママはその2週間ほどあとに亡くなった。

私もママと、長い年月にわたって、同じような関係を楽しんできた。私が彼女にママという名前をつけたのは、彼女がアルファメスの地位に就いていたからにほかならない。だが、今では私は大西洋の反対側に住んでいるので、ヤンとママのお別れの場面に加わることができなかった。その数か月前にママと会ったのが最後となった。ずっと離れた所から、来園者のなかに私の顔を見つけたママは、関節炎で痛々しそうな足取りではあったけれど、挨拶しようと急いで進み出てきた。嬉しそうな声を上げながら、差し招くように片手を伸ばしつつ、私たちを隔てる堀に近づいた。ここのチンパンジーたちは、木々の生い茂る島で暮らしている。これほど大きな放飼場は、他のどこの動物園にもない。若い研究者だった頃、私はこの島で推定一万時間にわたって彼らを観察したのだった。ママは、その日いずれチンパンジーが全員屋内に入ったときに、私が彼女の夜間用のケージにやって来て、間近でおしゃべりすることを承知していた。

私たちがこんなふうに挨拶を交わすのはほぼ確実なので、さまざまな撮影班が何度となくその機会を捉えてきた。私が到着する前にカメラをオンにして、準備万端で待ち構えている。何が起ころうとしているのか、チンパンジーは一頭として知らない。撮影班の誰かが、あれがママだと指差し、カメラがきちんと彼女を追い続けられるようにする。彼女はいつもきまって、くつろいで腰を下ろし、グルーミングをしたり、眠ったりしているが、突然私に気づいたり、私の呼び声を耳にしたりすると、飛び上がって、大きなパント・グラント〔「ホッホッホッホッ」という連続した鳴き声〕を発しながら駆けてくる。撮影班は、私の反応や、他の数頭のチンパンジー（そのなかには、やはり私を覚えていた者もいる）の反応も含めて、いっさいをフィルムに収める。人々は必ず、ママの記憶力と熱狂ぶりに感心する。

もっとも、私はこうした撮影手順には複雑な思いを抱いている。第一に、旧友どうしの真の再会の価値が損なわれる。そして第二に、こうした再会のどこがそれほど特別なのか、私には見当がつかない。チンパンジーをよく知っている人なら誰でも、彼らが顔認識に非常に長《た》けていて、素晴らしい長期記憶を持っていることに気づく。だから、ママが私を目にして喜ぶのが、どうしてそれほど特別なのか？　それは、あまり身近ではない動物がそんなことをするとは、みんな思っていないからなのか？　それとも、それが霊長類の異なる種の個体間に絆が存在することを示しているからなのか？

まったく腑《ふ》に落ちない。たとえば私が外国で一年過ごしたあと、隣人たちを訪ねることがあったとして、そのときに撮影班が総出で私を追いかけ、何が起こるのか確かめようとしているようなものだ。私がベルを鳴らすと、ドアがさっと開き、「戻ったんですか！」と声がかかる。

それに驚く人などいるだろうか？

ママが私を覚えていることに感心するというのは、人間が動物の情動的な能力と心的な能力を見くびっている証だ。脳の大きい種における動物の知能を研究している人は、同輩の科学者、とくに、ラットやハトのような脳の小さい動物を研究している人から、懐疑の言葉を山ほど聞かされるのに慣れている。そうした科学者は動物を、本能と単純な学習で駆動し、刺激に反応する機械と見なしていることが多く、思考や感情や長期記憶といったことがあれこれ語られるのが我慢ならない。彼らの見方は時代後れだというのが、前作『動物の賢さがわかるほど人間は賢いのか』のテーマだった。

ヤンとママの対面の模様はスマートフォンで記録された[1]。それが、ヤン自身による（そのときの胸に迫る思いのせいで）震えがちの声の解説付きでオランダの公共放送で放映されると、人気のトーク番組の視聴者たちは、激しく心を動かされた。彼らはその公共放送のウェブサイトに長いコメントを投稿したり、ヤンに直接手紙を書いたりし、テレビの前で涙が止まらなかったことを伝えた。彼らは打ちのめされた。一つには、悲しい状況だった（その時点ではすでにママの死が公表されていた）からだが、ママがヤンのうなじを指で素早くリズミカルに叩きながら彼を抱き締める仕草が、あまりにも人間に似ていたからでもある。この光景には多くの人が衝撃を受けた。そこには自分自身の行動が二重写しになっていたからだ。彼らは、真に人間ならではのもののように見える仕草が、じつは霊長類に共通のものであることに、生まれて初めて気づいた。私たちが進化上のつながりを最も目にしやすいのは、ささやかな事柄の中であることが多い。ちなみに、そうしたつながりは、人間の情動の表れの九割に当てはまり、おびえたときに私たちの乏しい体毛が逆立つ（鳥肌が立つ）ことから、人間の男性やチンパンジーのオスが大喜びで背中を叩き合うことにまで及ぶ。この力のこもった親密な接触は、毎年春に、長い冬が終わってチンパンジーが建物から出てくるときに見ることができる。ようやく草や日光を楽しむことができたチンパンジーたちは、あちこちに数頭ずつ群れ集まり、声を上げたり、互いを抱き締めたり、背中を叩き合ったりする。

私たちは、類人猿との進化上の明白なつながりを目にすると、馬鹿にしたり（動物園の来園者は、類人猿はこんなふうに体を掻くだろうと思っている仕草を、よくやってみせる）、やたらに面白がったりすることもある。私たちは、自分と同じ霊長類の動物のことを笑うのが大好きだ。私は講演のとき、活動中のサルや類人猿の動画を見せることが多いのだが、聴衆はほとんどどんな場面でも爆笑する。ごく当たり前の行動が映っているときにさえそうする。彼らの笑いには、自分たちとの近さを認めると同時に、それを不快にも感じていることが現れている。私が公開している短い動画のうちでもとくに人気が高いものの一本は、インターネットで何百万回も再生されている。一頭のオマキザルが課題をこなしたときに、仲間がもらう食べ物に見劣りするものしか渡されなくて腹を立てる動画だ。そのサルはひどく興奮して実験用のケージを揺さぶったり、床を叩いたりするので、自分が認識した不公平に対するサルの苛立ちを、私たちは苦もなく見て取ることができる。

腹を抱えて笑うのよりもさらに悪いのが嫌悪だ。かつて人々は他の霊長類に対して嫌悪の反応を見せていた。幸い、それは稀になったものの、人は依然として霊長類を「醜い」と言うことが多いし、私がオスの霊長類を「ハンサム」だ、メスを「きれい」だと言うとショックを受ける。昔は西洋人は人間の近縁である類人猿の生きた姿を見たことがなく、骨や皮、あるいは版画を目にするだけだった。類人猿が初めて展示されたとき、誰もがわが目を疑った。一八三五年にオスのチンパンジーが一頭、ロンドン動物園に到着し、水兵服姿で展示された。その後、ドレスをまとったメスのオランウータンが続いた。その展示を見たヴィクトリア女王はぞっとした。そんな類人猿たちの姿を目にするのが耐えられず、痛ましいまでに、そして不快なまでに人間に似ていると語った。類人猿を見て嫌悪を催すのは、じつは一般的だったが、どうしてそんなことがありえたのか？　私たちが自らについて耳にしたくないことを、それらの類人猿が語っていたからとしか思えない。若き日のチャールズ・ダーウィンはロンドン動物園を訪れて二頭を見たとき、女王と同じく、人間と似ているという結論に達したが、女王のような嫌悪感は抱かなかった。人間の優越性を確信している者は誰もがこの二頭を見に来るべきだと彼は感じた。

　ママがどれほど特別で、なぜ彼女を死の床に見舞ったかをヤンがテレビで説明したときに、おそらくこうしたさまざまな反応のすべてが引き起こされたことだろう。とはいえヤン自身は、この対面が衝撃的だとか、面白おかしいとか、意外だとか、そういうことは少しも思っていなかった。ただ、別れを告げる必要を感じただけだった。そして、それは一方的な場面でもなかった。人間がクマやゾウやクジラに出くわして、親しみが湧き、相手と一体感を覚えると言うのとは違う。そのような状況にある人間は、抗《あらが》い難い絆を経験し、深く心を動かされるが、そうした感情が双方向のものかどうかは怪しい。その手の出会いは、傍迷惑な無理心中のようなものだ。人間は自分の命を危険にさらすことになるし、動物は致命的な結果の責めを負わされでもしたらとんだ災難だからだ。

　あるジャーナリストは、サンクチュアリ〔動物を保護目的で集団飼育している場所〕で一頭のオスのチンパンジーの目を覗き込んだとき、すっかり心を奪われ、自分自身のアイデンティティを疑った。自分の失われた進化上の過去を真っ向から見つめているような気がしたからだ。敬意を表したいと願った彼だったが、それは図らずも相手を見下すかたちになった。現存している類人猿は、私たち自身の進化上の起源を教えてくれる単なるタイムマシンなのではない！　私たちが類人猿に似た祖先の子孫であることは確かだが、私たちを生み出した太古の種は今はもう存在しない。その種は約六〇〇万年前に地球上で暮らしており、その系統に連なる種が数知れない変化を経て、一つ、また一つと絶滅していきながらも、今日まで生き延びている種、すなわちチンパンジーとボノボと私たち自身の種を生み出した。これら三種類のホミニドは、同じ長さの歴史を持っているので、同じぐらい「進化して」いる。だから、類人猿を眺めれば、共有している歴史が私たちに明らかになるばかりではなく、こちらを見つめ返してくる類人猿たちにも明らかになる。もし類人猿が私たちにとってタイムマシンならば、私たちも彼らにとってはタイムマシンなのだ。

　ところが、ヤンとママの場合には、こうした点はいっさい関係なかった。両者が違う種に属していることは二の次だった。この対面は、互いに相手を個体として尊重する、旧知の間柄にある、近縁種の二個体の間のものだった。私たちは、ウサギを撫でたり、犬を散歩に連れていったりするときには、心的能力の面で優越感を覚えるかもしれないが、相手が類人猿の場合には、そうした態度をとり続けられるとは思えない。類人猿の社会的・情動的生活は、私たちのものとあまりにも似ているので、どこで境界線を引くべきかは定かではない。

神経心理学の父として知られるカナダの神経科学者ドナルド・ヘッブは、ヤーキーズ国立霊長類研究センターでチンパンジーを研究したとき、この境界のあやふやさに気づいた（同センターは、今はアトランタの郊外にあるが、一九四〇年代にはフロリダ州にあった）。彼は、食べ物の摂取やグルーミング、交尾、喧嘩、発声、身振りなど、私たちが他の動物の行動を分類するような小さな定義の枠には、チンパンジーの行動を押し込めることはできないと結論した。私たちは類人猿がすることを細大漏らさず書き留めたがるが、彼らの行動の背後にあるものを正確に指摘するのは難しい。ヘッブによれば、類人猿の行動を情動のレベルで分類するほうがずっとうまくいくという。情動なら、直感的に把握できるからだ。

> 客観的なカテゴリー化を行なった場合には、情動などの漠然としたカテゴリーが取りこぼさないものが漏れてしまった。すなわち、当該の行動の理解に必須の何らかの秩序、あるいは孤立した行為どうしの関係が[2]。

ヘッブは、情動による調整で特定の行動がとられるという、生物学における支配的な見方を示唆していたわけだ。情動は、それだけでは無益だ。ただ怖がっているだけでは、当の生き物にとっては何の役にも立たない。だが、怖がっている状態になると、その生き物が逃げたり隠れたり反撃したりするなら、そのおかげで命が助かることも十分ありうる。ようするに情動は、危険や競争、交尾の機会などに対する適応的反応を引き出す能力を持てるように進化したのだ。情動は行動につながる傾向にある。私たちの種は、他の霊長類と多くの情動を共有している。それは私たちが、彼らのものとほぼ同じ行動のレパートリーを拠り所としているからだ。似通ったデザインの体によって表現されるこの類似性は、他の霊長類との深い非言語的つながりを私たちに与えてくれる。私たちの体は彼らの体と見事に対応し、その逆もまた真なので、体による表現は即座に相互理解につながる。だからこそヤンとママは、人間と獣としてではなく、対等の存在として対面したのだ。

「対等の存在」というのは、自由の身の人間と飼育されている類人猿を指して使うには適切な言葉ではないと反論する人がいるかもしれない。それは妥当な言い分だろう。だが、ドイツのライプツィヒ動物園で一九五七年に生まれたママは、野生の生活をまったく知らなかった。飼育されていた動物園に関しては、彼女はじつに運が良かった。なにしろ、世界初の大規模なチンパンジーのコロニーに加わることができたのだから。イギリスの女王が初めて生身の類人猿を見て動揺してからの数十年間は、動物園は類人猿を単独で、あるいは小さな集団で檻に入れておいた。チンパンジーはあまりに狂暴なので、大人のオスが複数いる集団では暮らせないと考えられていたからだ——自然界のコミュニティには大人のオスが何頭も、ときには一〇頭以上いるのにもかかわらず。ヤンは学生時代、アメリカのニューメキシコ州の空軍施設でしばらく過ごした。そこでは、ＮＡＳＡ（アメリカ航空宇宙局）が若いチンパンジーを宇宙空間に送り込む準備をしていた。ヤンはそこで、多くの類人猿をいっしょに収容することの可能性と問題点を直接目にできた。問題は、餌のやり方から生じていた。飼育係は、果物と野菜をひとまとめにどさっと山積みにして与えたので、それがやかましい大喧嘩につながり、チンパンジーの社会的な結びつきがずたずたになってしまった。ちょうどその頃、ジェーン・グドールがタンザニアの自分のキャンプで同じような教訓を得ており、やがて彼女は野生の類人猿に食べ物を与えるのをやめた。

アメリカでの経験に着想を得たヤンと、弟でバーガース動物園の園長のアントンは、チンパンジーの社会的環境を維持するような収容の仕方を採用しつつも、餌は個別に、あるいは小さな家族単位で与えてみることにした。その成果として一九七〇年代初期に誕生したのが、広さ二エーカー〔約八一〇〇平方メートル〕の屋外の島で、そこで「アーネム・コロニー」として知られる約二五頭のチンパンジーが暮らしていた。専門家は、絶対にうまくいくはずがないと、悲観的な警告を発したが、そのコロニーは繁栄し、やがて他のどのコロニーよりも多くの健康な子孫が誕生した。アフリカとアジアの森林の類人猿は現在、急激に数が減っており、そのせいで動物園の個体群の価値がなおさら高まっている。アーネム・コロニーは大成功だった（今もそうだ）。そして、世界中の動物園のお手本となっている。

だから、ママは飼育されていたとはいえ、誕生や死、交尾、権力を巡るドラマ、友情、家族の絆、その他、霊長類社会のあらゆる側面を豊かに備えた、自分なりの社会的な世界の中で長い一生を楽しんだ。彼女は、ヤンがわざわざ訪ねてきてくれたのは自分の健康状態と関係があることを悟っていたかもしれないが、死が目前に迫っていることに少しでも気づいていたかどうかは、今もってはっきりしない。類人猿は、自分がいつか死ぬということを知っているのだろうか？　日本の京都大学霊長類研究所のレオというチンパンジーを見るかぎり、チンパンジーはそのような自覚を欠いているように思える。レオは若い盛りに脊髄炎《せきずいえん》で首から下が麻痺してしまった。飲食はできたが、体は動かせなかった。体重が落ち続けるなか、獣医師や学生たちが二四時間体制で半年にわたって治療と介護を続けた。レオは恢復《かいふく》したが、何より興味深かったのは、寝たきりの状態になったレオが見せた反応だ。彼の人生の展望は少しも変わらなかった。周囲の誰の目にも重体に映っていたときでさえ、彼は病気になる前とまったく同じように、若い学生たちに水を吐きかけてからかうこともたびたびあった。骨と皮ばかりに痩せ細ってしまったのに、心配しているようには見えず、けっして気持ちが落ち込むことはなかった(3)。

　私たちは、食肉処理場へ向かう牛や、死の数日前に姿を消すペットのように、人間以外の動物も、死を免れられないという感覚を抱くものだと思うことがある。もっともその多くは、人間が、この先どうなるか自分が認識していることに基づいて推定しているにすぎない。だが、動物たちも自分の運命を認識しているのだろうか？　最後の数日を地下室に隠れて過ごす猫は、死期が迫っているのを知っているなどと、どうして言えるだろうか？　衰弱したり、痛みがあったりするから、独りでいたいだけなのかもしれない。同様に、ママが身体的に死の縁《ふち》に立っているのは私たちには明らかだったとはいえ、彼女も自分の頭の中で死の縁に立っていたかどうかは、けっして知りようがない。

　ママは当時、自分の夜間用ケージに隔離されていた。オスのチンパンジーたち、とくに思春期のオスは、下劣な人間さながら、いいかもを打ちのめすことがよくあるからだ。動物園はママの容体を考えて、そんな目に遭わせたくなかった。チンパンジーの社会は従順な者や弱い者には厳しい。だからこそ、ママが生涯を通じて維持してきた地位には、なおさら感心させられる。

ママの中心的な役割

ママは並外れて恰幅が良く、長くて強力な腕を持っていた。突進のディスプレイ（誇示行動）のときには、毛を逆立て、足を踏み鳴らし、とても威圧的に見えた。もちろん、オスほど筋肉も体毛もなかった。とくに、オスが相手を感心させようとするときに膨らませる肩のあたりが見劣りした。だが、体で劣る点は活力で埋め合わせた。ママは放飼場の大きな金属製の扉を猛烈な勢いで蹴ることで知られていた。たっぷり間隔を取って両の拳を地面に突き立て、支えた全身を腕の間で揺すって両足でドアを蹴り、鼓膜が破れそうな音を轟かせる。ひどく気が立っているから手出しをするな、という合図だった。

ママの優位性は、体つきよりも堂々たる態度に負うところがさらに大きかった。海千山千で、戯言《たわごと》にはいっさい耳を貸さない長老のような風格を漂わせていた。あまりに威厳があって敬意を払わざるをえなかったので、私は初めて堀越しに顔の高さで彼女の目を覗き込んだときには、自分が小さく感じられた。彼女は相手に向かって穏やかにうなずく癖があった。相手に気づいたことを知らせるためだ。それまで私は、自分自身の種以外に、そのような知恵と落ち着きを感知したことはなかった。彼女のまなざしは、条件付きの友好を表していた。おまえが逆らわないかぎり、おまえのことを理解して好いてやってもいいぞ、というわけだ。彼女はユーモアのセンスさえ持ち合わせていた。チンパンジーは普通、遊び戯れているときに笑い顔を見せるが、私はおやっと思うような瞬間にも、彼らの笑いを目にしてきた。たとえば、アルファオス（最上位のオス）が、腹を立てた幼い子供にあえて追い回されているようなときだ。コロニーの「重要人物《ビッグマン》」は、金切り声を上げる小さな腕白坊主から逃げ回る間、この状況の滑稽さを楽しんでいるかのように、笑顔を浮かべている。ママも一度、緊迫した睨み合いが意外な幕切れを迎えたときに、同じような笑顔を見せた。私たちがジョークのおちに反応するような感じだった。

研究者仲間の一人であるマタイス・シルダーは、捕食者へのチンパンジーの応答を試していた。彼はヒョウのマスクを被り、チンパンジーたちに悟られないようにして、彼らの島を囲む堀のそばの茂みに身を隠した。それから急に、マスクを被った頭をもたげたので、大きなネコ科の動物が木々の間からチンパンジーたちの様子を窺っているように見えた。つねに警戒を怠らないチンパンジーたちは、ものの数秒のうちに反応し、おおいに驚き、激しく怒った。彼らは腹立たしそうに大きな声で吠えながら、猛然と堀に駆け寄り、捕食者目がけて木の枝や石を投げつけた（ちなみに、野生のチンパンジーも同じ反応を見せることが知られている。彼らは夜の間はヒョウをひどく恐れるが、昼間はしつこく攻撃する）。マタイスは、狙い澄ました投擲物《とうてきぶつ》を避けるのに手を焼き、別の場所で再び身を隠した。

そんな対決を何度か繰り返したあと、マタイスはすっくと立ち上がり、マスクを外してお馴染みの顔を見せた。するとコロニーはたちまち落ち着きを取り戻したが、全チンパンジーのうち、怒りと苦悩から笑いへと徐々に表情を変えたのがママだった。口をなかば開け、唇から少し歯を覗かせる。彼女はその表情をしばらく崩さなかった。マタイスの変装のおかしみを見て取ったようだ[4]。

ママはオスとメスの区別なく、誰とでもじつに気安く接し、他の誰にも真似できない支援ネットワークを維持していた。根っからの外交家だったのだ。彼女は、忠誠を強要することも辞さなかった。オスの権力闘争ではいつも一方のオスを選び、肩入れするのだが、他のメスたちがもう一方のオスを選ぶことを表明するのは許さなかった。そのオス、すなわち闘争者のうち「間違った」ほうの側についてオスの闘いに介入したメスには、その日のうちにママの罰が下った。彼女はお気に入りの候補者のために、いわば党の顔役として規律を保った。

　ただしこの点に関して、一頭だけ例外がいた。ママの相棒のカイフで、ゴリラという名前でも知られるチンパンジーだ（ゴリラというのは、彼女の顔が一面真っ黒なので拙著の何冊かで使った別名だ）。カイフはママよりも華奢《きゃしゃ》だった。カイフとママは同じ動物園で生まれ育ったので、その共通の背景のおかげで強力な同盟関係ができ上がり、ママより数年早くカイフが死ぬまでそれが続いた。この二頭のメスの不和は一度も見たことがない。二頭は頻繁にグルーミングし合い、一方が厄介な状況に陥ったときには必ずもう一方が手を差し伸べた。ママの意に逆らっても波風が立たないメスは、カイフだけだった。カイフはママのお気に入りではないあるオスを贔屓《ひいき》していたが、カイフがそのオスを支持しても、ママは全然気づいていないかのように、見て見ぬふりをした。それ以外の点では、ママとカイフはたいてい一心同体だった。誰かが一方と本格的な喧嘩をすると、もう一方もきまって加勢し、誰もがそれを心得ていた。オスたちも、この二頭のメスの機嫌を損ね、いっぺんに敵に回せば手に余ることを思い知らされていた。ママとカイフはつねに助け合い、大きな騒ぎを乗り切ったあとには、文字どおり抱き合って安堵の金切り声を上げたものだ。

　ママはコロニーの中心的存在だったばかりでなく、私たち人間とのパイプ役も果たした。好きな人間や重要だと思った人間とは、他のどのチンパンジーにも真似できないほどうまく関係を築いた。たとえば、動物園長に対しては深い敬意を表した。私とのつながりも、おおむね彼女が主導していた。私たちはよく、彼女が親友のカイフと共用している夜間用のケージの格子越しに間近でグルーミングをした。ママとの関係はくつろいだものだったが、カイフには気をつけなくてはならなかった。カイフはときどき私を挑発しようとした。こちらを試していたのだ。チンパンジーは四六時中、相手を出し抜こうとし、絶えず相手あるいは自分がどれだけ優位に立っているのか、その限度を探っている。カイフは、ママという頼れる味方がすぐ隣に座っているときには、格子の間から手を伸ばして私をつかもうとすることがあった。そんな場合の最善策は、落ち着きを保ち、ろくに気づかないかのように振る舞うことだ。さもないと、収拾がつかなくなりかねない。後年、私とカイフとの関係は良い方向に一転した。彼女が初めて子供を死なせずに育てるのを手伝ってからは、私は彼女のお気に入りの人間になった。

　悲しいかな、カイフは乳の出が悪かったので、それまでに産んだ赤ん坊たちを亡くしていた。新生児はみな、うまく育たず痩せ細っていく。そして亡くなるたびに、カイフはすっかりふさぎ込み、体を揺すったり、自分の体を抱き締めたり、食べるのを拒んだり、痛ましい悲鳴を上げたりしたものだ。涙を見せる気配すらあった。涙を流す霊長類は私たちだけだと考えられているものの、カイフは人間の子供がさんざん泣いたあとにするように、両の拳の背で目をごしごし擦《こす》るのだった。目が痛かっただけかもしれないが、不思議なことに、まさに人間が涙を流すような状況でそうするのだ。

　カイフが毎回どれほど苦しむかを目の当たりにした私は、彼女を手助けして、次の子供を哺乳瓶で育てることを思いついた。だが、一つ問題が予想された。類人猿の母親はなかなか子供を手放そうとしないので、カイフは自分の赤ん坊を私たちが哺乳するために取り上げるのを、おそらく許さないだろう。だから、カイフが自ら哺乳瓶で育てなければならない。これは大それた計画で、それまで誰も試したことがなかった。

そんなとき、解決策が自ずと現れた。そのコロニーで、耳の聞こえない母親に赤ん坊が生まれた。それまでそのチンパンジーは、一度も子育てに成功していなかった。満足したことや不快なことを知らせる赤ん坊の小さな声を、聞き取れなかったからだ。そうした発声が母親の行動を導く。耳の聞こえないその母親は、たとえば自分の赤ん坊の上に腰を下ろしてしまっても、赤ん坊が必死になって弱々しい声で泣いたところで、それに気づかない。子供を失うのは、このメスにとってもカイフにとってと同じぐらい辛かったので、さらに悲劇を重ねるのを防ぐため、私たちは、ローシェ（小さなバラ）という名の、新しく生まれた赤ん坊を、誕生直後に母親から引き離し、カイフに与えて養子にさせることにした。私たちは自らその赤ん坊の世話をしながら、カイフに哺乳瓶の扱い方を教え込んだ。そして、数週間の訓練のあと、もぞもぞと動く赤ん坊を、カイフの夜間用ケージの藁の中に置いた。

カイフはその赤ん坊を抱き上げずに、飼育係と私が待ち受ける格子の所まで近づいてきた。そして、まるで許しを求めるかのように、ローシェとこちらに交互に視線を走らせながら、私たち二人の両方にキスした。他者の赤ん坊を無断で取り上げるのは、チンパンジーの間ではタブーだ。私たちは腕を赤ん坊に向けて振りながら彼女を促し、「行って、抱き上げるんだ！」と言った。ついに彼女はそうした。そしてその瞬間から、カイフはこれ以上想像できないほど面倒見が良くて目配りの利く母親として、私たちの願っていたとおりにローシェを育ててくれた。彼女は授乳がじつにうまくなり、私たちが教えもしなかったのに、ローシェがげっぷをしなければならないときには、哺乳瓶を束の間、口から外しさえした。

　この養子縁組以来、私が顔を見せるたびに、カイフはこの上ない愛情を私に注いでくれた。まるで私が長らく音信不通になっていた家族であるかのように反応し、私の両手を握りたがる。私が去ろうとすると、がっかりしてべそをかいた。そんなことをする類人猿は世界中を探しても他にいなかった。哺乳瓶の扱いを教えたおかげで、カイフはローシェだけではなく、自分の子供も何頭か育てることができた。そして、境遇のこの劇的な転換に死ぬまで感謝していた。だから私は、ママとカイフの夜間用ケージに近づくと、あれほど温かく歓迎してもらえたのだ。

　これらの経験に照らせば、嘆きや愛情から感謝や畏怖《いふ》まで、さまざまな情動に私が本書で触れる理由もわかるだろう。なにしろ、動物たちを相手にしているときに、私はこうした情動を感じ取ったのだから。私たちは、行動をその背後にある情動の観点から説明することが多い。お互いにそうするし、ヘッブは類人猿についてもそうすることを提唱した。とはいえ、私は自分の研究では、そのような描写は避けるようにしている。なぜなら、行動を客観的に分析するためには、個人的な印象は排除しておくのが最善だからだ。それをやってのける明白な一手法は、類人猿が私たちと接するところではなく、仲間どうしで行動するところを記録することだ。私はおもにコロニーの政治に的を絞っていたので、必要とされるデータの収集に明け暮れた。注目していたのは、序列を巡るオスどうしの争いや、ママのような上位のメスたちが果たす調停者としての役割や、争いのさまざまな解決法だった。

そのため私は、社会的階層と権力の行使というトピックにたっぷり注意を向けた。これらは一九七〇年代のフラワーパワー〔アメリカのヒッピーが唱えた愛と平和の理念や運動〕時代には驚くほど物議を醸したものだ。私の世代は学生の頃、無政府主義で、激しく民主主義を擁護し、大学を運営するお偉方を信用せず（中国の清朝などの高級官吏を指す「マンダリン」という言葉で彼らを切り捨て）、性的嫉妬を時代後れと見なし、どんな種類の野心も胡散《うさん》臭く感じた。一方、私が来る日も来る日も見守ったチンパンジーのコロニーは、こうした「反動的」な傾向のいっさい、すなわち権力と野心と嫉妬をあからさまに示した。

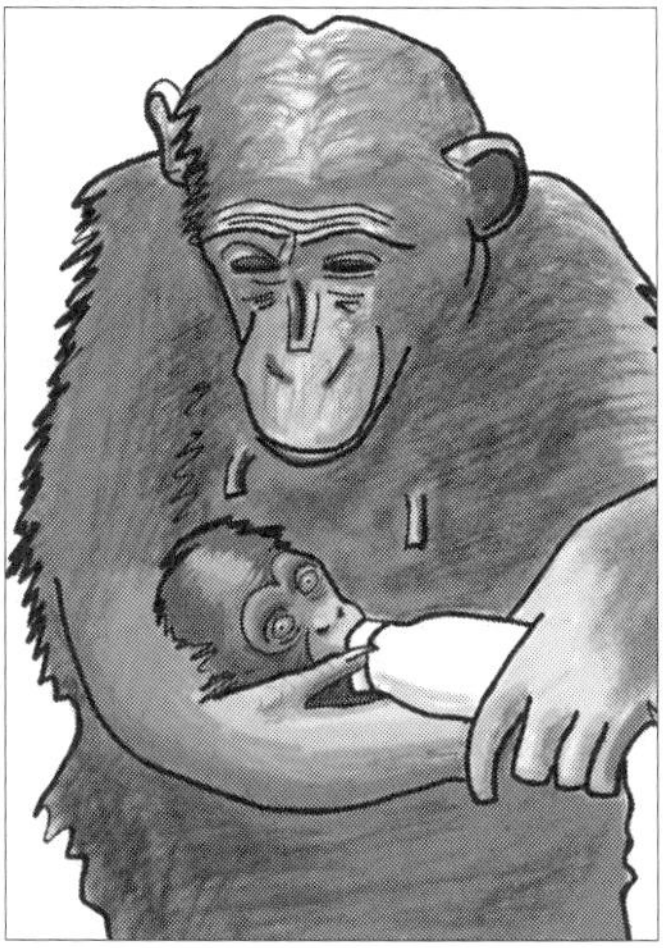

私はカイフに、養子のローシェに哺乳瓶で授乳することを教えた。彼女は哺乳瓶を見事に扱い、ときおり瓶を口から外しては、ローシェに息をつかせたり、げっぷをさせたりするのだった。

「ストロベリー・フィールズ・フォーエバー」や「グッド・バイブレーション」といった甘ったるい歌を夢中で聴き、肩にかかるほど髪を伸ばしていた私は、腰を据えて観察しながら、本当に目から鱗《うろこ》が落ちる時期を過ごした。私は人間として、私たちと人間の最近縁種との類似にたちまち愕然とした。霊長類学者は誰もが、この、「これが動物なら、いったい私は何者なのか？」という段階を経る。だが私はその後、本物のヒッピーのように、自分の世代が容赦なく糾弾していた行動に真剣に向かい合わざるをえなくなった。類人猿の間ではありふれていたからだ。もっとも私は、世の風潮に流されて類人猿を見る目を変えることはせず、むしろ、自分自身の種を前よりもよく理解し始めた。

つまるところ、肝心なのは観察者に必須の「パターン認識」だった。主導権争いや連合の結成、ご機嫌とり、政治的日和見《ひよりみ》主義が盛んに実践されていることに、私は気づき始めた——私自身の周辺で。それは、なにも年長者の世代に限ったことではない。学生運動にも独自の「アルファオス」や権力闘争、取り巻き、嫉妬がつきものだった。それどころか、私たちが乱交の度を増すほど、性的嫉妬が醜い頭をもたげてきた。私は類人猿を研究していたおかげで、適切な距離を置いてこうしたパターンを分析できた。それらのパターンは、探しさえすれば明白そのものだった。学生運動のリーダーたちは、自分に楯突きそうな相手を嘲《あざけ》り、孤立させたり、誰彼かまわず他人のガールフレンドを盗んだりしておきながら、同時に、平等主義と寛容の素晴らしさを説くのだった。私の世代がなりたがっていたもの（政治的な美辞麗句を駆使して熱烈に訴えていたもの）と、私たちの実際の行動との間には、途方もない食い違いが見られた。私たちは現実から完全に目を背けていたのだ！

ママは少なくとも、権力に関しては率直だった。彼女は権力を持っており、それを行使した。だいぶあとになってからコロニーに加えられた三頭の大人のオスを、当初は支配してさえいた。その三頭は、既存の権力構造の中に入ってきたために不利な立場に立たされ、自分の地位を確立するのに苦労した。ママは全員に秩序を守らせ、暴力を振るうことも厭《いと》わなかった。実際、ママは支配的なオスが通常引き起こすよりも多くの負傷を引き起こした。メスがトップの座を維持するには、より厳しい手段に訴えなければならないからかもしれない。その後、三頭のオスは序列の上位を占めるようになり、三頭の間でお決まりの権力《パワー》ゲームに興じたが、ママはメスたちのリーダーとしてずば抜けた影響力を保った。序列を上げようとするオスなら誰もが、ママを味方につけなければならなかった。彼女抜きでは、けっしてうまくいかなかったからだ。誰もが他のどのメスにするよりも多くママのグルーミングをし、ママの娘のモニークを優しくくすぐり（モニークは甘やかされた王女のように振る舞った）、ママが手から食べ物を奪おうとしても絶対に逆らわなかった。ママの機嫌を損ねてはならないことを承知していたのだ。

　ママは仲裁の達人だった。二頭のオスのライバルどうしが闘ったあとには、仲直りしたそうに見えるのにそうできないことがよくあった。互いに相手の近くをうろうろするものの、実際に和解のための身体的な接触はしない。視線を交わすことを避ける。それどころか、一方が目を上げると、もう一方は草の葉や小枝を拾い上げ、急に熱心に検《あらた》め始める。彼らの膠着《こうちゃく》状態を見ていると、酒場でひと揉めしたあとの男たちの姿が頭に浮かんだ。

　そういう状況では、ママは一方に歩み寄り、グルーミングをしてやり始めたりする。数分後、今度はもう一方のオスにゆっくりと近づいていく。すると、最初のオスがあとについていくことが多い。ママの陰に隠れるようにして行くので、競争相手とは目が合う心配はない。もしついてこないと、ママは戻っていって腕をぐいっと引っ張り、無理やりついてこさせる。だから、ママは意図的に仲裁していることがわかる。ママを真ん中にして、三頭はしばらくいっしょに座っているが、そのあとママはひょいと腰を上げて歩み去り、残された二頭のオスは互いにグルーミングを始めるのだった。

　長引く喧嘩を自分たちで終わらせられないオスが、ママに駆け寄ることもあった。ママは、いい大人のオスを一頭ずつ、左右の腕に抱きかかえる羽目になる。二頭は相手に向かって金切り声を上げ続けてはいるものの、少なくとも喧嘩するのはもうやめている。一方のオスが手を伸ばしてもう一方のオスをつかもうとすることもあるが、ママは断固としてそんな真似はさせず、けしからぬ輩を追い払う。二頭のオスはたいてい、背乗り《マウンティング》をしたり、キスしたり、生殖器をまさぐり合ったりして仲直りする。それから、低位のオスを追い払ってストレスを発散させたりする。

かつて、ママがコロニーの究極の調停役としてどれほど手腕を発揮しているかを物語る劇的な事件があった。アルファオスになりたてのニッキーは、コロニーのトップの座を手に入れたものの、その優位性を行使しようとするたびに、他のチンパンジーたちの猛烈な抵抗に遭った。アルファオスになりさえすれば、何でも好きなようにできるわけではない。ニッキーのような若輩の場合はなおさらだ。とうとう、ママも含めて不満を抱いたチンパンジーたちが総掛かりで、金切り声を上げたり吠えたりしながらニッキーを追い回した。すっかり威厳を失ったニッキーは、木のずっと上まで登って独りぼっちで腰を下ろし、パニックに陥って悲鳴を上げ続けるというざまだった。退路はすべて断たれていた。ニッキーが下りてこようとするたびに、他のチンパンジーたちが上へ追い返した。

その後一五分ほどした頃に、ママがゆっくりとその木に登っていった。ママはニッキーに触れ、キスした。それから木を下り、ニッキーがすぐあとに続いた。今やママがニッキーを引き連れているので、誰も逆らわなかった。ニッキーは依然として見るからに不安そうだったが、敵対者たちと仲直りした。

アルファオスが独力でトップの座にのし上がることはめったにない。ニッキーも例外ではなかった。

彼がその地位を得たのは、イェルーンという年上のオスの後ろ盾があったからだ。だから、ニッキーはこの相棒とは良好な関係を保つ必要があった。ママはその間柄を承知しているようだった。この二頭のオスが仲違いしたときに、積極的に介入したことがあったからだ。イェルーンは性的に魅力があるメスと交尾しようとしていたが、ニッキーはただちに全身の毛を逆立て、上半身を揺すり始め、邪魔に入りかねないことを警告した。イェルーンは恋の誘いを中止すると、金切り声を上げながらニッキーを追いかけた。ニッキーのほうが上位だったが、手出しはできなかった。自分を王座に就かせてくれた相手との喧嘩をエスカレートさせるのは、およそ名案とは言えない。ちょうどそのとき、二頭がトップの座を奪った共通の競争相手が好機の到来に感づいて、気取って歩き回りながら存在を主張していた。この重大な瞬間に、ママが割って入った。まずニッキーの所に行って、指を一本彼の口に入れた。相手を安心させる、ありふれた行為だ。ママはそうしながら、じれったそうにイェルーンに向かってうなずき、もう一方の手を差し出した。イェルーンはやって来ると、ママの口にキスした。ママが両者の間から身を引くと、イェルーンはニッキーを抱き締めた。二頭はこの和解のあと、肩を並べて共通の競争相手を威圧し、二頭の結びつきが復活したことを強調した。すると、誰もが落ち着きを取り戻した。ママは連立政権を修復して、集団内の混乱に終止符を打ったのだ。

　この出来事は、私が「三者関係認識」と呼ぶ、相手と別の相手との関係の理解を反映していた。多くの動物は明らかに、自分が誰に対して優位に立っているかや、誰が自分の家族あるいは味方であるかを知っているが、チンパンジーはその一歩先まで行き、自分の周りの誰が誰に対して優位に立っているかや、誰と誰が仲が良いかも認識している。Aは、自分とBやCとの関係だけではなく、BとC

の関係も知っている。Ａの知識は、三者関係全体を網羅しているのだ。同様に、ママもニッキーがどれだけイェルーンに頼っているか、認識していたに違いない。

三者関係認識は、自分が所属する集団の外にさえ及ぶこともある。動物園長に対するママの反応からは、それが窺えた。ママは園長とはほとんど直接の接触はなかったが、彼が立ち寄ったときに飼育係がどれほど神経を尖らせ、丁重な態度をとるかに気づいていたとしか思えない。類人猿は観察して学習する。誰と誰が夫婦で、どの子がどの家族の子か、私たちにはわかるのと、ちょうど同じだ。発声の録音を再生し、動画を見せ、動物が自分の社会的世界をどう認識しているかを調べた実験がある。この研究からは、三者関係認識が類人猿に限られていないことがわかった。たとえば、サルやカラスでも見られる。だが、ママはその第一人者で、並外れた社会的洞察力を備えていた。コロニーで中心的な地位を維持できたのは、調和を育み、政治の複雑さを把握する能力があってこそで、揉め事が起こったときにはいつも、ママはその才能のおかげで、破綻した協力関係を修復したり仲裁に入ったりすることができたのだ。

アルファメス

人間社会には、クレオパトラからアンゲラ・メルケルまで、女性支配者《アルファメス》は大勢いる。だが私は、ブルース・スプリングスティーンが二〇一六年に出版した自伝『ボーン・トゥ・ラン』での、日常的な場面の描写に目を見張らされる。スプリングスティーンは若いギタリストだった頃、キャスティールズというバンドを結成して、ニュージャージー州のみすぼらしいクラブの数々で演奏していた。そのなかには、ポマードをたっぷり使う「グリーサー」と呼ばれるティーンエイジャー向けのクラブもあった。大きく膨らませた髪型のグリーサーガールたちの前で演奏しているときに、バンドはキャシーという子の傑出ぶりに気づいた。

入っていって、楽器をセットして、演奏を始める……が、誰も動かない——誰一人。なんとも気まずい時間が一時間ほど過ぎていく。その間中、全員の目がキャシーに注がれている。やがて、お気に入りの曲にたまたま行き当たると、彼女は立ち上がり、何かに取り憑かれたように踊り始め、ゆっくりと女友達を一人、バンドの前に引っ張り出す。いくらもしないうちにフロアは満杯になり、場が一気に盛り上がる。このお決まりの手順が何度となく繰り返された。キャシーは俺たちが気に入っていた。俺たちは彼女の好みの曲を見つけ、それを演奏しまくった[5]。

人間の階層制は明白そのもののこともあるが、私たちはいつもそれを階層制として認識するとはかぎらないし、学者はまるで階層制が存在しないかのように振る舞うことが多い。私は思春期の人間の行動に関する会議に何回も出席してきたが、「権力」と「セックス」という言葉が最初から最後までまったく聞かれないことが一度ならずあった。私にしてみれば、ティーンエイジャーの生活は「権力」と「セックス」に尽きるというのに。それを指摘すると、たいてい誰もがうなずき、霊長類学者がそんなふうに世の中を見ているとは素晴らしく新鮮ではないかと考えはするものの、そのまま何もなかったかのように先に進み、自尊心や身体イメージ、情動調節、危険行動などに的を絞り続けるのだった。明白な人間の行動と最新流行の心理学の概念のどちらを選ぶかとなると、社会科学はいつも後者を好む。とはいえティーンの間では、性的な冒険をしたり、力関係を試してみたり、何かしら組織や体系を探し求めたりする行動ほど明らかなものはない。たとえばスプリングスティーンのバンドは、必死にキャシーを喜ばせよう、彼女と仲良くなろうとしたが、細心の注意も払わなければならなかった。グリーサーたちも周囲を取り巻いていたので、一人の女の子にあまり好かれ過ぎるのは危なかった。なぜなら、「ただの友達以上のものがあるというつぶやきや噂やそぶりを引き起こせば、身のためにならない」からだ。

彼らこそ、私がよく知っている霊長類だ！

チンパンジーの間でも、思春期のメスはオスによる競争と庇護を誘発する。思春期に入るまで、メスは物の数に入らない。幼い子供とぶらついたり、性別を問わず同じ年齢層の仲間と遊んだりするが、誰も注意を払わない。ところが、初めて性《せい》皮《ひ》腫《しゅ》脹《ちょう》を起こした途端、オスたちの目がメスを追いかけ始める。メスは、臀部《でんぶ》のピンク色の性皮が、月経周期に合わせて膨らむ。同時に、性的に活発になる。最初はオスを交尾に誘うのに苦労し、同年代の仲間としかうまくいかない。だが、腫脹が大きくなるほど、年上のオスたちの興味をそそる。

若いメスはみな、そのおかげで前より優位に立てることをたちまち悟る。一九二〇年代にアメリカの霊長類学の先駆者ロバート・ヤーキーズは、「夫婦」関係（「夫婦」というのはヤーキーズの言葉だが、この名称は間違っている。なぜなら、チンパンジーは両性の間の安定した絆を欠いているからだ）に関する実験を行なった。ヤーキーズがオスとメスの間にピーナッツを落とすと、性皮が腫脹しているメスのほうが、そのような有利な交換材料を持たないメスよりも大きな特権を持っていることがわかった。性皮が腫脹しているメスは、必ずピーナッツを獲得した[6]。野生の世界では、オスは狩りのあと、性皮が腫脹しているメスに肉を分け与える。それどころか、そういうメスが近くにいると、オスは狩りにいっそう精を出す。狩りがうまくいけば、交尾の機会を得られるからだ。低位のオスでさえ、サルを捕獲すると自動的にメスたちが惹きつけられるので、肉を分け与えれば、それと引き換えに交尾の機会を得られる。ただし、上位のオスに見つかるまでの話だが。

メスの鮮やかなピンクの膨らみに、私たちのほとんどが嫌悪を覚えることを踏まえると、腫れた生殖器にオスのチンパンジーが惹かれるのは奇妙に思えるかもしれない。だが、私たちの文化で男性が女性の胸を好色な目で眺めるのと、あまり違わないのではないか？　じつは、体の前面に突き出た肉の塊が魅力を持つほうが、よほど不可解だ。なぜなら、その隆起は妊娠可能であることを宣伝していないが、チンパンジーの腫脹はその宣伝になっているのだから。若い女性も、しばしばバストアップブラやパッドの助けを借りて、胸が徐々に大きくなるにつれ、男性

メスのチンパンジーは、風船のような性皮の大きな膨らみ（水分でいっぱいの、ピンク色をした外性器の腫れ）を誇示して、妊娠可能であることを宣伝する。よく目立つこの膨らみは、オスを惹きつける。思春期のメスは初めて性皮腫脹を起こすと、セックスアピールの恩恵を学習し、たちまち地位が上がる。

の注意を引きつけ始める。胸の谷間の威力を知り、その力でかつてなかったほどの影響力を手にする一方、他の女性からの嫉妬や悪口にさらされることにもなる。女性の人生で、感情が激しく揺れ動き、大きな不安感に苛まれる、このややこしい時期は、思春期のメスの類人猿が経験するのと同じ、権力とセックスと競争の相互作用を反映している。

　若いメスのチンパンジーは、オスの庇護は束の間のものであることを、痛い目に遭う経験を通して学ぶ。オスが近くにいて自分に惹かれているときにしか、庇護してもらえないからだ。この学習経験の典型例として、ママとオーティエにまつわる一件がある。オーティエの周期的な性皮腫脹が始まった頃のことだ。食べ物を巡る喧嘩のときに、ママがオーティエの背中を平手打ちにした。するとオーティエはアルファオスのニッキーに駆け寄って、凄まじい金切り声を上げ、自分が受けた軽い叱責とはおよそ不釣り合いなほどの大騒ぎをした。非難するように、ママの方を手で指し示しさえした。

　だがオーティエは性皮が腫脹していた。だからこそ、ニッキーは一日中彼女にまとわりついていたのだ。彼はオーティエの抗議に応じて全身の毛を逆立て、アルファメスのママのすぐ脇を突進していった。もっとも、そんな威嚇を甘んじて受けるママではなかった。彼女は金切り声を上げたり吠えたりしながら、逆にニッキーのあとを追いかけた。とはいえ、二頭の間では身体的な攻撃行動はなく、数分後、オーティエとママは距離を置いて視線を交わした。ママがうなずくと、たちまちオーティエが寄ってきて、二頭は抱き合った。丸く収まったようだ。ママはニッキーとも仲直りしたから、なおさらだ。

　その日の夕方、チンパンジーたちはいつもどおり建物の中に入れられ、小さな集団に分かれて夜を過ごすことになった。ところが、しばらくすると、本格的な取っ組み合いをする物音が聞こえた。オスのいない区画でオーティエと二頭だけになった途端、ママがこの年下のメスをあからさまに攻撃したのだった。先ほどの仲直りは周囲への宣伝にすぎなかった。あの一件が忘れられたわけではなかったのだ。

　思春期のメスが魅力を発揮する期間は、どれほどそのメスに力を与えてくれるものであろうと、束の間で長続きしない。年上のメスの性皮が腫脹し始めた途端、若いメスは無視される。これは直感に反するように思えるかもしれない。私たちは人間の男性が若々しいパートナーに惹かれるのに慣れているからだが、チンパンジーの場合には事情が違う。私たちの種では、夫婦の絆や安定した家族があるので、若さに惹かれるのは進化の観点からは理に適っている。若い女性は長い生殖可能期間が見込めるので、より望ましく価値がある。だから女性は、染髪やメーク、インプラント、美容整形などで若く見せようと、果てしなく努力し続ける。ところが、チンパンジーたちは長期的なパートナーシップとは無縁なので、オスは成熟した相手に惹かれる。同時に複数のメスの性皮が腫脹したら、オスは必ず、そのうちの年長のメスと交尾したがる。これは、野生のチンパンジーでも報告されている。彼らは、人間とは逆の年齢差別を行なう。すでに何頭か健康な子供を産み育てている、実績のある相手を好むのかもしれない。

　というわけで、ママはモニークを産んでから四年後、再び性皮が腫脹すると、その集団随一のホットなメスとなった。オスたちが老いも若きも群がり、交尾の機会を巡る取引《セクシャル・バーゲニング》に没頭した。公然と競うこともときどきあったが、たいていはそうする代わりに、グルーミングをし合った。長時間のグルーミング（とくに、アルファオスへのグルーミング）をすれば、それと引き換えに、心置きなく交尾することを許されるのだった。一見、くつろいだ場面が展開しているようで、欲望の対象となるメスが傍観するなか、ドン・ファンたちがみな、せっせとお互いのグルーミングに励む。だが、その裏には大きな緊張があった。きちんと手順を踏まずにママに近づこうとするオスは、誰であれ厄介な目に遭うことは請け合いだった。

私はこうした場面では、オスたちの明らかな自制に最も興味を引かれる。私たちは動物のことを、人間が利かせるようなブレーキを欠いた、直情的な生き物だと見なしがちだ。ヒトという種を際立たせているのは衝動を抑える能力であると主張した哲学者たちさえいる。自由意志と結びついた考え方だ。とはいえ、人間の独自性にまつわる主張のじつに多くがそうであるように、この主張もはなはだ的外れだ。自分の情動にやみくもに従うことほど、生き物にとって適応的でない行動はありえないだろう。本能の赴くままに何をしでかすかわからないような人間になりたい人がいるだろうか？　もし猫が、シマリスにそろりそろりと忍び寄る代わりに、飛びかかりたいという衝動に即座に屈したなら、きっとしくじりを重ねる羽目になる。もしママが、絶好の機会が巡ってくるのを待ってオーティエに襲いかからなかったら、自分の地位を思い知らせることはけっしてできなかっただろう。もしオスが、いつでも気の向くままに交尾したら、競争相手と絶えず揉め事になってしまう。彼らはグルーミングをするという代償を払って上位の者たちのご機嫌をとるか、あるいは彼らの目を盗んで茂みの陰で密会を持つ（ありふれた手口で、メスの協力が欠かせない）かする必要がある。これはみな、高度に発達した衝動制御を拠り所としており、そのような制御こそが社会生活の要《かなめ》だ。馬や犬や海洋哺乳動物の調教師は、扱う動物が持つこの能力を知り抜いている。それほどこの能力は重要なのだ。

私はかつて、ある日本の動物園でナッツを割る場所がチンパンジーたちのために設けられているのを見た。その放飼場にはどっしりした石の台座が置かれ、ハンマーとなる、台座よりは小さい石が鎖でつないであった。飼育係が大量のマカダミアナッツを放飼場に投げ入れると、チンパンジーがみな手足にいっぱいナッツを拾い上げ、台座の周りに集まって腰を下ろす。チンパンジーが歯で嚙み砕けないナッツは数種類しかないが、マカダミアナッツはその一つで、そのため、台座とハンマーが必要だった。まず、アルファオスが自分のナッツをそこで割り、次にアルファメスが割り、という具合に、チンパンジーは順番にナッツを割った。自分の番が来るまでは、みんな辛抱強く待つのだった。波風一つ立たず、万事が整然と進み、誰もが何の問題もなくナッツを割ることができた。だが、この秩序の裏には暴力が潜んでいた。確立されたこの取り決めに誰かが違反しようものなら、大混乱になっていただろう。この暴力はほとんど目につかなかったとはいえ、それが社会に構造を与えていた。私たちの社会も同じように築かれて

メスの性皮が腫脹すると、オスどうしの熾烈な競争につながりうるが、奇妙なことに、その競争は喧嘩よりもグルーミングのかたちで表れることが多い。それは「セクシャル・バーゲニング」として知られており、オスは、メスの前で猛然とグルーミングし合う。下位のオスは上位のオスをグルーミングし、邪魔されずに交尾する権利を「買う」。上の図では、オスたちが交尾権の問題を解決するのを、メス（左）が辛抱強く待っている。

はいないだろうか？　人間社会は表面上は整然としているが、規則を守らない者に対する刑罰と強制によって支えられている。人間であれ動物であれ、結果を考えずに情動に屈することほど愚かな行動はない。

ママは複雑な社会の中で生きており、その社会を誰よりもよく理解していた——その込み入った実態を観察によって解き明かそうと懸命に研究せざるをえなかった人間の私も含め、他の誰よりも。彼女がどうやってトップの座に昇り詰めたのかは、完全には明らかではないが、これまでの研究者生活で私が知るようになった多くのチンパンジー・コロニーでの経験や野生の世界での観察から、年齢と性格がおもな要因であることがわかっている。メスのチンパンジーは、序列を巡って競うことはめったにないし、地位は驚くほど素早く確立する。違う場所から連れてきたチンパンジーたちを動物園でいっしょにすると、メスはいつも、ものの数秒のうちに序列を定める。一頭が別のメスに歩み寄ると、相手は腰を屈めたり、パント・グラントを発したり、脇によけたりして服従し、それで決まりだ。それ以降、前者が後者を支配する。吠え合うこともあるが、それは稀だ。だが、オスは大違いで、お互い、相手を威圧しようとしたり（その場合には、暴力を伴う喧嘩につながることもある）、その場では自重して数日後に喧嘩をしたりする。いずれかの時点で、必ず力が試される。いったん序列が定まったとしても、そこにとどまれる保証はない。いつ挑戦されるか知れたものではない。だから、最も精力旺盛なオス（たいていは二〇～三〇歳）がトップの座を奪う。彼らは年長者よりも上位を占め、年長者は最盛期が過ぎると、一つ、また一つと位が下がっていく。

それとは対照的に、メスは年齢制であり、歳が物を言う。この制度は、オスのものよりも当然ながら安定している。身体的にはもっと強壮な若いメスがいても、年長のメスの一頭がアルファになる。若いメスは喧嘩でわけもなくアルファを打ち負かせるだろうが、体力は関係ない。何十年にも及ぶ野生のチンパンジーの研究から明らかになったように、メスは地位を巡って競うことはほとんどなく、ひたすら待つ。これは「待機《キューイング》」として知られている。メスは長生きすれば、必ず高い地位に就ける。彼女らは森の中で散らばって暮らし、たいてい単独で食べ物を探し回るので、高位に昇ったとしても、おそらく、わざわざ序列を上げるために冒す危険に見合うほど得るものがない。オスのように苦労することに価値がないのだ[7]。

ママのような地位にあるメスは、しばしば「長老格のメス《メイトリアーク》」と呼ばれるが、この言葉の意味はさまざまだ。たとえば、ママの地位は長老格のゾウのメスの地位とはずいぶん違っていた。ゾウの場合には、いちばん年上で大きいメスが、他のメスとその幼い子供たちから成る群れ（その多くが家族）を率いる。それに対して、チンパンジーであるママははるかに複雑な世界の舵取りをしていた。その世界には大人のオスたちがいて、飽くことなく地位を争い、他のメスはすべてママとは血縁ではなかった。この環境でトップの座に就いたのだからたいしたものだが、彼女の立場に関しては、それでさえも最も注目するべき側面ではなかった。なぜなら、彼女は同時に絶大な権力を振るってもいたからだ。権力と序列は別物なのだ。

私たちは、誰が誰に服従するかで序列を見極める。チンパンジーは、腰を屈め、パント・グラントを発することで服従の意を表す。アルファオスはあたりを歩き回るだけでいい。他のチンパンジーが駆け寄ってきて、文字どおりひれ伏し、パント・グラントを発する。アルファオスは、腕を他のチンパンジーの上で動かしたり、彼らを跳び越えたり、気にも留めていないかのように、彼らの挨拶をあっさり無視したりして、自分の地位を強調する。アルファオスは周り中からたっぷり敬意を向けられる。ママはオスではなかったので、そのような儀式的な意思表示を受けることは少なかったが、他のメスは全員、少なくともときおりは彼女に敬意を表し、彼女を最上位のメスとして遇していた。地位を示すこうした行動は、公式の序列を反映している。軍服の記章を見れば、誰が誰より位が上かがわかるのと同じようなものだ。

　権力はそれとはまったく違う。権力とは、ある個体が集団のプロセスに及ぼす影響だ。まるで第二の層のように、権力は公式の順位の下に隠れている。人間社会での例を挙げよう。会社の経営者に長年仕えている女性の秘書は、その経営者（性別は無関係）への面会や連絡を取り仕切ったり、自分の裁量で細々とした事柄をいくつも処理したりしていることがよくある。その秘書は公式には階層制度のかなり下にいるとはいえ、私たちの多くはその底知れぬ力に気づいており、彼女と良好な関係をそつなく保つ。それと似て、チンパンジーの集団における社会的な成り行きも、家族の絆や同盟関係のネットワークの中で最も中心的な個体にかかっていることがよくある。アルファオスになりたてのニッキーが、年上の相棒のイェルーンほど尊敬されていなかったことは、すでに述べた。ニッキーは最高位に就いていたが、あまり権力はなく、コロニーは彼の支配を日頃から拒絶した。実際には、采配を振っていたのは、コロニーの最年長のオスとメスであるイェルーンとママだった。二頭にはとても大きな威信があったので、彼らの決定に反対する者はいなかった。ママは抜群の縁故《コネ》と仲裁能力を持っていたから、並外れた影響力を振るった。大人のオスはみな、公式には彼女よりも序列が上だったが、いざというときには、誰もがママを必要とし、彼女を尊重した。
彼女の意向が、すなわちコロニーの意向だった。

死の最終性と嘆き

ママの容体が悪化し、恢復の見込みがなくなると、獣医が安楽死させた。それは、この上なく悲しい日となったが、いたしかたない判断だった。そのあと動物園は、飼育している動物が死んだときにはめったにやらないことをした。ママの遺骸を安置した夜間用のケージの扉を開け放ち、コロニーの仲間が遺骸を眺めたり触ったりできるようにしたのだ。チンパンジーたちの挙動は、すべて録画した。

その録画を見ると、メスのほうがオスよりも強い関心を抱いていたことがはっきりする。オスはたいがい、遺骸を二、三度叩き、引きずり回した。そのような手荒な扱いは不適切に見えるかもしれないが、私たちは以前にもそのような行為を目にしていた。おそらく、死者を生き返らせようとする試みだったのだろう。相手がどう反応するかを徹底的に試してみないかぎり、本当に死んだと、どうして確信できるだろう？　病院の救急救命室でも、蘇生措置が実を結ばなかったときに初めて、死亡が宣告される。メスのチンパンジーたちも、だいぶ控えめにではあったが、同じようなことをした。腕や足を持ち上げてから手を放し、元の位置に落ちるのを見守ったり、息をしていないことを確かめるためだろうか、遺骸の口の中を覗き込んだりした。ただし、メスの一頭が遺骸を引っ張って動かそうとすると、ママの養女のゲイシャに大目玉を食った。他のチンパンジーとは違い、ゲイシャは休憩をとって食事をしたり仲間といっしょに過ごしたりはせず、片時も遺骸のそばを離れなかった。まるで人間がお通夜でするように振る舞った。通夜とはもともと哀悼者が、亡くなった人を本人の自宅で夜通し見守る行為を意味した。おそらく人間は、愛する人が生き返ることを願って、あるいは、埋葬する前に、その人が亡くなったことをしっかり確認するために、通夜を行なうようになったのだろう。

　ゲイシャはカイフの娘だった。ママはカイフが死んだあと、ゲイシャの面倒を見てやった。ママがカイフとどれほど親しかったかを考えると、これは理に適っていた。そして今度はママが亡くなったあと、遺骸のそばでいちばん長い時間――血のつながった娘や孫娘たちよりも長い時間――を過ごしたのがゲイシャだった。メスはみな、すっかり黙り込んでママの所にやって来た。チンパンジーにしてみれば、異例のことだ。彼女たちは、ママに鼻を擦り寄せ、さまざまなやり方で遺骸を念入りに調べたり、しばらくグルーミングしたりした。

　メスたちは、どこかから毛布も持ってきて、ママの遺骸の近くに置いていった。これは、解釈がもっと難しかったが、別のチンパンジーの死が思い出された。

　ある日、ヤーキーズ国立霊長類研究センターのフィールド・ステーションで、人気のある元アルファオスのエイモスが、毎分六〇回の割合で荒い息をしていた。顔からは汗が噴き出ている。私たちはそれまで、具合が悪いことに気づかなかった。エイモスはたいていのオスと同じように、可能な間はずっと、体調が悪いことを隠していたからだ。オスは弱みを見せることを避ける。数日後にエイモスが死んだあと、彼の肝臓がはなはだしく肥大し、体のあちこちが癌《がん》になっていたことを、私たちはようやく知った。エイモスは仲間といっしょに屋外に出ることを拒んだので、私たちは彼を隔離し、彼の夜間用ケージの扉を少しだけ開けておいた。メスの友達のデイジーが繰り返しやって来た。彼女は隙間から手を伸ばして、エイモスの耳の後ろの柔らかい部分を優しくグルーミングした。木毛《もくもう》〔木材を糸状に削ったもの〕を持ってきて、それを大量にエイモスの方に押し込み始めたこともあった。チンパンジーは好んで木毛などを使って寝床を作る。デイジーは何度か手を差し入れて、木毛をエイモスの背と、彼が寄りかかっている壁との間に詰めてやった。彼が痛みを感じており、何か柔らかいものに寄りかかっているほうが楽だろうことに、デイジーはまるで気づいていたかのようだった。病院のベッドで起き上がった人が寄りかかれるように、私たちがクッションを背中にあてがうところとそっくりに見えた。

　というわけで、私たちはどういう経緯で毛布がママの遺骸のそばに運ばれたのかはわからないものの、ひょっとしたら、体が氷のように冷たくなっていることを受けて、誰かがママを快適にしてあげようとした可能性は排除できない。類人猿や他の動物が他者の死にどう応じるかの研究は、ギリシア神話の非暴力的な死の神タナトスにちなんで「死生学《タナトロジー》」と名づけられた学問の範疇《はんちゅう》に入る。死のあとの嘆きは定義するのが難しいが、アメリカの人類学者バーバラ・J・キングは二〇一三年の著書『死を悼む動物たち』で、死んだ動物と親密だった個体の行動に著しい変化が起こること、たとえば、食べる量が減ったり、物憂げになったり、死んだ動物が最後に目撃された場所を見張ったりすることが最低条件だと述べている。[8]母親は、死んだのがわが子だと、悪臭を放つ遺骸がぼろぼろに崩れるまで、手元に置き続ける。これは何度も観察されている。西アフリカの森に棲むチンパンジーの母親は、死んだ子供を二七日間も手放さなかった。この反応は霊長類ではごく自然だ。彼らは幼い子供を背や腹にしがみつかせて移動するからだが、イルカでも同じ反応が観察されている。イルカの母親は、死んだ子供の体を何日間も水に浮かせておくことがある[9]。

死んだ者との絆がない個体は、その死に影響を受ける理由がない。たとえば、多くのペットは同じ家の他のペットが死んでもほとんど反応しない。嘆き悲しむには、愛着が必要とされる。絆が強いほど、それを断ち切られたときの反応も強烈になる。これはすべての哺乳類と鳥類に当てはまる。鳥類には当然、カラス科の鳥も含まれる。私のコクマルガラスの一羽は、つがいになっているメスがどういうわけか姿を消すと、何日も空を見渡しながら鳴き続けた。それでもメスが戻ってこないと、オスは諦め、数日後に死んだ。今度は私が悲しむ番だった。あれほど多くの愛情と喜びを与えてくれ、鳥類の生活は哺乳類の生活と肩を並べるほど情動的であることを教えてくれた、この二羽の鳥の喪失を、私は悼んだ。

オーストリアの著名な動物行動学者コンラート・ローレンツは、飼っているガンたちが一生にわたって一雌《いっし》一雄《いちゆう》制を守ると理想化して考えていた。指導を受けている学生の一人は、いくつか不倫の事例に気づいてそれを指摘するときに、恩師に与える衝撃を和らげるために、ガンもただの人間と変わらないわけですね、と付け加えた。一夫一婦制あるいは一雌一雄制は、哺乳類よりも鳥類でのほうが一般的だ。それどころか、霊長類で一雌一雄制のものは非常に少なく、人間が本当に一夫一婦制かは怪しい。もっとも、絆に伴う情動は、どの種でも似通っているかもしれない。すべての哺乳動物で、オキシトシンがかかわっているからだ。太古からあるこの神経ペプチドは、繁殖行動や授乳や出産のときに下垂体から分泌される（分娩室では陣痛の促進のために日常的に投与される）が、成体の間で絆を育む役割も果たす。恋に落ちたばかりの人は、恋人がいない人よりも血液中のオキシトシンが多いし、恋愛関係が続いていれば、血中濃度が高い状態も持続する。その一方で、オキシトシンは、パートナー以外との火遊びを防ぎもする。既婚男性がこのホルモンをスプレーで鼻に浴びせられると、魅力的な女性のそばでは居心地の悪さを感じ、距離を置きたがる。[10]

たとえ私たちは人間のロマンティックな愛を特別視しているにしても、他の種との神経系の類似には目を見張らされる。エモリー大学の同僚で神経科学者のラリー・ヤングは、二つのハタネズミの種の研究で知られている。アメリカハタネズミは乱交型の生活を送るのに対して、外見がよく似たプレーリーハタネズミのつがいは、互いとしか交尾せず、いっしょに子供を育てる。プレーリーハタネズミはアメリカハタネズミと比べると、脳の報酬中枢にあるオキシトシン受容器の数がはるかに多い。そのため、プレーリーハタネズミは交尾に関して強烈に好ましい連想を持ち、その結果、交尾をしたパートナーに「中毒」する。オキシトシンのおかげで、雌雄の絆が確実に結ばれる。プレーリーハタネズミは、つがいの相手を失うと、ストレスと抑鬱《よくうつ》を示唆する脳の化学的変化を見せる。また、危険に直面しても、生きようが死のうが、もう気にしないかのように、無気力になる。というわけで、こんな小さな齧歯《げっし》類でさえ、嘆きを知っているように見える。[11]

アメリカの動物学者パトリシア・マコーネルは、愛犬のラッシーが大の仲良しだったルークの死にどう反応したかを記している。この二頭は互いが大好きで、いつもいっしょにいた。ルークが死ぬと、ラッシーは遺骸が置かれた部屋の中で日がな一日、哀れを誘うほど悲しげな目をし、額に皺《しわ》を寄せ、うなだれて横たわっていた。翌日は子犬時代に戻り、幼い頃の典型的な行動を見せ、我を忘れてくるくる回ったり、まるで乳を飲むかのように自分のおもちゃを舐めたりしゃぶったりした。ラッシーはルークの死が取り返しのつかないことであるのを理解していたとマコーネルは結論した。もし理解していなかったなら、どうしてラッシーの気分があれほど極端に変化するだろうか？[12]

あらゆる証拠を総合すると、少なくとも一部の動物は、死んだ仲間が二度と動かないことに気づいているらしい。野生チンパンジーの大人のオスが木から落ちて首の骨を折ったとき、ある思春期のメスは、一時間以上も身じろぎもせずに、ひたすら遺骸を見つめていた。周りのオスたちは、不安そうに歯を剝いて抱き合っていた。[13] もし彼らが、そのオスの状況は一過性のものだと考えていたら、そのような劇的な反応を見せる理由はない。さらに、不可逆性を認識している以上、彼らは未来を予期していることになる。霊長類は移動の計画を立てたり、課題のために道具を用意したりするので、彼らの未来志向に関する科学的証拠は豊富にあるが、生死に結びついた将来の展望を持っているのかどうかについて私たちが考えることはめったにない。当然ながら、この能力を調べる実験は行なうことができない。自分はいずれ死ぬという自覚を「死の必然性の感覚」（その存在については、私たち自身の種以外では、いっさい証拠がない）と呼ぶなら、ルークは戻ってこないというラッシーの認識は、「死の最終性の感覚」と呼んでいいかもしれない。死の最終性の感覚は、自分ではなく他者に関するものである点で、死の必然性の感覚と異なる。

死別にまつわる類似の話は、猫についても、そしてもちろんペットと飼い主の間でも、数多くある。飼い主の墓のそばで何年も過ごしたり、かつて飼い主を迎えに行っていた駅に毎日通ったりする犬がいることは知られている。私は、それぞれボビーとハチ公という名の忠犬を称讃するために設置された、エディンバラと東京の彫像を見に行ったことがある。相手の死後に見せる、これと同じような忠誠心が、他の動物をも行動に駆り立てているかもしれない。ゾウは死んだ群れの仲間の牙や骨を集め、鼻で持ち上げ、仲間の間で順に回す。何年にもわたって、血縁者が死んだ場所にわざわざ戻っては、遺骨に触れたり、遺骨を念入りに調べたりするゾウもいる。

アフリカのボノボのサンクチュアリでは、死の最終性の感覚を示す、まったく異なる手掛かりが得られた。毒ヘビのガボンクサリヘビがこのサンクチュアリに入り込んだあとの、ある日のことだ。ヘビに対してボノボたちは激しい恐怖を覚え、ヘビが動くたびに飛びのいた。彼らは棒で慎重につついていたが、とうとうアルファメスがつかんで宙に振り上げ、地面に叩きつけた。彼女がヘビを殺してしまうと、それが生き返ることを予期している様子は誰もまったく見せなかった。死んだら一巻の終わりだ。幼い子供たちはヘビの死骸をおもちゃにして楽しそうに引きずり回したり、首に掛けたりし、はては口をこじ開けて巨大な毒牙を調べさえした。このボノボたちは、ヘビの死を不可逆と見なしていたに違いない。

私たちは、類人猿のコロニーの成員が実際に死ぬところを目にすることはめったにないが、バーガース動物園でオーティエが文字どおりばったり死ぬ様子を目撃した。彼女は私のお気に入りの一頭で、いつも呑気なチンパンジーだった。しばらく前から咳をしており、抗生物質を与えていたのに、具合は悪くなる一方だった。ある日私たちが見ているなか、カイフが間近からオーティエの目を覗き込んだ。それから、見たところ何の理由もないのに、カイフはヒステリックな金切り声を上げだし、痙攣《けいれん》したかのように腕を動かして自分の体を叩いた。苛々したチンパンジーが見せる仕草だ。オーティエの目の中に何かを見て、それで動揺しているようだった。オーティエ自身はこのときまで静かだったが、ここにきて、弱々しい金切り声で応じた。彼女は横になろうとして、座っていた丸太から転げ落ち、床で動かなくなった。建物の別の部分にいた一頭のメスが、カイフのものと同じような金切り声を上げた。何が起こったか、見えたはずがないというのに。そのあと、二五頭のチンパンジーがすっかり黙り込んだ。飼育係は彼らを全員どかすと、口対口《マウス・トゥ・マウス》の人工呼吸を行なったが、無駄だった。解剖すると、心臓と腹部に重度の感染が見られた。

　人間は遺骸を清めたり、遺骸に触れたり、聖油を塗ったり、遺骸の身繕いをしたりするが、ママの遺骸の周りに集まったチンパンジーたちのように、霊長類は人間が死者に接するのとよく似たかたちで死に反応する。彼らも遺骸に触れたり、グルーミングしたりしてから、ようやくその場を離れる。ただし、私たちはもう一歩先まで行き、死者を埋葬し、多くの場合、「死出の旅」に何かを持たせてやる。古代のエジプト人は、食物やブドウ酒、猟犬、飼っていたヒヒ、実物大の帆船などでファラオの墓を満たした。人間は、喪失の痛手を和らげ、死の必然性に対する自らの恐怖を鎮めるために、死を別の生への移行と見なすことがよくある。他のどんな動物にも、この注目するべき心的イノベーションの証拠は見つかっていない。

　二〇一五年にホモ・ナレディの発見が発表されると、こうした相違について議論が沸騰した。ホモ・ナレディは人間の初期の近縁種で、その化石が南アフリカの洞窟の奥深くで二年前に発見されていた。この霊長類は、腰の部分はアウストラロピテクスのものに似ているが、足と歯は私たち自身の属に典型的なものに近い。ホモ・ナレディは、私たちの祖先が形成する巨大な系統樹から伸びる何十本もの側枝の一つに属する可能性が最も高いが、古生物学者はそのような意見を嫌う。彼らは自分の発見したものが、私たちへとつながる細い枝に属していると、いつでも考えたがる。その可能性がきわめて小さいことなど、おかまいなしだ。そのような見方をとれば、人間の祖先を発見したと主張することができる。だが、ホモ・ナレディについて、そんな主張をしようとすることが、どうしてできるだろう？　なにしろ、ホモ・ナレディは類人猿並みの大きさの脳しか持っていないのだから。先述の洞窟群のきわめて到達困難な部分で化石を見つけたとき、発見した古生物学者たちは自分の考えが裏づけられたと感じた。なぜなら、化石となった遺骸は、意図的にその場所に持ち込まれたに違いないからだ。死者に対してそれほどの思いやりを示すのは人間だけだろうと、彼らは主張した。彼らの言い分は、ただの推論以外の何物でもないのと同時に、他の種が死者をどう扱うか、まったく無知だからこそ思いついたものにすぎない。

　チンパンジーやその他の霊長類は、一か所に長くとどまることはけっしてないので、遺骸を何かで覆ったり埋めたりする理由はない。もし同じ場所にずっといたら、ハイエナのような恐ろしい捕食者を含む腐食動物が死肉に惹かれて寄ってくることに、必ず気づくだろう。類人猿の心的能力をもってすれば、悪臭を放つ遺骸を何かで覆ったり目立たない所に運んだりしてこの問題を解決することは、絶対に可能のはずだ。そのような行動をとるには、死後の世界の存在を信じている必要はほとんどないだろう。それと同じ種類の実際的な必要性が、ホモ・ナレディを駆り立てたのかもしれない。彼らが死んだ仲間を、細心の注意を払って丁重に運んだのか、邪魔になったので遠くの洞窟の中にゴミでも捨てるように投げ込んだのか、現時点ではまったくわからない。ことによると、もっとひどい話だったかもしれない。発見された化石の人々は、洞窟に入れられたときすでに死んでいたと、誰が言えるだろう？

奇妙な偶然だが、「ナレディ（naledi）」という単語（ソト語・ツワナ語で「星」の意）の綴りを変えると、「否定（denial）」という単語になる。ホモ・ナレディ化石の発見者たちは、それが人間の祖先であることをやたらに強調したがる一方、私たちの祖先が類人猿とじつに多くの共通点を持っていたことは認めたがらない。人間は、アフリカゾウとアジアゾウが分かれたのと同じぐらい昔に類人猿と分岐し、人間と類人猿は、アフリカゾウとアジアゾウほど遺伝的に近い、あるいは遠い、と言える。それなのに私たちは、アフリカゾウとアジアゾウの両方をためらうことなくゾウと呼びつつも、自分の系統が類人猿から人間に移行した特定の時点にこだわっている。「ヒト化」や「人類発生」といった、この移行を指す専用の言葉さえある。そのような時点がかつてあったというのは、広く見られる幻想にすぎない。光のスペクトルで、オレンジ色が赤に変わる厳密な境目の波長などないのと同じようなものだ。明確な区分を求める私たちの願望は、きわめて滑らかに移り変わっていく進化の傾向と相容れない。

死の最終性の感覚がどれほど広く行き渡っているかや、観念的な未来予測にどれほど頼っているかは、相変わらず不明だ。だが、少なくともいくつかの種の成員は、匂いを嗅いだり、触ってみたり、生き返らせようとしたりして、愛する者が死んでしまったことを確かめたあとは、相手との関係が現在から過去へと永久に移ったことに気づくようだ。彼らがどうやってこの認識を得るのかは謎だ。経験に基づいているのだろうか？　あるいは、死が生の一部であることを、彼らは直感的に知っているのだろうか？　彼らが死者にこうした反応を見せるという事実は、あらゆる情動が知識と混じり合っていることも思い出させてくれる。混じり合っていなければ、情動は存在しないだろう。動物が何か興味深いことをすると、認知科学者は、「ただの情動だ」と言うことがあるが、情動は断じて単純なものではなく、状況の評価とけっして分離してはいない。とくに嘆きは、それを情動と呼ぶことで示唆されるものよりもはるかに複雑だ。嘆きは、社会的な絆作りと背中合わせの悲しい面、すなわち喪失を象徴している。嘆きは、私たちの心の奥底まで染み透《とお》るのと同じように、一部の動物の心の奥底まで染み透るかもしれない——オキシトシン系のような共通の神経プロセスや、ひょっとすると、生命とその脆弱性についての、私たちのものとよく似た自覚にも基づいて。

　私にとって、今後、バーガース動物園のコロニーの訪問は、これまでとは永遠に違うものになってしまった。ママの死は、チンパンジーたちだけではなく、ヤンや私をはじめ、ママと親しかった人間たちの心に、大きな空白を残した。彼女はコロニーの要だったのだ。それでも動物園の暮らしは続いていくし、そうあるべきなのだが、やはり、一頭一頭がそれぞれ違う。ママほど堂々としていて、感動を与える個性的な類人猿には、二度と再び、出会うことはないだろう。

WINDOW TO THE SOUL　When Primates Laugh and Smile

第2章　心を覗く窓

霊長類が笑ったり微笑んだりするとき

幼いチンパンジーをくすぐるのは、人間の子供をくすぐるのとよく似ている。私たちと同じで、チンパンジーにも敏感な場所がある。腋《わき》の下や脇腹や腹だ。チンパンジーは口を左右に大きく開き、唇を弛緩させ、人間が笑うときとそっくりの、ハッ、ハッ、ハッというお馴染みのリズムで息を吸ったり吐いたりしながら、声を出して喘《あえ》ぐ。あまりに人間と似ているので、こちらも思わずくすくす笑わずにはいられない。

チンパンジーは人間の子供と同じで、相反する反応も見せる。くすぐったい場所を守ろうとし、くすぐろうとする人間の手を押しのけ、逃れようとするが、相手がやめた途端、戻ってきて相手の目の前に腹を差し出し、もっとくすぐってもらおうとする。ここまでくると、人間はわざわざ触れるまでもなく、指で指し示しただけで、チンパンジーはまたしても笑いだす。

笑う？　ちょっと、待った！　正真正銘の科学者なら、どんなものであれ擬人観〔人間以外の生物、無生物、事象などに人間の形態や性質を見出す立場。擬人主義〕はすべて避けるべきではないか？　だから、強硬な研究者たちはしばしば、用語を変えるように私たちに求める。チンパンジーの反応を、たとえば「発声を伴う喘ぎ」というような、当たり障りのない言葉で呼べばいいではないか、というわけだ。私は慎重な研究者が「笑いに似た」行動という言い回しを使うのを耳にしたことがある。そういう配慮をすれば、人間と動物の混同を一つ残らず避けられる。

「擬人観（anthropomorphism）」（anthropo は「人間」、morphism は「形態」の意）は、古代ギリシアの哲学者クセノファネスに由来する。彼は紀元前六世紀に、ホメロスの詩に異議を申し立てた。なぜならホメロスの詩は、神々を人間に似たものであるかのように描写していたからだ。クセノファネスは、もし馬に手があったら「自分たちの神々を馬のように描く」ことだろうと言って、ホメロスの思い込みを嘲笑った。今日では、「擬人観」という言葉は、もっと広い意味を持つようになった。たいていは、他の種も人間のような特性を持っていたり経験をしたりするという見方を咎《とが》めるときに使われる。だから、動物は「セックス」はせず、繁殖行動をとる。「友達」はおらず、お気に入りの提携パートナーしかいない。私たちの種は知的優越性を鼻にかけているので、この種の言葉の去勢を、認知能力の領域ではなおさら熱心に行なう。動物がすることは、何から何まで本能か単純な学習に帰せられるとし、人間の認知機能を褒め讃《たた》え続ける。それに異を唱えようものなら、笑い物にされるのがおちだ。

　擬人観に対してそのような抵抗があることを理解したければ、これまた古代ギリシア人のアリストテレスまでさかのぼる必要がある。この偉大な哲学者は、上下に延びる「自然の階梯《かいてい》」の上にあらゆる生き物を割り振った。この階梯は、人間（神々に最も近い）から他の哺乳類へと下向きに続き、鳥類、魚類、昆虫類と下って、軟体動物が下端近くに位置を占める。この長大な梯子《はしご》に沿って上下を比較するのは、これまでずっと科学的な娯楽として人気があったが、そうした比較から私たちが何を学んだかと言えば、それは、他の種を自分たち自身の基準で測る術《すべ》ぐらいのものに思える。

だが、自然の途方もない豊かさを、単一の尺度で捉えきれる可能性など、どれほどあるだろうか？　それぞれの動物が、自身の感覚や発達史に適応した独自の精神生活や、独自の知能と情動を持っていて当然なのではないか？　鳥と魚の精神生活が同じだなどということがどうしてあるだろうか？　あるいは、捕食者と被食者を考えてほしい。捕食者が、絶えずあたりを警戒しながら暮らしている種とは異なる類《たぐい》の情動を持っていることは明らかだ。捕食者は、落ち着いた自信にあふれている（ただし、実力の伯仲した競争相手に出くわしたときは別だが）のに対して、被食者は多種多様な恐れを知っている。彼らは恐怖におののきながら生きており、予想外の動きや音や匂いに接するたびに、ぎくっとする。馬は驚いて急に駆けだすが、犬はそうしないのも、そのためだ。私たちは、樹上に暮らして果実を摘む生き物から進化した（だから、目が前向きについており、色が見分けられ、物をつかむのに適した手を持っている）が、体の大きさとさまざまな特殊技能のおかげで、捕食者のような威厳と自信に満ちた態度を備えている。そのために、柔毛で覆われた二種類の肉食動物をペットとしておおいに愛玩し、彼らとこれほど仲良くやっていけるのだろう。

私は大学時代、プレクシーという白黒の猫を飼っていた。月に一度ほど、鞄《かばん》に入って小さな頭だけを突き出したプレクシーを自転車に乗せ、彼女の親友である、短足の子犬と遊ばせに行った。二匹は幼い頃からの遊び仲間で、すっかり大人になってからもいっしょに遊んでいた。大きな学生寮の階段を駆け上がったり駆け下りたりし、曲がり角で出くわすたびに相手を驚かせる二匹は、見るからに楽しそうであり、その喜びは両者の間で伝染するのだった。二匹は何時間となくそうして遊び続けた挙句、ついに疲れきってへたり込む。犬と猫が仲良くできることが多いのは、どちらも、動いているものを追いかけ、捕まえたくてしかたないからだ。彼らはともに哺乳動物でもある。だから、私たちとも親しみやすい。人間以外の哺乳動物は、私たちの情動を認識するし、私たちも彼らの情動を認識する。この共感的なつながりがあるからこそ、人間は、たとえばイグアナや魚よりも、ペットの猫（全世界で推定六億匹）と犬（同五億匹）に惹かれるのだ。ところが、そのような人間と動物のつながりのせいで、私たちは自分の感情や経験を動物に投影しがちだ。それも、多くの場合、見境なく。

私たちは、うちの犬はドッグショーで勝ち取ったリボンを「自慢に思って」いるとか、うちの猫は飛び跳ねそこなって「恥ずかしがって」いるとか言うかもしれない。浜辺のホテルに行って、イルカたちと泳ぎ、彼らは私たちと同じぐらい楽しんでいるに違いないと思い込む。もう亡くなったが、カリフォルニア州で飼育されていた、手話をするゴリラのココは気候変動を心配していたとか、チンパンジーたちには宗教があるとかいった主張を、人々は近年、鵜呑みにしてきた。その手の主張を耳にした途端、私は眉間に皺ができ、証拠を求める。根拠のない擬人観は何のためにもならない。たしかにイルカの顔は微笑んでいるように見えるが、その顔立ちは変えようがないので、彼らがどう感じているかについては何も語ってくれない。そして、リボンをつけた犬は、注目され、たくさんご馳走をもらえて喜んでいるだけかもしれない。

とはいえ、熱帯林で来る日も来る日も類人猿を追い続けている経験豊富なフィールドワーカーが、チンパンジーたちが傷ついた仲間に示す気遣いについて語ってくれ、彼らがその仲間のために食べ物を運んできたり、歩くペースを落としたりすると言うときには、共感の存在を推測することを、私もまんざら嫌いはしない。また、梢《こずえ》にいるオスの大人のオランウータンが、翌朝どちらの方角に向かうかを声に出して告げるとフィールドワーカーが報告したときには、オランウータンは先のことを計画するという推論を聞いても気にならない。飼育下の動物を対象とする制御された実験からわかっていることをすべて踏まえると、そうした推論は少しも突飛なものではない。だが、こういう場合にさえ、擬人観だという批判が受け容れられている。

　擬人観だという主張は、人間例外論に根差している。人間例外論は、人間を特別扱いして、私たちも動物であることを否定したいという願望を反映している。人間を例外とすることは、人文科学と大半の社会科学では相変わらず慣習になっている。これらの学問は、人間の心は私たち自身が何らかの方法で発明したという考え方に基づいて隆盛を誇っている。ところが私自身は、人間とそれ以外の動物の類似を否定するほうが、その類似を想定するよりもよほど大きな問題だと思っている。そして、その類似性の否定を「人間性否認（anthropodenial）」と呼んできた。他の動物に人間との類似性を認めなければ、人間という種が何者かを率直に評価する妨げになる。私たちの脳は、他の哺乳動物の脳と同じ基本構造を持っている。新しい部位はないし、同じ昔ながらの神経伝達物質を使っている。それどころか、脳はどの哺乳動物でもとてもよく似ているので、私たちは人間の恐怖症を治療するために、ラットの扁桃体《へんとうたい》を研究しているほどだ。脳スキャナーの中でじっとしているように訓練された犬たちが、ホットドッグをもらえると思っているとき、彼らの尾状核《びじょうかく》は、特別手当を約束されたビジネスマンの脳の尾状核と同じ活動を見せる。これまでの各世代の科学者たちがしたように、心的プロセスをブラックボックスとして扱う代わりに、今や私たちはそのブラックボックスの蓋をこじ開けて、共通の背景を白日の下にさらしつつある。現代の神経科学のおかげで、人間と動物という二元論は、もう維持することが不可能だ[1]。

だからといって、オランウータンの計画立案は、私が試験を行なうことを教室で事前に告知し、学生たちがその準備をするのと同じ次元にあることにはならないが、おおもとのところで、これら二つのプロセスには連続性がある。情動的な特性には、なおさら強い連続性が当てはまる。私たちは部分的には直感で情動を理解するから、この連続性はデータや理論だけで説明するのは難しい。ペットを愛する人々が毎日楽しんでいるような、動物との親密な接触があると助けになる。だから私は単純かつ非科学的であることを承知の上で、動物の情動の深さを疑う学者は誰であれ犬を飼うべきだと言うのだ。

擬人観は、世の中で思われているほど悪くはない。大型類人猿のような種では、むしろ理に適っている。進化論に従えば、ほとんどそう考えざるをえない。なにしろ類人猿は、読んで字のごとく、人に類するサルという意味だ。「類人猿」という言葉は、一八世紀のスウェーデンの生物学者カール・リンネによる分類に由来する。彼は解剖学的構造に基づいて分類を行なったのだが、行動に基づいていたとしても、同じぐらいたやすくその分類を行なえたことだろう。二つの近縁種が類似の状況下で類似の行動をとるなら、類似の動機を持っているに違いないというのが、最も単純で、徹底的に枝葉を削ぎ落とした見方だ。私たちは、馬とシマウマ、あるいはオオカミと犬のような近縁種を比較するときには、ためらわずにこの前提に立つのだから、人間と類人猿を比べるときに、どうして方針を変えることがあるだろうか？

幸い、時代は変わってきている。自然科学は、西洋の文化や宗教で好まれる人間と動物との境界を、永遠に曖昧なものにした。今日ではたいてい、私たちは逆の端から出発して、まず連続性を想定し、非連続性を主張する側に立証責任を負わせる。私たちを納得させるのはあちらの仕事、というわけだ。くすぐられて、しゃがれたくすくす笑いで息が詰まりそうになっている類人猿は、くすぐられている人間の子供とは異なる心的状態にあるに違いないと主張したい人は誰であれ、大仕事を抱え込むことになる。

自己を表現せよ

私はずっと昔、アメリカの心理学者ポール・エクマンとその信奉者たちがオランダで開催したワークショップに、ヤン・ファン・ホーフといっしょに参加した。私たちの母国オランダでは、エクマンは著名な賓客として迎えられた。彼は当時、まだそれほど有名ではなかったが、人間の顔についての研究ですでに話題になっていた。彼は「顔動作記述システム（ＦＡＣＳ）」を開発した。このシステムは、筋肉の微小な収縮を残らずプロットして表情を分類する。たとえば、私たちの目のそばには、口角を引き上げ、笑顔を作る大きな筋肉がある。エクマンは自分の顔を自由自在に動かし、ほとんどどんな表情も浮かべて見せてくれた。ほんのかすかな動きを、左右対称に、あるいは、顔の片側だけで示し、情動のわずかな変化を伝えた。怒りの表情を浮かべたり、満面の笑みで隠した怒りを示したり、喜びと心配の入り混じった顔をしたりすることができた。その他何でも、ありとあらゆる微妙な情動を、思いのままに顔で表すことができた。ごくわずかに眉をひそめてある情動を示し、鼻に皺を寄せて別の情動を伝えてみせた。私たちは、顔を使ったこの「アクロバット」芸だけでなく、進化論に基づく彼の物の見方に敬服した。そうした見方は、当時、心理学者の間では例外的だったからだ。「アクロバット」という言葉を使ったのは、もちろん、彼の研究にとっては動きと形態がすべてだったからだ。私たち人間は、本当は苛立ちを感じていないときにも、いとも簡単に苛々した表情を浮かべられる。表情をある程度まで制御できる。私は長い間、これは他の霊長類には無理かもしれないと思っていたが、それはサンディエゴ動物園でボノボを研究するまでのことだった。そこで、今振り返るとはなはだ愉快な状況に陥った。

　私は、呼び声や表情、仕草、姿勢も含め、ボノボの行動のレパートリーをすべて記録するという任務にあたっていた。それまで、誰一人やったことのない研究だ。だが、緑豊かな広々とした放飼場で幼いボノボたちを観察するたびに、表情のリストがどんどん長くなっていった。どれだけ増えるか、見当もつかなかった。珍妙極まりない表情の数々も記述しなければならなかった。それらは、それまで私が目にしたものとは似ても似つかなかった。そのうちに気づいたのだが、とりわけ珍しい表情は、きまって非社会的な状況で見られ、その表情の意味があらわになるような、交尾や攻撃行動などの特定の行動には、けっしてつながらなかった。幼いボノボは、何を見つめるでもなく座ったまま、突然、両頬をすぼませたり、上唇を突き出したり、素早く顎を動かしたりと、一連のパントマイムを始めたりする。手も使うことがあり、たとえば、唇を横に引っ張ったり、頭の後ろにぐるっと回して、逆の側から口に指を突っ込んだりする。

ボノボたちは、まったく意味を成さない架空のしかめっ面をしてただ楽しんでいるだけだと、私は結論した。そして、その種の表情を「おかしな顔《ファニー・フェイス》」と呼び、顔面筋肉組織を見事に制御できる証と見た。面白半分で表情を作れる動物なら、他者を操るためにも同じことができるのではないか？　それにどんな意味があるにせよ、その幼いボノボたちは、分類に対する科学のこだわりがいかに馬鹿げているかを、間違いなく思い知らせてくれた。彼らの顔のアクロバットがいったい何なのかにいったん気づくと、彼らはときどき私に目配せしているのではないかと思えてならなかった！

エクマンの研究は顔の外面を重視しており、それがヤンと私の心を捉えた。私たちは生物学的な観点から動物の行動を研究する。目に見えるシグナルや、その形態、他者への影響に的を絞る。そもそも、じつに長い間、それ以外については、いっさい語ることを許されなかった！　ヤンは霊長類の表情の研究で、内面の状態には踏み込まないようにと、ノーベル賞を受賞した動物学者のニコ・ティンバーゲンその人から、執拗な個人的助言を受けたほどだ。もし情動を避けて通れるのなら、どうしてわざわざ持ち出すのか？　自分なら、チンパンジーの笑いの表情《プレイ・フェイス》を「弛緩し、口を開けた顔」と説明し、微笑みの代わりに「黙って歯を剝いた顔」について語るだろう、云々と。エクマンも自分のＦＡＣＳで同じことをした。ＦＡＣＳは純粋に記述的だった。だが、エクマンは自分が情動を見極めていることをけっして否定しなかった。そして、内面の状態に言及することをためらわなかった。それどころか、表情は、情動が起源であることを認めないかぎり理解できないと信じていた。情動が内面にとどまることは稀だと彼は言っている。なぜなら、「情動の際立った特徴の一つは、たいてい隠されていないことだ」からであり、「私たちはその表れを、さまざまな表現のかたちで聞いたり見たりする[2]」。

エクマンは私たち自身の種を研究していたので、何の心配もなかったと、あなたは思うだろう。だが悲しいかな、学者は奇妙この上ない争いに巻き込まれるもので、そうした争いは、あとから振り返るとまったく理解できなかったり、そもそも記憶に残りさえしなかったりすることが多い。人間の表情についても、そうだった。人間の表情は取るに足りず、注意を向ける価値もなく、世界中で著しく異なるので文化の所産と見なすのが最善だと思われていた。エクマンがしようとしていたように、表情を生物学と結びつけるのは、端《はな》から失敗を運命づけられていた。ところが、反対勢力の首魁《しゅかい》で、人間の情動とその表れはどうにでも解釈できると言い張っていた人類学者をエクマンが訪ねたときに、すべては一変した。人間のボディランゲージの実地調査の記録帳やフィルムや写真が詰まったキャビネットがいくつもあるだろうと思っていたエクマンは、記録を見せてもらえないかと頼んだ。すると驚いたことに、一つもないという答えが返ってきた。その人類学者は、あらゆるデータは自分の頭の中にあると嘯《うそぶ》いた。これはまずかった。検証できるデータこそが科学の基盤だ。まさか、文化の砦がまるごと一つ、砂上の楼閣だったとは?

エクマンは二〇か国以上の人を対象に、制御された実験を行ない、情動に満ちた顔の写真を見せた。すると、全員が人間の表情をおおむね同じように分類し、怒りや恐れや幸福などの認識に、ほとんど違いは出なかった。笑顔は世界中で同じ意味を持っている。ただし、一つだけ別の説明の仕方がありうるので、エクマンはそれに頭を悩ませた。どこの人も人気の高いハリウッド映画やテレビ番組の影響を受けているかもしれない。だからみな、同じ反応を示した可能性はないだろうか？　そこでエクマンは、パプアニューギニアという、地球上でもとびきり辺鄙《へんぴ》な場所に出向いて、文字を持たない部族を調査した。彼らはジョン・ウェインやマリリン・モンローなど名前も聞いたことがないばかりか、テレビや雑誌さえも見たことがなかった。それでも彼らは、エクマンが目の前に掲げた、情動に満ちた顔の写真のほとんどを正しく判断したし、日常生活を撮影した一〇万フィート〔およそ三万メートル〕に及ぶフィルムの中で、彼ら自身も新奇で風変わりな表情は、一つとして見せなかった。エクマンのデータは、情動の普遍性を強力に裏づけていたので、人間の情動とその表現についての私たちの見方は永遠に変わった。今日では、情動と表情は、人間性にとって不可欠の要素と考えられている[3]。

　とはいえ、こうした研究のどれほど多くが言語に頼っているかに気づくべきだ。私たちは、表情や、表情の判断の仕方だけではなく、それにどのようなレッテルを貼るかも比較している。どの言語にも特有の情動表現があるので、翻訳の問題が残る。それを回避する唯一の方法は、表情がどのように使われているかを直接観察することだ。環境が表情を形作るというのが本当なら、生まれつき目が見えず、耳も聞こえない子供は、何の表情も見せないはずだ。あるいは、それ以外の人には馴染みのない表情しか見せないはずだ。なぜなら、周りの人の顔を一度も見たことがないからだ。それにもかかわらず、そうした子供たちを調べると、普通の子供たちとまったく同じ状況下でまったく同じように笑ったり、微笑んだり、泣いたりすることがわかる。彼らの境遇を考えれば、モデルから学習する可能性は排除されるので、情動の表現が生物学的特質の一部であることを、いったい誰が疑えるだろうか[4]？

こうして私たちは、チャールズ・ダーウィンが一八七二年の著書『人及び動物の表情について』で示した立場に戻り着く。ダーウィンは、表情は私たちの種が持つレパートリーの一部であることを強調し、サルや類人猿との類似性を指摘し、すべての霊長類は似通った情動を持っていると主張した。『人及び動物の表情について』は画期的な本だった（今日、この分野の人間は誰もがその価値を認めている）が、ダーウィンの主要な著作のうちで、当初は好評を博したものの、たちまち忘れ去られ、再び注目されるまで一世紀近くにわたって見過ごされてきた唯一の作品だ。それはなぜか？　筋金入りの科学者たちは、ダーウィンの言葉があまりに奔放で、擬人観に傾き過ぎていると感じたからだ。猫が人間の脚に身を擦り寄せてきたときの「愛情のこもった心持ち」や、チンパンジーが「落胆し、すねて」唇を尖らせる様子、滑稽なほど尻尾を振り上げながら「喜びで跳ね回る」牛たちについての描写に、彼らは当惑した。とんでもないナンセンスだ！　そのうえ、人間が「下等」な動物たちと共有する顔面の動きを通して、私たち自身の高貴な感情を伝えるなどというダーウィンの主張は、まったくもって侮辱的だ、と。

とはいえ、これだけ類似性がありながらも、ダーウィンは例外も指摘している。赤面することと眉をひそめることは、人間に独特かもしれないと彼は考えた。赤面に関しては、彼は完全に正しかった。人間以外で、一瞬にして顔を赤らめる霊長類を私は知らない。赤面は今なお進化の謎であり、社会生活は他者を利己的に利用するためにこそあると言い張る冷笑家たちにしてみれば、なおさら謎めいている。彼らが正しかったなら、私たちにはなす術もなく血が頰や首筋にどっと流れ込んで肌の色が変化し、ネオンサインのように目立ってしまうことなど、ないほうがよほどいいではないか。もし赤面のせいで私たちが正直でいるのなら、進化はそれほど目につくシグナルをなぜ私たちに与え、他の種には与えなかったのか、考えてみる必要がある。あるいは、マーク・トウェインが言ったように、「唯一人間だけが赤面する動物――いや、そうする必要のある動物である」のはなぜか、問わなければならない。

一方、眉をひそめることに関しては、ダーウィンは部分的にしか正しくなかった。彼は、同時代の専門家を引き合いに出している。その専門家によれば、この仕草は優れた知能を反映する人間特有のものであり、それは、眉をひそめるには「眉を一生懸命寄せなければならず、それは不可解なかたちでではあっても否応なく心というものの存在を伝える」からだという[5]。ところが、私たちには眉の近くの小さな筋肉を自慢する理由はない。他の種にもその筋肉があることが、今ではわかっているからだ。のちにダーウィンは、その筋肉が人間以外の動物の顔でどのように作用するかを調べるために、ロンドンの動物園を何度か訪れた。彼は姉妹への手紙の中で、ジェニーというオランウータンとの出会いについて書いている。

> オランウータンも念入りに見た。飼育係がリンゴを見せたが、どうしても与えないと、そのメスは仰向けに身を投げ出し、足をばたばたさせ、鳴き声を上げた。行儀の悪い子供とまさに同じだ。それからひどくすねた顔をし、二、三度激昂したあと、飼育係が言った。「ジェニー、泣きわめくのをやめて良い子にしたら、このリンゴをあげるよ」ジェニーは間違いなく、その言葉をひと

言残らず理解し、人間の子供のように一生懸命努力しなければならなかったものの、ついにぐずるのをやめることができ、リンゴをもらえた。そして、それを手に、肘掛け椅子に飛び乗ると、これ以上ないほどの満足顔で食べ始めた。[6]

集中している類人猿は、集中している人間と同じで、うまくいかないと眉をひそめるものと思っていたダーウィンは、ジェニーや他の類人猿に、達成がほぼ不可能な課題を与えて苛立たせ、眉をひそめさせようとした。だが、彼らは問題に取り組んでいる間、けっして眉をひそめなかった。それ以来、眉をひそめるのは人間だけかもしれないと研究者たちは主張してきたが、じつは類人猿は眉をひそめられるし、現にそうする。ダーウィンは、藁で彼らの鼻をくすぐって、それを突き止めた。くすぐられた類人猿は顔をしかめ、「眉間に縦の溝がうっすらと現れた[7]」。チンパンジーとオランウータンは、眉の部分の骨が出っ張って目に覆い被さっており、眉をひそめづらく、また、眉をひそめても、他者は気づきづらい。だが、ボノボは顔がもっと平たく、顔面が露出しているので、眉をひそめやすく、私たち人間と同じようなときにこの仕草をする。たとえば、ボノボは仲間に警告を発しているときに、眉を寄せ、目を閉じ加減にして刺すように睨む。人間が腹を立てて睨んでいるときにそっくりだ。

私は、チンパンジーがそんなふうに睨んでいる姿もはっきり覚えている。ボリーという、私のお気に入りの老婦人のうちの一頭だ。ジョージア州にあるヤーキーズ国立霊長類研究センターのフィールド・ステーションのコロニーには、彼女の娘たちばかりではなく孫たちもいた。あるとりわけ暑い日に、私はホースを持ち出してチンパンジーたちに水をやっていた。もちろん、彼らはつねに真水には事欠かなかったが、町の子供たちがスプリンクラーが大好きなのとちょうど同じで、大量の水が出てくるホースから水を飲むほうが、彼らにとってははるかに面白いようだ。冷たい水をもらおうと、一〇頭余りが口を大きく開けて、押し合いへし合いしていた。そのうち、子供の一頭が全身に水を浴びて甲高い声を上げた。誰も気にも留めなかったが、ボリーだけはたちまちこちらに駆け寄って、腹立たし気に私を睨みつけ、もっと注意するように警告した。間近だったので、彼女の猛烈なしかめっ面は見紛いようもなかった。

動物の情動を理解するには、野生の世界か飼育下で、彼らの自発的な行動をひたすら観察するにかぎる。動物の行動の研究者は、表現が使われる例を何百も、場合によっては何千も記録してきた。だから私たちは、類人猿が遊びの間に笑うことや、お気に入りの食べ物を食べているときには特別な声を出し、周りの仲間全員にいっしょに食べるように誘うことも知っている。その表現につながる出来事も、その表現が他者にどんな影響を与えるかも、記録する。特定のシグナルによって喧嘩が始まるのか、終わるのか、あるいは、仲直りのお膳立てができるのか？　霊長類だけではなく、馬やゾウ、カラス、ライオン、ニワトリ、ハイエナなど、すべての種でそれぞれの典型的なシグナルの目録（エソグラム）ができている。初期のエソグラムの一つはオオカミを対象とするもので、あらゆる尾の動き、耳の位置、毛の逆立て方、発声、歯の剥き方などが含まれている。エソグラムには非常に綿密なものもあり、その動物が豊富なレパートリーを持っていることが窺える。マウスやラットのエソグラムもある。

マウスやラットといった齧歯類の顔は情動の影響を受けないと長らく考えられていたが、詳しく調べてみると、目をなかば閉じ、耳を平らにし、頬を膨らませて苦しみを表すことがわかった。一匹がそのような顔を見せると、他の個体は苦も無くそれを認識する。実験をすると、ラットは、痛みをあらわにしている個体の写真よりも、リラックスしている個体の写真のそばにいたがるので、それがわかる。逆に、ラットは良い気持ちも表す。スイスの科学者たちは、好ましい扱いをするプログラムを設定し、実験用のラットを毎日くすぐったり、彼らといっしょに遊んでやったりし、そのあと毎回、落ち着いたときの顔を分析した。すると、ラットたちを眺めるだけで、どのラットが好ましい扱いを受けたかがわかった。楽しい思いをしたラットの耳のほうが、ピンク色が深まり、よりリラックスして見えたからだ。こうした研究のおかげで、齧歯類の顔は変化しないという考え方（まったく同じポーカーフェイスにさまざまな情動のレッテルを貼ったラットの風刺漫画で嘲られた考え方）に終止符が打たれた。[8]

　地球上でもとりわけ表情豊かな顔は、四本脚で動き回っている。馬、ロバ、シマウマはじつに表情が豊かだと聞いても、意外ではないかもしれない。なにしろ彼らは、とても社会的で視覚的な動物だから。ウマ科のFACS（エクマンの顔動作記述システムをウマ科に当てはめたもの）では、無数の組み合わせで行なわれる、一七もの別個の筋肉の動きが確認されている。馬は満足

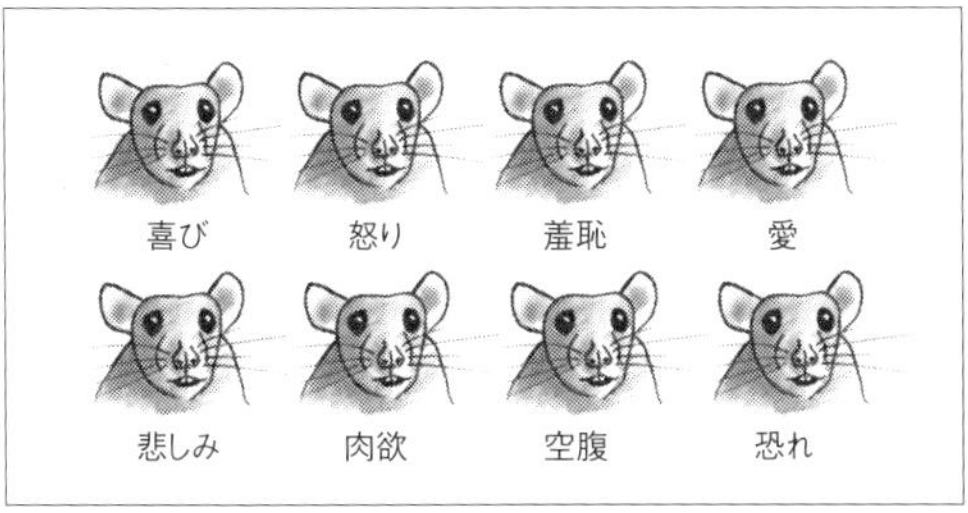

齧歯類の顔は不変だと長らく考えられていたので、人々は齧歯類を笑い物にした。この風刺漫画もそうで、そっくり同じ顔でさまざまな気持ちを表しているかのように描いている。だが、浅はかだったのは私たちのほうだ。今では、ラットもマウスも、苦痛と快楽の両方を顔に表すことがわかっているのだから。

ウマ科の動物の顔は、霊長類の顔に匹敵するほど表情が豊かだ。この図のポニーはフレーメン反応を示している。この反応は、新奇な匂いに出くわしたときや、オスがメスの尿の匂いを嗅ぎ取ったあとに、典型的に見られる。上唇を巻き上げることで、性フェロモンの感知器官に匂いが届きやすくなる。猫も珍しい匂いに出くわしたときには、同じように顔を歪める。

しているときのほうがよく鼻を鳴らし、唇の両端を後退させることで互いに挨拶し、フレーメンのとき（いつもと違う匂いを嗅ぎつけたとき）には上唇を巻き上げ、恐れをなしたときには目を見開いて白目を見せるし、耳をさまざまな位置に動かす。[9] 家で犬や猫を飼っている人なら誰もが、耳が信じられないほど効果的な信号装置の役割を果たすことを知っている。だから私は、耳を動かせないのは人間にとって深刻なハンディキャップだと思うほどだ。

犬がどのように表情を浮かべるかや、人間の表情も含めて他者の表情をどのように認識するかも研究されてきた。犬は意図的に意思を疎通するというのが結論だ。彼らの顔は、背中を向けて立っている人間の顔よりも、じっと見つめている人間の顔によく反応し、変化が大きいという事実に基づいてのことだ。ありふれた犬の表情の一つは、眉の内側を引っ張るというもので、目が広がる。私たちは、大きな目の丸顔のかわいらしさに心を奪われる。アニメーション映画は、この感受性をおおいに利用している。犬が眉の内側を引き寄せると、悲しげで、子犬のように見える。だから、ペットを引き取る場面にさえ影響を与える。動物シェルターで観察している人々が気づいたように、訪れた人間にこの顔を向ける犬は、そうできない犬よりも簡単に引き取ってもらえる。明らかに、人間の無二の友（犬）は、人間の情動を操る術を心得ている。[10]

人間は一般に、他の種と共有している表情に的を絞ることを好む。だから、霊長類が典型的な例となるのは自然なことだ。ヤン・ファン・ホーフが第一人者として世界的な名声を博したのがこの分野だ。彼は一九七〇年代に、それまでの誰よりもはるかに詳しい観察を行ない、ヒヒが素早く唇を打ち合わせたり、オスのブタオザルが唇をすぼめて顎を上げ、メスに求愛したりする様子を、細部まで比較した。とはいえ、ヤンのおもなテーマは、笑い、そして笑いと微笑みの違いだった。笑いと微笑みはしばしば同一の尺度を当てはめられ、微笑みは軽度の笑いであるかのように扱われるが、ヤンは両者が別個の起源を持つことを実証した(11)。

満面の笑み

私はサルや類人猿を目玉にしたテレビの連続ホームコメディが我慢ならない。着飾ったサルや類人猿の俳優が、にやっと笑うように歯を剝いて馬鹿らしい表情を浮かべるのを見るたびに、尻込みしてしまう。視聴者には彼らが面白おかしく思えるかもしれないが、彼らが幸福とは正反対の気分でいるのを私は知っている。彼らを怖がらせずに歯を剝き出させるのは難しい。このような表情を引き出せるのは、罰と威圧だけだ。舞台裏では調教師が電気ショックを与える突き棒や革の鞭《むち》を振り回し、言うことを聞かなければどうなるかをはっきりと示している。彼らは恐れおののいているのだ！　だから、映画に出てくる類人猿が大人であることは、まずない。大人の類人猿はあまりに強過ぎて、人間の調教師には威圧できないし、どんなネコ科の大型動物よりもはるかにずる賢い。言われるままに歯を剝くほどおじけづかせられるのは、子供の類人猿に限られる。

歯を剝く仕草には多くの疑問がつきまとっている。たとえば、歯を剝き出しにするこの表情が、私たちの種ではどうして友好的なものになったのか？　そして、それは何に由来するか？　だ。二番目の疑問は奇妙に思えるかもしれないが、自然界のものはすべて、何かもっと古いものの改変の結果だ。私たちの手は陸上脊椎動物の前肢に由来し、その前肢は魚類の胸びれを起源とする。私たちの肺は魚類の浮袋から進化した。

シグナルについても、私たちは起源を考える。初期のものからの変化のプロセスは、「儀式化」として知られている。たとえば、手を握り、親指と小指を立て、耳に近づけることで、旧式の電話の受話器を持っているところを真似る。この仕草は、「電話をください！」というシグナルに変化した。儀式化にも同じような変化をもたらす働きがあるが、それは進化のスケールで起こる。キツツキは地虫を見つけるために木を不規則につついていたが、それが、虚ろな丸太をリズミカルにつついて縄張りを告げるようになった。サルがお互いの毛からシラミやダニを取り除くときに立てる、静かに噛み砕く音が、眉を吊り上げ、音を立てて唇を打ち合わせる動作を伴う、友好的な挨拶に変わった。まるで、「ぜひグルーミングさせてください！」とでも言うようなものだ。

歯を剝く仕草は、猛然と睨みつけながら口を大きく開けて歯をちらっと見せる仕草と混同してはならない。噛みつく意図を示しているようなその狂暴な顔を見せるのは、威嚇の行為だ。それとは対照的に、歯を剝くときには、上下の歯は合わせたままで、唇を開いて歯と歯茎を露出させる。鮮やかなまでに白い歯がずらっと並んでいるから、目立つシグナルになり、遠くからでもよく見えるものの、その意味は、威嚇とは正反対だ。この表情は、防御反射に由来する。[12] たとえば私たちは、柑橘《かんきつ》類の果実の皮を剝くとき、自動的に唇を左右に大きく開いて歯から離す。酸性の飛沫を顔に浴びる危険があるからだ。

　恐れや不安を感じているときにも、口角が引っ張られる。ジェットコースターに乗っている人の映像を見ると、歯を剝いているところがたっぷり見られるが、喜んで微笑んでいるのではなく、ずっとして顔をしかめているのだ。同じことが他の霊長類でも起こる。私はケニアの平原で、旱魃《かんばつ》のときにヒヒを見に行ったことがある。ヒヒたちは、厖大《ぼうだい》な量のアカシアの豆を食べていた。そのせいで腹にガスがたまった一〇〇頭ものヒヒを風下から追いかけていく私の行程は、強烈な悪臭につきまとわれることになった。彼らはしばしば歩を止めて、水気の多いサボテンを食べた。サボテンは鋭い棘《とげ》が生えているので、普通なら手を出さない厄介な植物だ。ヒヒたちはサボテンに食らいつく前に、棘が刺さらないように、毎回唇をぐっと後ろに引き下げた。実際的な理由からそうしていたのだが、その顔には、社会的やりとりのときと同じ、歯を剝き出す表情が浮かんだ。社会的な場面では、その表情は服従のシグナルの役目を果たす。

　私が研究していたアカゲザルの群れでは、強力なアルファメスのオレンジは、ただ歩き回るだけでよかった。彼女がそばを通りかかった他のメスはみな、彼女に向かってさっと歯を剝き出す表情を浮かべた――とくに、彼女が自分の方に歩いてくるときは。そして、オレンジがメスの群れに加わることで彼女たちに敬意を払ったときには、なおさら熱心だった。歯を剝いた一〇余りの顔がオレンジを見つめていることがあった。他のメスたちは、オレンジの行く手からどくことはけっしてなかった。なぜなら、その場にとどまると同時に、敬意を示してこそ、この表情は意味を成すからだ。他のメスたちは、オレンジに向かってこう言っていたに等しい。「私はあなたの支配下にあり、絶対に逆らったりしません」オレンジはアルファの地位が安泰そのものだったので、めったに実力行使する必要がなく、他のメスたちは歯を剝いて見せることで、オレンジが権力を振りかざす理由をわずかでも与えなかった。アカゲザルの間では、この表情は完全に一方向のものであり、下位者が上位者に見せるだけで、その逆はありえない。したがって、それは階層制の紛れもない指標となる。どの種にも、この目的のためのシグナルがある。人間は、頭を下げたり、ひれ伏したり、上司の冗談に笑ったり、首領《ドン》の指輪に口づけしたり、敬礼したりして、服従を表わす。チンパンジーは、上位の個体の前では身を沈め、特別な種類の声を出して挨拶する。だが、自分が相手よりも序列が低いことを表す、霊長類の元来のシグナルは、口角を後ろに引き下げて歯を剝く表情だ。

　ところが、この表情の根底には、恐れよりもはるかに多くのものがある。サルは、ヘビや捕食者を見かけたときのように、単に怖がっているときには、見つかるのを避けるために凍りついたように動かなくなったり、あるいは全速力で逃げ出したりする。ただの恐れの反応は、そんなものだ。歯を剝いたりはしない。この表情は、こうした状況にはふさわしくないからだ。歯を剝き出す仕草は極度に社会的なシグナルで、恐れと、受容してもらいたいという願望が入り混じっている。犬が耳を倒し、尻尾を巻き、仰向けに転がって鼻を鳴らしてあなたに敬意を表しているところに少し似ている。犬は自分の腹と喉をさらしながらも、体のなかで最も弱い部分に対してあなたが武器を使ったりしないと信じている。犬がこうして仰向けになるのを、恐れの行為だと勘違いする人はいない。なぜなら犬たちは、よくこんなふうに振る舞いながら、相手と近づくきっかけとするからだ。それは、まったくもって友好的な仕草となりうるのだ。同じことが、サルが歯を剝く仕草にも当てはまる。この仕草は、良好な関係を持ちたいという願望を表している。だから、オレンジはこのシグナルを一日のうちに何度も受け取ったが、ヘビはそんなシグナルはけっして送ってもらえないだろう。

私は以前、カリーというアカゲザルと仲良くなった。カリーは広い屋外の放飼場でオレンジと同じ群れで暮らしていた。放飼場は網目のフェンスで囲まれており、私はそのフェンス越しによく写真を撮った。来る日も来る日もそこに立っていたので、サルたちはすっかり私に慣れた。最初はもちろん、私を威嚇し、カメラを奪い取ろうとしたが、やがて無視するようになった。おかげでずっと写真が撮りやすくなった。カリーはフェンス際にいる私を見つけると、服従の行為として歯を剝きながら近づいてきた。彼女はそばに座るのが好きで、ときおり網目から小さな手を出して、私の指の一本を握ることもあった。サルは嚙むので、私は気が抜けなかったが、カリーなら安心だった。彼女は序列が低かったから、私といっしょにいることで安全を確保できていたのかもしれない。私が彼女の方を見るたびに、ぱっと歯を見せたが、それはアカゲザルにとって目を合わせるのは威嚇だからだった。カリー（Curry）という名前は、彼女には打ってつけだった。なぜなら、彼女は私の機嫌をとるために歯を剝いていたのだから〔英語では「機嫌をとる」ことを curry favor という〕。

大型類人猿は、さらに一歩先を行く。彼らが歯を剝く仕草は依然として、神経質になっているシグナルではあるものの、より肯定的だ。多くの意味で、歯を剝く表情と、その使い道は、私たちのものにもっと似ている。ボノボはときどき、交尾の最中のような、友好的で楽しい状況で歯を剝く。あるドイツの研究者は、メスたちがパートナーの顔を見つめながら見せる Orgasmusgesicht（オルガスムの顔）に触れている（ボノボは顔と顔を合わせながら交尾することがよくある）。それと同じ表情が、他者を落ち着かせたり、他者の心を勝ち取ったりするためにも使われることがある。それも、サルたちの場合のように、階層制の上下関係に純粋に沿うかたち以外でも。上位の個体も、他者を安心させようとするときには歯を剝く。たとえば、幼い子供がメスの食べ物を横取りしたがったときには、メスは満面の笑みをたたえるように歯を剝きながら、その子の届かない所に食べ物をそっと移す。こうすれば、癇癪《かんしゃく》を起こされずに済む。友好的に歯を剝くのは、遊びが荒々しくなり過ぎたときに事を丸く収める手段にもなる。類人猿は歯を剝くときに口角を上げることは稀だが、もしそうしたら、人間の微笑みとそっくりに見える。

類人猿が歯を剝く仕草からは不安があらわになるから、つねに望ましいわけではない。絶えず相手を畏縮させようとしているオスのチンパンジーは、競争相手がいる所で不安を見せたがらない。不安を示すのは弱さの表れだ。オスが一頭、威嚇の声を上げ、毛を逆立てながら大きな石を拾い上げていると、別のオスは不安を覚える。それは挑戦状だからだ。狙われたオスは、神経質そうに歯を剝くかもしれない。こういう状況下では、歯を剝いたオスがその表情を相手のオスから隠すために唐突に顔を背けるところを、私は見たことがある。歯を剝いた口元を手で覆うところや、手を使ってその表情を消し去るところさえも見たことがある。あるオスは、指を使って唇を元の位置に戻して歯を覆い、それから振り向いて挑戦者と対峙した。これは私にしてみれば、チンパンジーが、自分のシグナルがどう受け取られるか自覚している証拠であるように思える。また、顔よりも手のほうがうまく動かせることもわかる。これは私たちにしても同じだ。私たちは意のままに表情を浮かべられるが、無意識に浮かんでくる表情を変えるのは難しい。たとえば、腹を立てているときに嬉しそうにしたり、本当は面白がっているときに怒っているようにしたり（子供に対して親はそうしようとすることがある）するのは、ほぼ不可能だ。

人間の微笑みは、他の類人猿に見られる神経質そうに歯を剝く表情に由来する。私たちは、衝突が起こりそうなときにその表情を利用する。どれほど友好的な状況下でも、私たちは絶えず衝突を恐れているものだ。だから、他者の家庭という縄張りに侵入するときには花やワインを持っていくし、手を広げて振って挨拶を交わす。これは、何も武器を持っていないことを示すところから始まった仕草だと考えられている。だが、雰囲気を良くするには、今でも微笑みがおもな手段だ。他者に倣って微笑めば、誰もがより幸せな気分になれる。あるいは、ルイ・アームストロングが歌ったように、「あなたが微笑んでいると、世界中がいっしょに微笑む」。

叱られた子供は、微笑むのをやめられないことがあり、それは無礼な態度だと誤解されかねない。とはいえ、彼らはびくびくしながら、敵意がないことを表情で伝えているだけだ。だから女性は男性よりもよく微笑むし、よく微笑む男性は友好的な関係を必要としていることが多い。微笑みの持つこの負け犬的な特質に真正面から取り組み、総合格闘技のアルティメット・ファイティング・チャンピオンシップの試合直前に撮影された写真で調べた研究がある。写真の中では、対戦者が傲然と視線を交わしている。多くの写真を分析すると、より明確に微笑んでいる選手が、その後の試合で敗れていることがわかった。そこで、微笑みは身体的な優位性を欠いていることを示し、よく微笑む選手のほうが相手をなだめることを必要としていると、研究者たちは結論した。[13]

人間の情動についての本には、微笑みは私たちの種の「幸せな」顔だと書かれていることが多いが、私はそれをおおいに疑っている。微笑みの背景はもっとずっと豊かで、上機嫌以外の意味もある。微笑みは状況次第で、神経質な気分や、他者を喜ばせる必要性、不安な他者を安心させる意図、歓迎の態度、服従、愉快さ、心引かれる思いなどを伝える。これらの気持ちはみな、「幸せな」という言葉で捉えられるだろうか？　こうしたレッテルは、情動の表示をはなはだしく単純化している。それぞれの情動に単一の意味を与えるのと、ちょうど同じだ。今では私たちの多くは、携帯メールで笑顔やしかめっ面の顔文字を使う。そこからは、言語そのものが、喧伝《けんでん》されているほど効果的ではないことが窺われる。私たちは、和解の申し出を復讐行為と誤解されたり、冗談を侮辱ととられたりするのを防ぐために、非言語的な手掛かりを加える必要性を感じている。それでも、顔文字と単語は、体そのものの代役としてはひどくお粗末だ。視線の方向、表情、声の調子、姿勢、瞳孔の拡張、仕草などが使える体は、多種多様な意味を伝えるうえで、言語よりもはるかに優れている。

そうはいっても、私たちは体の伝達システムからメッセージの静止画像を切り取って、「基本的」情動として知られる、悲しさや幸せ、恐れ、怒り、驚き、嫌悪のどれかと組み合わせることで、このシステムを単純化し続ける。ほとんどの情動状態は、別個の傾向の混ざり合ったものであることなど、おかまいなしだ。私は子供の頃、自宅の屋根の上に出て、オランダの聖ニコラス〔シンタクラース〕の助手になる練習をした。聖ニコラスは髭を生やした司教で、煙突からプレゼントを落とす。彼がこの仕事を自分一人でできないのは明らかだ。ところが屋根から下りるのは、そこに上がるよりもはるかに難しいことに気づいていなかった私は、にっちもさっちも行かなくなった。私が窮地に陥っているのを見つけた父に、さんざん叱られた。父の威嚇するような仕草、甲高い声、青ざめた顔という反応は、怒りにそっくりに見えた。だが、父の怒りは心配から来たもので、きつくお仕置きをすれば、私は二度とそんな馬鹿をやらないだろうという期待と混じり合っていた。まさにその期待どおりになった！　何が言いたいかといえば、どんな情動の表示も、より幅広い文脈の中で判断する必要がある、ということだ。一つのレッテルで十分なことなど、めったにない。父の状態を、愛情や心配にも触れずに「怒り」と呼んだら、正当な判断をしそこなう。

　それと同じ単純化への願望が、動物の情動にも当てはまる。ひょっとすると、動物の場合にはなおさらかもしれない。なぜなら私たちは、動物の情動は人間のものよりも単純に違いないと考えたがるからだ。事実、一九八一年に刊行された『オックスフォード動物行動学事典』は、動物の情動を研究する意味はまったくないとしている。なぜなら、動物の情動からは何一つ新しいことはわからないし、「動物は、ほんのわずかの基本的情動しか持たない」からだという[14]。動物の情動の科学抜きで、著者はどうしてこの結論に至ったのか、首を傾《かし》げざるをえない。私たちの顔には何百もの筋肉があり、他の種と比べてはるかに多いという、文献の中で何度となく繰り返されてきた、昔からの主張に似ている。進化の梯子で私たちに近い動物ほど豊富な情動を持っているに違いない、したがって、その顔面筋肉組織も多彩なはずだと、自然の階梯の見方に即して決めてかかっていたのだ。

　だが、じつはそれが当然だとする真っ当な根拠はない。行動科学者と人類学者のチームが、ついにこの考えの検証を試み、死んだ二頭のチンパンジーの顔を注意深く解剖すると、人間の顔とぴったり同じ数の顔面表情筋が見つかり、しかも、違いは驚くほど少なかった[15]。もちろん、これは予想できていてよかったはずだ。なぜなら、レンブラントの作品「テュルプ博士の解剖学講義」で不朽の名声を与えられたオランダの解剖学者ニコラス・テュルプが、とうの昔に同じ結論に行き着いていたからだ。テュルプは一六四一年に、誰よりも早く類人猿の死体を解剖し、構造の細部や筋組織や臓器などが人体に非常によく似ていることを発見した。二つの種は、まるで瓜二つに見えた。

　これほどの類似性があるにもかかわらず、人間の微笑みは類人猿の微笑みとは異なる。私たちはたいてい、口角を引き上げ、この表情になおさら多くの好意と親愛の情を込める。ただし、これは本物の微笑みにしか当てはまらない。私たちはよく、深い意味などまったく伴わない作り笑いをする。旅客機の乗務員の笑みや、写真撮影用の笑顔（「はい、チーズ！」）は作り物で、あくまで表向きのものにすぎない。いわゆる「デュシェンヌ・スマイル」だけが、喜びと好ましい気持ちの偽りない表情だ。一九世紀に、フランスの神経学者デュシェンヌ・ド・ブローニュは、痛みの知覚のない男性の顔を電気で刺激し、表情の表れ方を試した。デュシェンヌは、ありとあらゆる表情を生み出して、それを写真に撮ったが、その男性の微笑みは少しも嬉しそうに見えなかった。それどころか、まるで作り笑いのようだった。あるときデュシェンヌがその男性に面白おかしい冗談を言うと、はるかに良い笑みを引き出せた。なぜなら男性は、それまでやっていたようにただ口で微笑むのではなく、目の周りの筋肉も縮めていたからだ。口は指示に従って笑みを浮かべられるが、目の近くの筋肉は、それほどうまく指示に従えないと、鋭敏なデュシェンヌは結論した。目のそばの筋肉が収縮すると笑みが完成し、心からの喜びを示すことができるのだ。

　というわけで、微笑みのうちには、他者に向けたただのシグナルもある。それは意図的に浮かべたもので、ネット上にあふれる政治家や有名人の顔写真や、無数の自撮り写真で見られる。その一方で、特定の内面の状態に由来する微笑みもある。喜びや幸せや親愛の情を忠実に反映している笑みだ。こちらの微笑みは、真似るのがはるかに難しい。

私たちの種には2種類の微笑みがある。本物の微笑みは「デュシェンヌ・スマイル」として知られている。表情研究の草分けであるフランスの神経学者にちなんだ呼称だ。彼は、唇を左右に広げ、口角を上げるだけでは不十分であることを発見した。左側の微笑みでは、目の周りの筋肉が引き寄せられており、皺ができて目が細まっている。これがデュシェンヌ・スマイルだ。右側の顔は、口は微笑んでいるものの目は笑っていないので、作り笑いということになる。

私たちの顔が、ほとんどの場合には本当の気持ちを反映しているのは当たり前に思えるかもしれないが、この単純な考え方でさえ、かつて議論の的になった。科学者たちは、ダーウィンが「表情（expression）」という言葉を使ったことに猛然と反発した。あまりに示唆的だ、この語には、顔は内面で起こっていることを外に伝えるという含みがある、というのだ。心理学（psychology）とは文字どおり心（psyche）の学問（psyche はギリシア語で「魂」あるいは「精神」の意）であるにもかかわらず、多くの心理学者が隠されたプロセスに言及することを好まず、心は「立ち入り禁止区域」であると宣言した。彼らは観察可能な行動に固執し、顔に表れるものは、将来の行動を周りの者に通報するために振る、さまざまな色のついた小旗と見なした。

ダーウィンは、この闘いにも勝利を収めた。もし私たちの表情がただの小旗だったなら、どの旗を振り、どの旗は畳んだままにしておくかを、難なく選べるはずだからだ。

どの表情も、作り笑いと同じぐらい簡単に浮かべられることだろう。だが実際には、顔は体の他の部分とは大違いで、なかなか思いどおりにはならない。チンパンジーと同じで、私たちもときどき手（あるいは本や新聞）で微笑みを隠す。どうしてもその笑みを抑えきれないからだ。そして、電話で話しているときや小説を読んでいるときのように、他者に見られていない場合にも、しばしば微笑んだり、涙を流したり、うんざりした表情を浮かべたりする。コミュニケーションの観点に立てば、これは辻褄が合わない。私たちは、電話で話している間は完全に無表情でいてしかるべきだ。

ただし、私たちが内面の状態を意志とは無関係に伝えるように進化したのならば、もちろん話は別だ。その場合には、表情とコミュニケーションは同一のものとなる。私たちが自分の表情を完全には意のままにできないのは、自分の情動を完全には意のままにできないからだ。そのおかげで他者が私たちの感情を読めるのは、おまけのようなものだ。それどころか、内面で起こることと、私たちが外面で明かすことの間に緊密なつながりがある事実こそが、表情が進化した理由にほかならないかもしれない。

それは面白い！

私はかつて、人間のコミュニケーションの非言語的側面に困惑している哲学者の講演に出席したことがある。彼は書き言葉や話し言葉のほうが好ましいと思っていたが、当然ながら、私たちが浮かべる表情や見せる仕草をすべて避けて通るわけにはいかなかった。私たちにはなぜこれほど多くの添え物が必要なのか、とくに、どうして表情や仕草はこれほど誇張されるのか、彼には不思議だった。たとえば、私たちは冗談を聞いて笑うときには、体を制御する能力を部分的に失い、遠くまで聞こえる「ハッ、ハッ、ハッ！」という声をたっぷり発する。なぜ、落ち着き払って「それは面白い！」とだけ言い、それでおしまいにしないのか？

小さな劇場でお笑い芸人が最高に面白い冗談を言っても、観客は椅子から転げ落ちるほど爆笑する代わりに、静かにその場に座ったまま「それは面白い！」とつぶやいているところを、私は想像した。人類の高貴なユーモア感覚が、それよりもはるかに獣的なものと取り消し不能なまでに結びついていることを承知しているその芸人は、きっと強い不快感を覚えるだろう。笑いは、精神生活を含めて、私たちの存在にとって体がどれほど重要かを示してくれる。笑いは体と心を一つにし、単一の総体にまとめ上げる。私たちはこれを、制御の喪失として経験するかもしれない。なぜなら、心に実権を握っていてほしいからだ。演劇評論家のジョン・ラーが言っているように、「観客が思わず笑うところを眺めるのは、途方もない、凄まじいミステリーを目の当たりにするようなものだ。顔が引きつり、涙が頬を伝い、体がくずおれる——苦悶しているわけではなく、魅了されて[16]」。

私たちは、笑うときには狂乱状態に陥る。体の力が抜け、身をもたせかけ合い、顔を赤らめ、涙がこぼれ、泣きださんばかりになる。失禁しさえする。笑いまくって夕べを過ごしたあとには、すっかり疲れ果ててしまう。一つには、猛烈に笑うときは、息を吸う（酸素を取り込む）よりも吐く（笑い声を上げる）ほうが多いので、息が切れるからだ。笑いは人間であることの大きな喜びの一つで、ストレスの軽減や、心臓と肺への刺激、エンドルフィンの分泌といった、よく知られている健康上の利点もある。とはいえ私たちは、笑い転げて抑えが利かなくなった人間たちの姿を、エイリアンにけっして見られないことを願うべきだ。彼らはおそらく、知的生命体を発見したという見方を捨て去るだろうから。

笑いを引き起こすのは、いつもユーモアとはかぎらない。私たちが地元のショッピングモールや街頭でどんな行動をとるかを、心理学者がそっと記録すると、笑いの大半は、少しも面白くない、ありきたりの発言のあとに見られることがわかった。あなたもやってみるといい。何気ないおしゃべりの間に人が笑うときには、冗談も、駄洒落も、変な言い草もなかったことに気づくだろう。人は、ただなんとなく笑うことが多いのだ。会話の流れの中に、さりげなく笑いが差し挟まれ、たいていは、相手もそれに応じて笑う。ユーモアは笑いの要ではない。社会的関係が肝心なのだ。吠えるような、やたらにうるさい笑いは、互いに好意を抱いており、幸せであることを告げている。数人がいっしょに笑っていれば、それは団結と一体感を明示することになり、オオカミの群れが遠吠えしているのと似ていなくもない[17]。

人間という種の笑いはやたらにうるさいので、私はいつも辟易《へきえき》する。類人猿は、もっとずっと静かに笑うし、サルの笑いはほとんど聞こえない。私の推測では、笑い声の大きさは捕食される危険と反比例する。他の霊長類の子供の笑い声が、学校の校庭で遊ぶ人間の子供の笑い声さながら耳をつんざくようなものだったら、捕食者は苦もなく彼らの居場所を突き止め、すかさず飛びかかるだろう。人間は、うるさくしても大丈夫だ。ただし、頻繁にくすくす笑ったり、忍び笑いしたりもするが。

ヤン・ファン・ホーフは八〇歳の誕生日パーティのとき、人間の笑いをひと通り、見事に実演してみせた。大きな声で腹の底からの「ハッ」を繰り返し発したあと、さらなる効果を狙って、長々と息を深く吸い込んだ。会場は笑いの渦に包まれた。このような笑いと息遣いが私たちの種に固有の特徴の一つだからだけでなく、笑いには信じられないほど伝染性があるからでもあった。実験をすると、人間はコンピューターの画面に映し出された笑い顔を自動的に真似るし、テレビの連続ホームコメディに笑い声を加えるのは、笑いの伝染を引き起こすためにほかならない。類人猿の行動を録画して詳細に分析すると、同じような模倣が見つかる。幼いオランウータンが笑顔で別の子供に近づくと、その子供もたちまち同じ表情を浮かべる。だから、二頭が遊んでいると、一方だけではなく両方が笑うのが普通だ[18]。鳥類ですら、この伝染性の行動を見せる。「ケア」というニュージーランドのオウムは、自分の種が戯れるときに発するさえずりの録音が、隠しておいたスピーカーから鳴り響くと、途端にはしゃぎ始める。少し笑いに似ているその鳴き声が、彼らの気分に影響を及ぼすのだ。ケアたちは、たちまち仲間を遊びに誘ったり、おもちゃを拾い上げていじったり、アクロバット飛行に興じたりする。遊び心と笑いほどよく伝染するものはない[19]。

霊長類の笑いの反復性は、リズミカルな喘ぎに由来する。類人猿では、笑いは聞き取れる喘ぎから始まり、相手との出会いが濃密なものになればなるほど、声も大きくなる。あわただしい喘ぎは、遊びと切り離されたときには、安堵や喜び、接触への願望を表している。メスのチンパンジーが親友に歩み寄り、聞き取れる喘ぎを発してからキスする場合がそれにあたる。ママが私に向かってあわただしく喘ぎ、それから腕を取り、そのあと、唇を打ち合わせたりして弾けるような音を立てながら私をグルーミングするときにしても同じだ。類人猿を研究していると、いつも注意して彼らのシグナルを見守るようになる。ママが発するこうした優しい声や音はみな、善意を示していた。だから、それらがなければ、私はママが腕をつかむのを許さなかったかもしれない。

一世紀前のロシアの科学者ナディア・ラディジナ＝コーツは、飼っていた幼いチンパンジーのヨニの情動面での発育を、自分の幼い息子の情動面の発育と比較し、喘ぎを引き起こす、喜びに満ちた瞬間の例を示した。ある日、ヨニはコーツが出かけるところを目にし、鼻を鳴らして哀れっぽく鳴き始めたが、コーツが心変わりして、そのまま家にいることにした途端、あわただしく喘ぎながら駆け寄ってきた。いけないことをして、こっぴどく叱られそうだと思っていたのに、実際には真心のこもった扱いを受けたときには、ヨニは感謝して喘いだ。この、喜びと好ましい気持ちを伝えるあわただしい喘ぎが、笑いの基となったのであり、笑いも同じことを伝えるが、はるかに声が大きい[20]。

動物の遊びは、取っ組み合ったり、噛んだり、互いの体に飛び乗ったり、相手を引きずり回したり、という具合に、荒々しくなりうる。自分の意図をはっきりさせるための明確なシグナルがなかったなら、遊びのつもりの行動が喧嘩の行動と誤解されかねない。遊びであることを示す「プレイ・シグナル」は、何も心配ない、何一つ本気ではない、ということを他者に伝える。たとえば、犬たちは「プレイ・バウ」（前脚をぺたりと地面につけて頭部を下げ、尻を宙に突き上げる恰好）をし、遊びと争いとを区別することがある。だが、一方の犬が羽目を外し、誤って相手を噛んだら、遊びは唐突に終わりになる。そんなときには、もう一度プレイ・バウをして「謝罪」すると、噛まれたほうもこのルール違反を大目に見て、遊びを再開する。

笑いも同じ役割を果たす。笑いは他の行動を文脈の中に収める。一頭のチンパンジーが別のチンパンジーをしっかりと地面に押さえつけ、歯を首筋にあてがい、逃れようのない状態に追い込んでも、その間ずっと、二頭ともしゃがれた笑い声を絶えず上げ続けていたら、完全に和やかにしていられる。面白半分でやっているのを、両者が承知しているからだ。プレイ・シグナルは、他の行動を解釈する助けになるので、「メタ・コミュニケーション（コミュニケーションについて伝えること、という意味）」として知られている。[21]同様に、もし私が同僚に近づき、笑いながら肩をぽんと叩いたら、その同僚は、私が黙って叩いたり、何の表情も浮かべずに叩いたりしたときとは、まったく違うふうに受け止めるだろう。笑いは、私たちの言動の捉え方を変え、相手を不快にさせかねない発言から棘を抜き取る。だから私たちは、日頃から笑うのだ——特別面白いことが何一つ起こっていないときにさえ。

　笑いは、遊び心を友達の間だけではなく、外の世界にも伝える。他者は、笑っているのを見たり聞いたりすると、万事問題がないことがわかる。チンパンジーは賢いので、それを承知で笑いを使う。私たちはかつて、幼いチンパンジーたちの取っ組み合いを何百件も分析し、彼らがどの瞬間に笑うかを調べた。特に興味があったのが年齢差の大きい子供たちで、幼いほうの子供にとって荒々しくなり過ぎることがよくあったからだ。そんなときには、幼いほうの子供の母親がすぐに割って入り、ときにはわが子の遊び相手の頭を叩いてやめさせるのだった。悪いのはいつも年上の子、というわけだ！子供は、幼児と遊ぶときには、二頭だけのときよりも幼児の母親が見守っているときのほうがよく笑うことがわかった。保護者である母親が目を光らせているときには、笑いは、「ほら、私たちはこんなに楽しんでいるんですよ！」とでも言うかのように、浮き浮きした気分をはっきりと示す。[22]

　周りの人が笑っているのに自分がいっしょに笑えないと、人は仲間外れにされたように感じる。笑いはしばしば、外集団を排除することで内集団の結束を強調する。笑いは嘲りやからかいの非常に有効な形態なので、その根底には敵意があると言う人もこれまでにいた。そうした説は、部外者や異なる人種の人に向けられた「排斥のユーモア」のことを言っているのであり、笑いを悪意のある行為として描く[23]。たとえば、一六世紀のイギリスの哲学者トマス・ホッブズは、笑いを優越性の表現と見ていた。人間の冗談は、他人を物笑いの種にするためだけにあるかのように。ホッブズはよほど惨めな人生を送ったに違いない！

　笑いは仲間や恋人、配偶者、親子の間など、親愛の情に満ちた関係でのほうがはるかによく見られる。ユーモアという不可欠の接着剤がなかったら、結婚生活はいったいどうなってしまうことか。私の生家は大家族で、夕食の食卓を囲んでの笑いを懐かしく思い出す。あまりに激しく笑って、死にそうに思うことすらあった。私は部屋を出て息を整え、落ち着きを取り戻さなければならないほどだった。私たちの人生における最初の笑いは、きまって養育の場で起こる。それは他の霊長類も同じだ。ゴリラの母親は、生まれてからほんの数日の小さな赤ん坊の腹を自分の大きな指でくすぐり、わが子の最初の笑いを引き出す。私たち自身の種では、母親と赤ん坊のやりとりは濃密で、両者はお互いの表情や声のありとあらゆる変化に注意を払い、よく微笑み、笑う。これこそがもともとの文脈で、そこに悪意は微塵もない。

　身体的刺激は今でも笑いの一部であり、それには長い進化の歴史があるに違いない。なぜなら、ラットでさえくすぐると笑いのような声を出すからだ。エストニア系アメリカ人の神経科学者、故ヤーク・パンクセップは、動物の情動が議論のテーマとして受け容れられるようにするために、他の誰にもまして先駆的な仕事をした。彼は当初、笑い物にされた。ラットが笑うという考え方そのものが、論外だったのだ。ラットたちは今も蔑《さげす》まれ、見くびられているが、私は飼ったことがあるので、彼らが絆を結んだり遊んだりする複雑な動物であることに、何の疑いも抱いていない。パンクセップは、ラットが人間の指でくすぐられるのを好むことに気づいた。とても好むので、もっとくすぐってもらうために繰り返し戻ってくるほどだ。手を引っ込めて別の場所に移すと、ラットは追いかけてきて、人間の耳には聞こえない五〇キロヘルツの高音の鳴き声を上げながら、さらにくすぐってもらおうとする。

ある、匿名のラット愛好家が自宅で試してみた。

> 私は、息子のペットのピンキーという幼いオスのラットで、自らささやかな実験をしてみることにした。一週間のうちに、ピンキーは私と遊ぶように完全に条件付けされ、私にも聞き取れる甲高い声さえ、ときおり発するまでになった。私が部屋に足を踏み入れると、ピンキーは途端にケージの格子をかじったり、カンガルーのように跳ね回ったりし始め、くすぐってやるまでやめない。私の手にタックルし、その手を噛んだり舐めたりし、仰向けになって腹を見せ、くすぐってもらえるようにし（そこをくすぐられるのが大好きだ）、私がもてあそぶと、ウサギのように脚をひょこひょこさせる。[24]

ラットにとって、くすぐられるのは満足感が味わえる経験（だから、手を追いかける）だが、適切な気

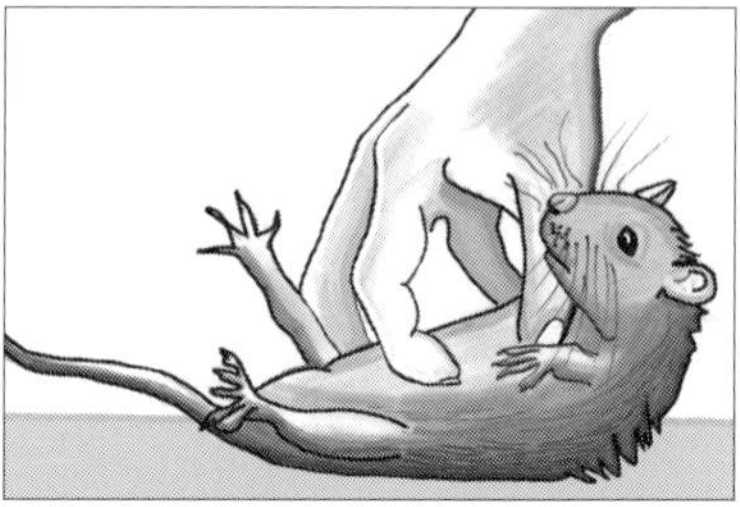

人間と類人猿がくすぐられているときに笑うのとよく似て、ラットも（人間の可聴域外の）高音の鳴き声を出す。ラットは、くすぐってくれる人間の手を積極的に探し求めるので、くすぐられるのが楽しいことが窺われる。

分のときにしか満足は得られないと、パンクセップは結論した。ラットは、猫の匂いや明るい光で不安になっていたり、おびえていたりしたら、どれほどくすぐっても笑わせられない。彼らの熱意は、それまでの経験や慣れにも左右される。ラットは、以前にただ愛撫してくれただけの手よりも、くすぐってくれた手に、高音の鳴き声を上げながら、より熱心に近づくのだ。ラットは、ヤギ、犬、猫、馬、霊長類など、遊ぶ哺乳類全般に典型的に見られる、「喜びの跳躍《ジョイ・ジャンプ》」という、ちょっとしたはしゃいだ動きを見せる。ダーウィンの陽気な牛たちが頭に浮かぶ。動物たちにはさまざまな種類のプレイ・シグナルがあるが、唯一不変なのは、唐突でランダムな跳躍だ。背を丸めて小躍りしながら近づいてきたり（猫）、ぐるっと回転して、禁じられているにもかかわらずソファに飛び乗ったり（犬）し、追いかけっこをしたくてしかたないことを示す。ジョイ・ジャンプはひと目でそれとわかるので、違う種の間でも簡単に認識できる。飼育下では、サイの子供は犬と、犬はカワウソと、子馬はヤギと遊ぶことがあるし、野生の世界でも、幼いチンパンジーがヒヒと取っ組み合っているところや、カラスとオオカミがからかい合っているところが観察されている。遊びには独自の普遍的言語があるのだ。

私たちは笑いを使って、気まずい状況や緊迫した場面を解消することがある。他の種ではそれほど一般的ではないが、ないわけではない。チンパンジーの間で、オスが衝突の危機を回避するのを見たことがある。全身の毛を逆立てた三頭の大人のオスが、つい先ほどまで、堂々たる突進のディスプレイを行なっていた。これは、ライバルどうしが度胸を試し合う、じつに緊迫した、危うい状況だ。彼らは体を揺らして枝から枝へと飛び移り、大きな石を押しのけ、あれこれ投げ散らし、大きな音の出る物を叩く。だが、その三頭がその場から歩み去るときに、一頭が別の一頭の脚を引っ張った。引っ張られたオスは抵抗し、相手を振り払おうとしたが、その間じゅう笑っていた。すると、三頭目のオスもこれに加わり、いくらもしないうちに、三頭の大きなオスたちが駆け回り、互いの脇腹を叩いたり、しゃがれた笑い声を出したりしながら、くつろぎ始めた。緊張はすっかり解けていた。

　アリストテレスは、笑いによって人間は獣から区別されると考え、多くの心理学者は、喜びで笑ったり、何か面白いから笑ったりする動物などいるものか、と相変わらず思っている。とはいえ、類人猿はドタバタ喜劇の映画が大好きなことはよく知られている。おそらく、身体的・物理的なハプニングだらけだからだろう。類人猿は、好意を持っている人が向かってきて、足を滑らせたり転んだりすると、最初に見せる反応は心配そうな緊張だが、その人がどこもけがをしなかったことがわかると、ほっとした様子で笑う——同様の状況で私たちがするように。ヒョウのマスクを被った人間にまんまと騙《だま》されたことに気づいたママが笑ったことは、すでに述べた。同じような反応は、ボノボでも見られる。ずっと以前、サンディエゴ動物園のボノボの放飼場は、入園者から彼らを隔てるための深い空《から》堀《ぼり》に囲まれていた。ボノボの側にはプラスティック製の鎖が一本、堀の中へ垂らされており、ボノボたちはいつでも好きなときに下りていったり戻ってきたりできた。ところが、アルファオスのヴァーノンが下りている間に、思春期のオスのカリンドが、上ったあとに素早く鎖を引き上げてしまうことがときどきあった。そのたびにヴァーノンは戻れなくなり、そんな彼を、カリンドは大笑いの顔で見下ろし、堀の際をぴしゃぴしゃ手で叩く。彼はボスをからかっていたのだ。もう一頭だけいた大人のボノボがたいてい駆けつけ、つがいの相手を救うために鎖を下ろし、彼が堀から上がるまでその場で番をするのだった。

　類人猿が面白がって笑っている様子は、西アフリカで日本のフィールドワーカーたちによっても録画されている。九歳の野生のチンパンジーが石を使い、お馴染みのハンマーと金床方式で楽しそうに木の実を割っていた。彼は、硬いパームナッツを大きな石の平たい表面に置き、もう一方の手に握った小ぶりの石で割れるまで叩く。森の中で、この仕事に適した石の組み合わせを見つけるのは容易ではない。そのオスのチンパンジーの母親は、息子が使っている申し分のない道具をちらっと見遣ると、近づいていってグルーミングしてやった。グルーミングすると、お返しのグルーミングをしてもらえることが多いので、母親はひと通りやり終えると、その場にとどまり、息子が向きを変えてグルーミングしてくれるのを待った。果たして息子はそうしたが、そのとき石を放置した。すると、母親はすかさず手を伸ばしてつかみ取った。それは意図的だったように見えた。近づいて束の間グルーミングしてやるのは、息子の気を逸らすためだったかのようだ。息子の道具を手に入れたまさにその瞬間、母親が一人でそっと笑うのを、その録画で確認できる。自分のちょっとした企みが功を奏して、喜んでいたのだ。[25]

　たしかに、この証拠は一つの逸話にすぎないが、こうした事例は、類人猿の笑いがただのプレイ・シグナル以上のものであることを示唆している。私たち自身の種で知られている、歓喜や絆作りや緊張の解消などの、より広い意味合いに近いように思えることがときどきある。

混ざり合った情動

　笑いと微笑みの進化史は、両者には異なる起源があるというヤン・ファン・ホーフの主張がどれほど正しかったかを示している。両者は、情動のスペクトルの両極端に由来する。微笑みは恐れと服従の表現として始まり、それがやがて敵愾心《てきがいしん》の欠如の表れになり、ついには親愛の情の合図に変わった。笑いは、取っ組み合ったりくすぐったりすることと密接に結びついた、遊びの標識として始まり、それから絆作りや健全さのシグナルへ、さらには面白さや幸せのシグナルにまで変化した。私たちの種では、これら二つの表現はしだいに近づいてきており、また、私たちは情動を混ぜ合わせることが多いので、両者はけっきょく一体化した。私たちはしばしば、微笑みから笑いへ、そして笑いから微笑みへと移ったり、二つが混じり合ったものを見せたりする。

　混ざり合った情動は、人間と類人猿から成る小さな科であるホミニドに特有だ。サルを含め、他のほとんどの動物の鳴き声やディスプレイがそれぞれ別個のものであるのに対して、ホミニドは段階的なコミュニケーションを行なう点で際立っている。サルは威嚇の表情を浮かべたり、歯を剥いたり、プレイ・フェイスを見せたりするが、これらの表現を組み合わせたり混ぜ合わせたりはしない。サルのシグナルは固定されていて型どおりで、それぞれ完全に区別されており、まるで、赤か青かのどちらかで、けっして紫にはならないかのようだ。これは、類人猿の場合と比べれば、重大な制約だ。類人猿は、今ふくれっ面をしたかと思えば、次の瞬間には哀れっぽく鳴いたり、歯を剥いて鋭い声を上げたりと、次から次へと自由自在に表現できる。類人猿の顔はつねに動いており、たとえ相容れない性質のものであっても、幅広い表現が可能だ。同じように、人間の子供も、泣いたあと、涙を流しながら笑い、それからさらに泣いたりすることがある。

　私たちは二五の表情の分類を使い、ヤーキーズ国立霊長類研究センターのチンパンジー・コロニーで、屋外放飼場での日常生活の間の文字どおり何千もの表情を分析した。すると、途方もない数の段階や混合の程度があることに気づいた[26]。たとえば、アルファオスと接触しようとしている若いオスは、びくびくしながら離れて座り、友好的な合図を待っている。その若いオスは、素早いパント・グラントを発しながらリーダーに向かって手を差し出すなど、友好的なシグナルをするが、服従の声も発して敬意を表する。あるいは、あるメスは、別のメスが食べている水気たっぷりの美味しそうなスイカに惹かれているが、分けてくれるように頼むたびに断られているうちに腹を立て、このまま乞い続けるか、それとも大声で抗議するべきか迷う。抗議したら喧嘩になるかもしれない。彼女はふくれっ面をしたり、鼻を鳴らして哀れっぽく鳴いたり、あるいは、鋭い声を上げたり、軽く叫んだりすることを交互に繰り返す。そこからは、しだいに苛立ちを募らせていることがわかる。社会的交流は、そのような矛盾する傾向に満ちあふれており、人間と類人猿の顔は、そのすべてをあらわにする。私たちの顔は、どれか特定の情動のスナップショットだけではなく、中間の微妙な色合いのいっさいも示す。実際、単独の情動の状態というのは稀で、だからこそ、さまざまな表情を、「怒り」「悲しさ」などの基本的情動のレッテルを貼った小箱に分けて押し込めようとするのは、おおいに問題ありなのだ。そんなやり方は、私たちにも、私たちの仲間のホミニドたちにも通用しない。

BODY TO BODY Empathy and Sympathy

第3章 体から体へ

共感と同情

私が初めてチンパンジーに出会ったのは、ナイメーヘン・ラドバウド大学でのことだった。手っ取り早く稼ぐために、ある心理学実験室の研究助手の職に就いた。その初日、そこでの仕事にはチンパンジーを対象としたものも含まれていると聞かされた。これには唖然とした。オフィスや教室の入った大学の建物の最上階で類人猿を飼うなど、正気の沙汰とは思えなかったからだ。彼らの生活環境は理想的にはほど遠く、今日ならとうてい許されなかっただろうが、私は二頭の毛むくじゃらの友たちと知り合えて、とても楽しい時間を過ごせた。

私は毎日、ラットには打ってつけかもしれないが類人猿にはふさわしくない類の認知的課題で二頭をテストした。その頃、心理学者は学習と知能の普遍的な法則を依然として信じており、個々の種に特有の才能には関心がなかった。彼らには、脳の大きささえ関係なかった。行動主義者B・F・スキナーがあけすけに言ったように、「ハト、ラット、サル、どれがどれか？　そんなことは関係ない[1]」

というわけだ。ところが、多くの異なる種類の知能があって、それぞれが一つの種に固有の感覚や発達史に適応していることが、今ではわかっている。カラスあるいはタコを評価するときと同じ方法で、類人猿あるいはゾウを評価するわけには、どうしてもいかないのだ。とくに、類人猿は思考をする生き物で、直面した問題を一つ残らず解明しようとする。そしていったん理解すると、興味を失う。同じ実験室でテストされていた二頭のアカゲザルと比べると、チンパンジーたちは実際の能力よりも成績が低かった。つまり、成績と知能は同じではないということだ。サルたちがご褒美にしっかり目を据え、なるべく多く手に入れるために、決まりきった手順を延々と繰り返すのに対して、類人猿は飽きてしまった。課題が彼らの水準よりも低かったからだ。その結果、私は多くの時間を彼らと馬鹿騒ぎするのに費やした。彼らもそのほうがずっと楽しめた。

　こうして私は、チンパンジーたちが出す典型的な声や音、その他の形態のコミュニケーションを初めて学び、類人猿のような振る舞い方も身につけた。人間は本質的には類人猿であることを踏まえれば、これはそれほど難しいことではない。唯一、私がどうしても再現できなかったのが、彼らの筋力だ。天井から指一本でぶら下がりながら体を揺すったり、床に触れずに身を翻して壁と壁の間を行き来したりすることは、私にはできなかった。二頭のチンパンジーはまだ六歳にもなっていなかったが、私がひ弱で、彼らが互いにやるような乱暴な扱いを受けるのを好まないことをすぐに悟った。私が彼らの背中を平手で思いきり——人間だったら、怒って文句を言うほど——叩いても、私がそれまでこれほど面白いことはしたためしがないとでも言うかのように、ただ笑い続けるのだった。

　その年齢でよく見られるように、彼らも性的な衝動を示し始めていたが、それを私たちの種に投影せざるをえなかった。この二頭のオスは、人間の女性が通りかかるのを見かけると途端に、ペニスを勃起させるのだった。あまりに正確に女性を見分けるので、いったいどうやっているのか、私は疑問に思った。匂いを手掛かりにしている可能性は低い。なぜなら、彼らの感覚は私たちのものと似ており、視覚が優勢だからだ。私はある男子学生といっしょに、これをテストすることにし、それが私にとって最初の行動実験につながった。私たちはスカートをはき、かつらを被り、高い声で話し、どんな反応があるか見てみた。突然の女性訪問者であるかのように、おしゃべりをしながら部屋に入り、チンパンジーたちを指差した。ところが、二頭はろくに顔を上げようともしなかった。ペニスの勃起も、戸惑いもなく、彼らはただ私たちのスカートを引っ張るだけだった。数分後、秘書の一人が廊下の角から顔を覗かせた。見慣れぬ女性が二人、通りかかるのを先ほど目にして、迷子になったのではないかと思ったのだ。彼女が見えた途端、チンパンジーたちは私たちが望んでいた反応を示した。チンパンジーよりも人間を騙すほうが簡単だと、私たちは結論した。

　この実験は、まるで悪ふざけのようなものだった。だから、ここで紹介するのもためらわれたのだが、鋭い知覚の好例なのであえて取り上げた。知覚がこの章のテーマだから。生き物は、別の生き物のボディランゲージをどうやって読み取るのか？　多くの動物は、人間の性別を見分けることにかけては、この二頭のチンパンジーと同じぐらい鋭い感覚を持っている。鳥や猫のように、私たちとはまったく異なる種さえも、私たちの性別を簡単に見分けられる。女性だけ、あるいは男性だけを好むオウムを、私はこれまで何羽も見てきた。彼らは、目に見える性差のうち、唯一、動物界全体に及ぶものに注目する。オスの動きのほうがメスの動きよりも、不愛想で決然としている傾向があるのだ。メスの動きはもっと滑らかで柔軟だ。この区別をつけるには、全身を見る必要さえない。研究者が人々の腕と脚と骨盤に小さなランプをつけ、歩いているところを撮影すると、光の点を見るだけでも、男女を区別するのに必要な情報がすべて得られることがわかった[2]。黒い背景に対して小さな白い点がいくつか動いているのを眺めるだけで、実験の参加者たちは、自分が見ているのか男性か女性かを区別できる。歩行のパターンは、女性の排卵周期の段階ごとにさえ変わる。私たちがそれほどわずかな情報に基づいて人々を正確に判断できるのなら、なぜ多くの動物には人間の性別が明白なのかを理解するのは難しくない。逆のことも言える。なぜなら、私は遠くから、チンパンジーの動き方を基に性別を確実に見分けられるからだ。

ずっと後年、私は雌雄の識別に関するもっと科学的な実験を行なった。タッチスクリーンを使った顔認識の研究から派生したものだが、チンパンジーはお互いの尻もよく知っているという新たな発見にも行き着いた。その実験では、スクリーンの前に座ったチンパンジーは、まず一頭のチンパンジーの尻の写真を見てから、二枚の顔写真を見る。顔写真の一方だけが、先に見た尻と組になっている。すなわち、その尻の持ち主の顔が写った写真だ。顔写真の性別が違うと、この課題は易し過ぎてしまう。なぜなら、チンパンジーの尻は、オスとメスとで著しく違うし、顔も両者で異なるからだ。

だが、一頭のオスの尻を見たあと、二頭のオスの顔写真の一方を選ばなければならなかったら、どうだろう？　あるいは、一頭のメスの尻を見たあと、二頭のメスの顔写真の一方を選ばなければならないとしたら？　彼らはやはり正しいほうを選ぶだろうか？　チンパンジーたちは尻の持ち主の顔写真を現に選ぶことがわかったのだが、それは、彼らが直接知っているチンパンジーの場合に限られた。

知らないチンパンジーだと正しく選べなかったので、彼らは色や大きさといった、写真に写っているものではなく、それ以外のもの、すなわち、日々お互いを目にしているから得られる知識に基づいて選んでいたと思われる。彼らは馴染みの仲間の全身像を頭に入れており、互いを熟知していたので、尻と顔のように、体のどの部分であろうと、他の部分と結びつけることができたのだ。私たちはこの研究結果を、「顔と尻」という題で発表した。[3] すると、類人猿がそんなことをやってのけられるとは面白いと誰もが思ったので、イグノーベル賞をもらった。ノーベル賞のパロディで、「まず人を笑わせ、それから考えさせる」研究を讃える賞だ。

同じ実験は人間ではまだ試されてはいないものの（衣服を脱いでの実験であれば、なおのことだ）、私たちも同じような全身像を頭に入れているに違いない。背中しか見えないときでさえ、私たちはみな、友人や身内なら人込みの中でも見分けられるのだから。

積年の叡智

私たちはコミュニケーションや共感や協調を利用して情動を知覚し、解釈する。とくに重要なのが、ボディランゲージを読むことだ。人々がどのように情動を知覚するかを調べるのは、観察だけではほぼ不可能なので、研究者はほとんどの知識を実験から得る。たいてい、タッチスクリーンに画像を映して行なう実験だ。人間は年がら年中タッチスクリーンでテストされるが、それは他の種にしても同じだ。

私たちが研究しているチンパンジーたちは、そうした実験に夢中になる。タッチスクリーンでは即座にフィードバックが得られるので、それに魅了されているからかもしれない。人間の子供がスマートフォンに惹かれるのと同じだ。実際、ヤーキーズ国立霊長類研究センターの認知研究棟にチンパンジーを最も手早く入らせるには（彼らには、自発的に入ってもらうことにしている）、彼らの屋外放飼場の脇を、コンピューターを載せた台車を押して通るにかぎる。チンパンジーたちは一斉に声を上げ、テストを行なう建物の入口に駆け寄り、中に入ろうとして列を成す。彼らにしてみれば娯楽とゲーム、私たちにしてみれば認知テストをやって、一時間ばかり過ごしたくてうずうずしているのだ。課題を達成してもご褒美を与える必要さえない。彼らにとって、画像に触れて課題をこなすこと自体が楽しいからだ。競争意識に駆られるチンパンジーもいる。彼らは、自分がどれだけうまくやっているかを、スクリーンから聞こえる音から判断し（正解すると、間違えたときよりも楽しげな音が流れる）、隣の仲間が自分より良い成績を収めていると苛立つ。彼らを集中させるのに、これ以上のものはない！

私は、研究者と研究動物の双方にとって楽しい実験を好む。こつは、動物たちの興味を引く課題を工夫することだ。たとえば、研究者は長年、霊長類に人間の顔を見せて顔認識をテストしていた。そして、彼らの成績がお粗末だと、私たち人間だけが顔を認識できると結論した。私たちの系統でだけ進化した、特別な顔認識モジュールが人間の脳にはあるのだと主張する科学者さえいた。だが、その後チンパンジーたちが、彼ら自身の種の顔でテストされた。すると俄然、彼らの注意力が高まり、人間に劣らず顔認識が得意であることが判明した。

彼らは、全体的知覚の徴候さえ示した。私たち人間は、鼻がどれだけ大きいかや、目と目がどれだけ離れているかなどで顔を認識したりしない。むしろ、全体の相対的配置を捉え、顔をまるごと知覚する。他の霊長類にもそれが当てはまることがわかった。ただし、それは自らの種でテストしたときに限る。人間と仲良くやっていけるように品種改良された家畜である犬でさえも、人間の情動よりも犬の情動のほうが上手に認識できる。これはどれも格別意外ではないが、ずいぶん長い間、私たちは人間の顔がこの世で最も識別しやすいという誤った思い込みに基づいて動物をテストしてきた。明らかに、類人猿も犬も、私たちが願っているほど人間に夢中ではないのだ。

それでは、情動の表現はどうだろう？　ここで話が厄介になる。動物たちに、彼らの表現が何を意味するのか尋ねるわけにはいかないからだ。エクマンがやったように、「楽しい」や「悲しい」などの形容詞のリストを動物に与えることはできない。当時私が指導していたリサ・パーが、生理学的データを使う独創的な解決策を見つけた。生理学的現象を調べれば、体がどう反応しているかがわかる。体の反応はきわめて重要で、それは、情動が心と同じぐらい体とも結びついているからだ。現代英語の emotion（情動）という単語は、「動かす」「触れる」「掻き立てる」といった意味を持つフランス語の動詞 émouvoir に由来する。さらに歴史をさかのぼると、ラテン語の emovere という単語は、「揺り動かす」を意味する。言い換えれば、情動は私たちをじっとさせておいてはくれない。情動は、私たちの心臓の鼓動を速め、肌に赤みを加え、顔を震えさせ、胸を締めつけ、声を高くし、涙を流させ、むかつかせるといった作用を持つ心的状態だ。

情動が体に影響を及ぼすだけではなく、その逆もまた起こる。情動は、ホルモン（たとえば、月経周期によるもの）や、性的興奮、不眠、空腹、疲労、病気、その他の体の状態におおいに影響される。私たちは、情動を体の特定の部位と結びつけ、体も私たちの感じ方を左右する。たとえば、腸管神経系

（消化管の内壁に埋め込まれた、何百万もの神経細胞《ニューロン》から成るネットワーク）は、みぞおちのあたりで不安な感覚を掻き立てるかもしれない。すると、それが脳に、私たちがどう感じているかを告げる。腸管神経系は自律しているので、「第二の脳」とも呼ばれる。

　西洋の科学が情動の真価を理解するまでにこれほど長くかかったことも、情動が体に根差している事実から説明できる。西洋では、心を非常に大切にする一方で、体は軽視する。心が高貴であるのに対して、体は人間を堕落させる、心は強く、肉体は弱いとし、情動を不合理な判断や馬鹿げた判断と結びつける。「そう感情的になるな！」と注意する。最近まで情動は、人間の尊厳におおむねふさわしくないとして、ほとんど無視されていた。

　情動は、私たちにとって何が良いかを、本人以上に知っていることが多い。それなのに、誰もが情動に耳を傾ける気があるわけではない。チャールズ・ダーウィンは、いとこのエマ・ウェッジウッドに求婚しようかどうかを決めようとしていたときに、そうするべき理由（「いとしく思い、楽しく遊ぶ対象――ともかく、犬よりは良い」）と、するべきではない理由（「親族を訪れたり、ありとあらゆる些事で譲歩したりすることを強いられずに済む」）の長いリストを書き留めている。[4] そうすることで、彼は完璧に合理的な判断に行き着くことを願ったが、そのリストのおかげで彼の気持ちがどちらかに傾いたとは、私にはとても思えない。彼は、私たちの多くなら結婚するべき理由としてリストの冒頭に挙げるだろう二つの点を忘れてさえいる。すなわち、愛と身体的魅力だ。エマに求婚するべきだという断固たる結論を書き記すことで、ダーウィンはまるで何かしらの数学的証明を成し遂げたかのように振る舞ったが、彼の数学は明らかに幻想だった。私たちはいつも、重要な決定を下すときにはどちらか一方に傾くもので、それが頭で考えた結果であることは稀だ。一七世紀のフランスの哲学者ブレーズ・パスカルは、次のような洒落た言葉を残している。「心には、理性（raison）の与り知らぬ理由（raisons）がある[5]」

情動は、私たちが十分には理解できていない複雑な世界で舵取りをするのを助ける。情動は、私たちが自分にとって最善のことをするのを確実にする、体なりの手段なのだ。しかも、必要とされる行動をとれるのは体だけだ。心は単独では役に立たない。周りの世界とかかわりを持つには体を必要とする。情動は、これら三つ、すなわち、心と体と環境の接点なのだ。情動（emotion）は affect とも呼ばれるが、この単語には相容れない定義があるので、私は「情動（emotion）」という単語を使い続けることにし、その定義を以下に示しておく。

> 情動とは、当該の生き物にとって意味のある外的刺激によって生じる一時的な状態である。情動は、体と心（脳、ホルモン、筋肉、内臓、心臓、覚醒状態など）における特定の変化を特徴とする。どの情動が引き起こされているかは、その生き物が置かれた状況からも、その生き物の行動の変化と表現からも推測できる。情動と、その結果として生じる行動との間には、一対一の対応関係はなく、情動は個々の経験を環境の評価と組み合わせ、最適の応答ができるようにその生き物に準備させる[6]。

恐れという情動を考えてみよう。サルは、ヘビを見つけるとひどく恐れる。同様に、もしあなたが車道に下りたときに、バスが顔をかすめるように高速で過ぎていったら、あなたは恐れで身をすくめるだろう。恐れは生き物の体を凍りつかせ、震えさせ、その間に心搏数が上がり、呼吸が速まり、筋肉が緊張し、毛髪や羽毛が逆立ち、アドレナリンがほとばしる。これらいっさいのおかげで酸素が脳と筋肉に送り込まれ、自分が知覚した危険に、よりうまく対処することが可能になる。サルはそのヘビが危険か無害か判断し、最善の行動を決める必要がある。木に登るべきか？　後ずさりするべきか？　逃げるべきか？　闘うべきか？　バスが去ったあと、あなたは自動車の往来を確認し、そのまま道を渡っても安全か、それとも横断歩道を見つけるべきか決める。情動は特定の行動を命じない点で、本能にはるかに優る。本能は融通が利かず、反射的だが、ほとんどの動物は臨機応変に対応する。本能とは対照的に、情動は心に焦点を絞り、体の準備を整えつつ、経験を活かしたり、判断力を発揮したりする余地を残す。情動は、本能を大きく凌ぐ柔軟な応答システムを形成する。厖大な歳月をかけて進化してきた情動は、環境に関して、私たちが個体として常時意識的には知りえないことを「知っている」。だから情動は、積年の叡智を反映していると言われるのだ。

　リサ・パーの解決策に戻ろう。彼女は、チンパンジーをテストしている間に、彼らの体温を測ることにした。そして、チンパンジーを訓練し、辛抱強く指を突き出していられるようにして、その指にストラップを巻いて皮膚の温度を測った。私たちの種では、何かを見て動揺したりおびえたりしたときのように、強い不快感を覚えた場合には、皮膚の温度が下がる。闘争・逃走反応が起こったときには、文字どおり手足から血が引く〔英語では、怖じ気づくことを、get cold feet（冷たい足を得る）と言う〕。「怪しい伝説」というテレビ番組で、体にタランチュラを這い回らせたり、スタント飛行機で身の毛のよだつような飛行を体験させたりしている人の足に熱センサーをつけて体温を測った。すると、驚くほど温度が下がった。私たちは、怖い思いをしたときに足が凍りつく。これは、怖がっているラットと共通の反応だ。ラットたちは、脚と尾が冷たくなる。[7]

類人猿も同じように体温が下がるだろうか、とリサは考えた。彼女はまず、画面に短い動画を映した。それは、動物の飼育係が果物でいっぱいのバケツを持って近づいてくるところのような楽しい場面か、獣医が麻酔銃を持って近づいてくるところ（彼女が、なるべく捕食者に近いものとして用意できた動画）のような嫌な場面だった。どちらかを観たあと、チンパンジーは画面に映った二つの顔の一方を選ぶ。楽しげな笑いを浮かべたチンパンジーの顔か、不安そうに歯を剝いたチンパンジーの顔だ。彼らが、どちらの場面にどちらの顔を自然に結びつけるかを調べるのが目的だった。チンパンジーたちは、それらの画像で訓練を受けたことはなかった。彼らは最初のテストから、楽しい場面には笑い顔を、嫌な場面には心配そうに歯を剝いた顔を選んだ。後者の動画を観たときには、嫌な状況に直面した人間やラットの場合と同じで、肌の温度が下がった。[8]

主観的な経験が起こっていることを推測せずに、この結果を説明するのは、私には難しく思える。これはもう、単に情動の話ではなく、感情の問題だ。情動は自動的に引き起こされることがあるのに対して、感情は情動が意識に入り込んだときに起こり、私たちはその情動を自覚する。自分が腹を立てていたり、恋をしていたりするのがわかるのは、それを感じられるからだ。「腹」でそれを感じると言ったりするが、実際には、全身で変化を感知する。リサの実験のチンパンジーたちは、何も感じていなかったら、どうして適切な表情を選びえただろう？　彼らは動画を観て、良い気分になったり、嫌な気分になったりしたに違いなく、それに助けられて、その動画にふさわしい顔を選んだのだ。リサの検温結果は、チンパンジーたちが知的能力ではなく情動によって課題を解決したことを裏づけている。この実験のおかげで、類人猿は人間と同じぐらい自分の感情を意識しているという、興味をそそる可能性が浮かび上がった。

　とはいえ、私たちはほとんどの場合、動物の感情は知りようがなく、彼らの反応を試すのが精一杯だ。サルと類人猿が自分たちの表情を見事に読み取れることが実験から明かになっている。人間が笑顔としかめっ面を瞬時に見分けられるのと同じで、彼らも類似と差異を信じられないほど素早く正確に見つける。花や動物、自動車、果物、人間の顔、サルの顔など、さまざまなものの写真を私たちが画面でオマキザルに見せると、彼らは自分の種の情動的な表情を最も速く認識することがわかった。[9]そうした画像は完全に別格だった。なぜなら、表情は意味を持っているだけでなく、見る者を惹きつけもするからだ。最初、サルたちは情動的な顔に反応しさえした。たとえば、威嚇するような顔の写真には触れるのを拒んだり、友好的に眉を上げている顔の写真には、唇を打ち合わせて音を立てたりした。表情は、情動あるいは共感を掻き立てる。実際、顔を通したつながりなしに共感するのは難しい。

　スウェーデンの心理学者ウルフ・ディンベルグは、一九九〇年代に私たち自身の種で共感的なつながりを突き止めた。彼は人間の顔に電極を貼りつけ、ほんのわずかな筋肉の収縮まで検知した。そして、人々が画面に映った表情を自動的に真似ることを発見した。最も意外だったのは、彼らは自分が目にしているものを知る必要さえなかったことだ。風景の写真の合間に、意識されないほどの短時間（わずか〇・〇三秒間）、顔の写真を映すだけでも、人々は依然としてその表情を真似る。彼らは、ただ美しい風景を観ているものとばかり思っており、画面の顔写真はまったく自覚していないが、笑顔を見せられたあとには良い気分になり、しかめっ面を見せられたあとには嫌な気分になる。私たちは、笑顔を見ると楽しくなり、しかめっ面を見ると腹が立ったり悲しくなったりする。無意識のうちに、私たちの顔の筋肉は、目にした顔を真似る。そして、それが今度は私たちの気分に反映されるのだ。[10]

　そんなわけで、私たちは実生活でも、他者から情動的な影響を受けずにはいられない。他者との共感的なつながりは、体どうしがテーブルの下で握手しているようなものだ。それは、直感的な感触として知覚され、好ましくて人を鼓舞するようなもののこともあれば、有害で活力を削ぐようなもののこともある。それに気づくには時間がかかる。なぜならそのプロセスは、意識ある心の外で起こりうるからだ。ディンベルグの研究からは人間に関して素晴らしい見識が得られたものの、彼は不幸にも、途方もない抵抗と嘲りに出くわした。彼の画期的な研究は、体を優先していたために、しばらく活字にならなかった。西洋人は、心が物事を取り仕切っていると思いたがるからだ。私たちは自分のことを、何をおいても合理的な生き物と見なしたがる。ダーウィンが結婚に賛成する理由と反対する理由を挙げたリストを書き上げたのが、その好例だ。私たちは、情動的な判断を合理化することでカムフラージュし、交通渋滞に巻き込まれないようにするために、あのスポーツカーが必要だとか、抗酸化作用があるから、そのチョコレートが必要だとか言ったりする。同じ理由から、科学は共感を認知的プロセスに祭り上げた。情動と身体的プロセスの問題にしておくことは断じて受け容れられなかったので、人は意図的に他者の立場に身を置くことで共感すると言われていた。私たちは、「想像力を働かせて他者の頭の中に飛び込む[11]」ことで、あるいは、彼らの状況を意識的にシミュレーションすることで、彼らを理解すると言われていた。そして、体はこれらの説には必要とされなかった。

ところが近年、科学は方向転換せざるをえなくなってきた。共感を説明しようと思ったら、今や必ず体が中心に来る。新しい脳画像研究はみな、ディンベルグが提唱した不随意の身体的プロセスを支持している。そして、顔による模倣が妨げられたときには共感能力が落ちることが、研究からわかっている。たとえば、実験参加者が歯で鉛筆をくわえて、頬の筋肉を動かせないときがそうだ。人間の顔は普通思われているよりもはるかに可動性が高く、そのおかげで私たちは、他者の顔の動きを真似ることで彼らと心を通わせやすい。だから、皺を取り除くために顔にボトックス注射をしてもらって筋肉が弛緩した人は困る。他者の表情を正確に真似られないので、相手が感じていることを感じられなくなってしまうのだ。ボトックス注射をしてもらった人は、外見は良くなるかもしれないが、共感するのに苦労する。そして、問題は他者にどうかかわるかだけではなく、他者が本人とどうかかわるかにも及ぶ。注射を受けた顔は、日常のやりとりで使われる一連の微小な表情を欠いているので、凍りついているように見えてしまう。顔に反応がないため、他者は切り離されたように感じ、拒絶されたように思うことさえある[12]。

　科学が当初、こうした身体的プロセスの存在を疑問視していたことは、今の私たちには奇妙に思える。他者が泣いたときに泣いたり、他者が笑ったときに笑ったり、他者が喜びで飛び跳ねたときに飛び跳ねたりしたことのない人がいるだろうか？　私たちは、他者の姿勢や動きや表情に倣うことで、彼らが感じていることを感じる。共感は体から体へと飛び移るのだ。

サル真似

一九〇四年、ロシアの小説家レフ・トルストイが発表した童話は、次のような衝撃的な言葉で始まる。「ロンドンでは野生の動物たちが見世物にされている。それを見るために、人々はお金を払うか、野生動物の餌として投げ込まれる犬や猫を連れてくるかしなければならない[13]」この童話では、恐れおののく小犬が獰猛《どうもう》なライオンの檻に押し込まれる。

今日そんなことをすれば、腹を立てた人々が会場の入口に押し寄せて抗議するはずだ。人々の態度は劇的に変わったので、たいていの人はぞっとして、見ていられないだろう。これは意味深長だ。私はライオンが襲いかかる様子を克明に書き記すことができるだろうし、あなたもおそらくそれを読むだろうが、実際にライオンが小犬に飛びかかる血なまぐさい場面を目の当たりにするとなったら、話はまったく別だ。あなたは思わずひるんでしまうだろう。体という経路は、出来事をじつに生々しく伝えるので、私たちは逃れようがない。自分がライオンに襲われているかのように感じてしまうほどだ。私たちにできることといったら、手で目を覆い、入ってくる情報を遮断するのがせいぜいだろう。したがって、以前の人々が何世代にもわたってそうした見世物を見て楽しんでいたというのは、想像しづらい。これは、今日私たちが前より共感的になったということなのだろうか？　そうは思えない。人間の共感能力がこれほど短い間に変化することはなさそうだからだ。むしろ、変わったのは共感の対象だ。私たちは、誰に自分を重ね合わせられるかや、誰に親近感を覚えるか次第で、扉を開けたり閉じたりして共感を調節する。友人や身内、かわいがっている動物には扉を大きく開けるが、敵や、大切に思っていない動物に対しては扉を閉ざす。

西洋の世界は一世紀前と比べると、お気に入りのペットたちには共感の扉をいっそう大きく開くようになってきている。ペットは家族の一員になった。一九六四年にアメリカのリンドン・B・ジョンソン大統領は、報道陣を前にしてホワイトハウスの芝生に立っていたとき、飼っていたビーグル犬の一頭の垂れ耳を引っ張って、後ろ脚で立ち上がらせた。すると、世間の激しい反発を招いた。ホワイトハウスには抗議の手紙が山のように届いた。のちにジョンソンは、犬に吠えさせるためだったと釈明した。まあ、たしかに犬は吠えたが、優位性を示すこのような行為をする意義を、世間は理解できなかった。抗議の声はその後も続き、高まるばかりだったので、ジョンソンはとうとう公式に謝罪する羽目になった。実際、報道によれば、この一件で彼が受け取った怒りの手紙は、ヴェトナム戦争について受け取ったものを全部合わせたよりも多かったという。これは私たちが、命に別条のなかった、たった一頭の犬に対する不当な扱いを、一〇〇万人を超える民間人と兵士の無残な死よりも気にかけていたということなのだろうか？　合理的に言うなら、そうとは思い難いが、私たちの本能的な反応は、数ではなく感覚によって決まるものだ。

　遠方の地での恐ろしい惨事について読んでも、泣き叫ぶ犠牲者の写真を目にしたりインタビューを観たりしたときほど、私たちは心を動かされない。どんな慈善団体も、寄付金を集めるには、映像など、視覚に訴えるものが欠かせないことを知っている。ジョンソンが不運だったのは、犬の件が写真に撮られてしまったことだ。私たちはいつも、体と顔に対して感受性が最も強い。たとえば、是非はともかく、アンネ・フランクの肖像写真は、ナチスによるユダヤ人大虐殺の何百万もの犠牲者を象徴するようになった。地中海の浜辺にうつ伏せに倒れている三歳のシリア人の子供が写った、たった一枚の写真が、大規模な難民危機について長年続いてきた世間の議論の流れを変えた。私たちは、心へ通じる扉を開くためには、自分が同一化できる個別の対象、すなわち、実際の体と顔を必要とする。一六世紀のフランスの哲学者ミシェル・ド・モンテーニュは、ボディランゲージの力をすでに知っていた。嘆きと共感においては、身体的な近さと比べて、認知機能の役割がはなはだしく過大評価されている、と彼は言っている。ある出来事に「動かされた」と、身体的な言葉を使って言うのは、けっして偶然ではない、と彼は主張する。なぜなら、他者とのかかわり方は、実際に彼らの姿を見たり、体に触れたり、声を聞いたりすることによって、おおいに助けられるからだ。

　この体という経路は太古からのものなので、私たちはそれを他の種と共有している。私はあるとき、メイというメスのチンパンジーが、真昼に出産するところを思いがけず目にした。チンパンジーたちの屋外放飼場を見下ろす私のオフィスの窓の真下でのことで、興奮した仲間たちがメイを取り巻いて見守っていた。よく見ようと、他のチンパンジーが押し合いへし合いする中、メイは股を開いて前傾姿勢で立ち、片手を広げて脚の間に差し込み、赤ん坊が出てきたら受け止められるようにした。驚いたことに、親友で年上のメスのア

動物の感情に対する世間の感受性はしだいに高まってきた。アメリカのリンドン・B.ジョンソン大統領が、飼っているビーグル犬の1頭を不当に扱ったときに上がった全国的な抗議の声に、それが表れている。1964年のある日、彼は報道陣の前で飼い犬の耳をつまんで上に引っ張った。犬を地面から持ち上げたわけではないが、後ろ脚で立たせた。犬は吠えた。この忌まわしい一件は写真に撮られて世間に知れ渡り、犬に同情して大統領を非難する手紙がどっと押し寄せたため、大統領は謝罪表明に追い込まれた。

トランタがその隣に立ち、まったく同じ恰好をした。アトランタは妊娠していなかった。ただメイを真似ていただけだ。だが、彼女も自分の脚の間に手を差し込んでいた。ひょっとすると、お手本を示している面もあったかもしれない。「ほら、こうするのよ！」と。人間の親が、赤ん坊にスプーンで食べ物を与えながら、噛む仕草をしてみせたり、吸い込む音を立てたりするのと同じだ。人間や他の霊長類は、他者を真似るだけでなく、彼らにぴったり自分を重ね合わせるので、他者の状況が自分自身のものになる。長い間、待ちに待ったあと、メイの赤ん坊がようやく出てきて、一同が身じろぎした。一頭が金切り声を上げ、他のチンパンジーたちは抱き合った。彼らがどれほどこの瞬間の情動の虜《とりこ》になっていたかが窺えた。

　チンパンジーは、楽しみのために他者と同一化することがある。あるとき二週間ほどにわたって、幼いチンパンジーたちが傷ついた大人のオスのあとをついて回るという遊びに興じた。そのオスは、噛まれた指を守るために、上半身の重みを両手の拳に預ける通常のナックルウォークをする代わりに、手首を曲げて地面について歩いた。チンパンジーの子供たちは、まるで自分もけがをしたかのように、この不運なオスと同じぐらい痛ましい格好で列を成してあとに続き、よたよたと歩き回った。ウガンダのブドンゴの森に棲む野生のチンパンジーたちも、変わった動作をする一頭の仲間に魅了された。五〇歳近いオスのティンカは、両手がひどく変形し、手首が麻痺していたので、自分の体を掻くことさえできなかった。そこでティンカは、新しい体の掻き方を思いついた。私たちが両手でタオルの両端を持って背中に回して拭くのに似たやり方だ。木からぶら下がっている蔓《つる》植物を片足でぴんと引っ張ってから、頭や体を押しつけて横に擦る。これは変わった手順であり、健常なチンパンジーはそんなことをする必要はない。ところがその後、何頭かの幼いチンパンジーたちが、まさにティンカがやっていたように、下に引っ張った蔓植物に、いつも体を擦りつけるようになった[14]。

　プルタルコスが言ったように、「脚の不自由な人と暮らしていると、自分も脚を引きずるようになる」。私たちのペットも、同じような同情的な動きをすることが知られている。私の親友が脚を骨折してから数日のうちに、彼の飼い犬も脚を引きずり始めた。骨折したのも、犬が引きずっていたのも、右脚だった。犬は何週間も脚を引きずり続けたが、友人のギプスが取れると、その動作は嘘のようにふっつりと見られなくなった。これは、犬が多くの哺乳動物と同様、他者の体と完全に調和しているからこそ可能だ。犬は他者と体の動きを合わせるのがとても上手であるばかりか、そうするのを楽しむ。縄跳びをしている子供にうまく合わせて跳ねられるようになる犬もいれば、人間の赤ん坊のあとについて、まったく同じように腹這いで家の中を動き回る犬もいる。

　動きの同調や模倣は、自然界ではありふれている。多数のイルカが一斉に海面から飛び跳ねたり、ペリカンが見事な編隊で滑空したりする。人間が世話をしている動物たちの間でもそれが見られる。いっしょに荷車を引くように二頭の馬を調教すると、最初はそれぞれが自分のリズムに従って、お互いに逆らうように押したり引いたりする。だが、何年も共に働いていると、一体として動くようになり、クロスカントリーの長距離レースのときには、御者の乗ったカートを引いたまま猛烈なスピードで水濠《すいごう》を突っ切る。二頭は、まるで単一の生き物になったかのように、寸時でも離れ離れになることを拒む。そりを引く犬たちの間でも同じ原理が働いている。最も極端なのは、あるメスのハスキーの場合かもしれない。彼女は目が見えなくなったのに、嗅覚と聴覚と触覚を頼りに、相変わらず他の犬たちといっしょに走り続けた。

身体的な融合こそが、核心を成す原理だ。アメリカの動物学者ケイティ・ペインはアフリカゾウを研究した。

かつて私は、ゾウの母親が、逃げていくヌーを息子が追いかけるのを見守りながら、前に進むことなく器用に鼻と足を動かして踊るような動作をするのを目にしたことがある。私自身も、わが子が演技をするのを見守りながら、そのような動作をしたことがある。これは言わずにはいられないが、子供の一人はサーカスの曲芸師だ[15]。

一世紀前、「共感」の近代的概念を生み出したドイツの心理学者テオドール・リップスは、驚くほどよく似た例、すなわち綱渡りの事例を挙げてEinfühlung（「感情移入すること」という意味のドイツ語）を説明した。私たちは綱渡りの曲芸を見ている間に、情動の面で曲芸師の体の中に入り込み、まるで自分もいっしょに綱の上にいるかのように、彼の経験を共有する。私たちが他者との間に持っているこの特別な経路に、最初に気づいたのがリップスだった。私たちは、自分の外で起こっていることは何一つ感じられないが、他者の体と無意識に一体化することで、その人の状況を自分自身のもののように感じ、似たような経験をすることができる。

私たちの反応が瞬時に起こることも、それで説明できる。サーカスの曲芸師が転落し、観客は頭の中でそれを再現することでしか共感できないとしたらどうだろう？　そのような再現のプロセスには時間と手間がかかるので、観客が反応する頃には、曲芸師の体は無残に打ち砕かれ、フロアで血の海の中に横たわっているのではないか？　だが、実際にはそうはならない。観客は、たちまち反応する。曲芸師の足が滑ったまさにその瞬間に、見守っていた何百もの人が「おぉー」とか「あーっ」とか声を上げる。曲芸師は、落ちるつもりなど毛頭ないのに、わざと足を滑らせることがある。自分の一挙手一投足に、観客がどれほど心を奪われているかを承知しているからにほかならない。この種の共感的なつながりなくしてサーカスが成り立つだろうかと、私はときどき思う。

　およそ二五年前、イタリアのパルマにある研究室でミラーニューロンが発見され、この体の経路にとって、じつに大きな後押しとなった。ミラーニューロンは、私たちがカップに手を伸ばすといった行動をとるときだけでなく、誰かがカップに手を伸ばしているのを目にしたときにも活性化する。これらのニューロンは、私たち自身の行動と他者の行動とを区別しないので、私たちは他者の立場に立てる。他者の行動が私たち自身の行動となる。ミラーニューロンの発見は心理学にとって途方もない重要性を持ち、生物学におけるDNAの発見に匹敵するものとして非常に高く評価されてきた。模倣や、その他のかたちの身体的融合にとって、重大な意味合いを持つからだ。二〇一〇年の映画『英国王のスピーチ』で口ごもるジョージ六世を見ているときに、私たちの口から勝手に言葉が出てくる理由や、アトランタがメイの姿勢と動作を真似た理由も、ミラーニューロンで説明できる。

　とはいえ、ミラーニューロンを巡る大騒ぎに夢中になって忘れてはならないのだが、この発見は人間ではなくマカク〔アカゲザル、ニホンザルなどのマカカ属のサル〕でなされた。そして今日でもなお、この「サル真似」ニューロンが脳内に存在するという証拠は、人間の場合はその他の霊長類の場合ほど確かでもなければ詳細でもない。おそらくミラーニューロンは、霊長類が他者を模倣するのを助ける。たとえば、訓練を受けた個体を見習って箱を開けるときや、互いにタイミングを合わせてボタンを押すとき、あるいは、野生の世界で母親と同じやり方で果実から種を取り除くときがそうだ。[16] サルは、集団ごとに少し違うやり方で果物を扱うし、子供は年長者のやり方を忠実に真似る。[17] 実際、霊長類は生まれながらの順応者だ。模倣するだけでなく、模倣されることを好みもする。ある実験で、二人の研究者が一頭のオマキザルにプラスティックのボールを与えて遊ばせた。研究者の一人は、サルがボールを投げたり、壁に打ちつけたり、その上に座ったりするのを一つ残らず真似たが、もう一人は真似なかった。実験の終わりには、そのサルは自分を模倣した研究者を明らかに好むようになっていた。[18] 同じような研究では、デートに行く約束のある思春期の人間たちが、相手の動きを残らず真似て、グラスを手に取ったり、テーブルに肘を乗せたり、頭を掻いたりするように指示された。すると、独自に振る舞う人よりも、指示を受けた人のほうをはるかに好むことを、デートの相手は報告した。彼らはなぜ自分の感じ方に違いが出るのかには気づいていなかったが、明らかに私たちはある程度まで、模倣を讃辞と見なすようだ。

　親しい人がそばであくびをすれば、模倣が起こる様子は簡単に見て取れる。私たちもたいてい、あくびをせずにはいられない。私はあくびに関する講演に何度も出席したことがある（「欠伸《けっしん》」の類のたいそうな用語が使われる）が、聴衆全員がほとんどの時間を口を開けて過ごしていた。あくびの伝染は共感に関係がある。なぜなら、あくびが最も伝染しやすい人は、他の面でも最も共感的であり、女性（平均すると共感能力が男性より高い）のほうが他者のあくびに敏感だからだ。逆に、自閉症スペクトラム障害の人のように、共感能力が不足している子供は、あくびが伝染しないことが多い。これを踏まえて、他者のあくびがいつどのように伝染するかや、他の動物でも伝染するかについて、多数の研究が行なわれた。そして今では、犬と馬が人間のあくびに反応してあくびをする（犬は飼い主があくびをするのを聞くだけでもあくびをする）ことや、サルでは集団の中であくびが広まることがわかっている。

　私たちは、飼育しているチンパンジーが、バケツの底に開けた穴に片目を押し当てて、反対側に掲げられたｉＰｏｄを見るように訓練した。こうすれば、あくびをするチンパンジーの動画に、それぞれのチンパンジーがどう反応するかをテストできる。彼らはあくびの動画を目にした途端、猛然とあくびをし始めた。ただしそれは、動画のチンパンジーを直接知っている場合に限られた。見知らぬチンパンジーの動画には、まったく反応しなかった。だから、単に口が開いたり閉じたりするのを目にすることがカギではなく、動画の中であくびをしているチンパンジーに自分を重ね合わせることが必要だったのだ。[19] 親しさが同じような役割を果たしていることが、人間の間でも知られている。レストランや待合室や駅でこっそりフィールド研究を行なったところ、男性が妻の隣に立っていて、妻があくびをすると、男性もあくびをすることがわかった。だが、隣に立っている赤の他人があくびをしても、男性には伝染しなかった。共感反応はつねに、他者と共有するものが多いほど、そして、他者と近しく感じているほど強くなる。[20]

　さて、トルストイのライオンと小犬の話はどうなったか？　哀れな小犬はライオンと向き合った途端、仰向けに転がり、必死に尻尾を振った。ライオンは、この降伏の仕草になだめられたに違いなく、襲いかかるのを思いとどまった。それればかりか、二頭は大の仲良しになった。これはありそうもないことのように見えるかもしれないが、動物どうしの奇妙な友情の例（ゾウと犬、フクロウと猫、さらにはライオンとダックスフントさえもが仲良くなっている）は現代に数多くあるので、トルストイの話をあっさり退けるわけにはいかない。どんなときにもけっきょく、体どうしがどのように相互作用するかに尽きる――ライオンのお腹がどれだけ満たされており、犬が仰向けになる動作にどれほどの説得力があったか、という具合に。

痛む箇所に口づけをする

　ある個体から別の個体へと情動が拡がるのを体という伝達経路が助けるときには、もう、あくびが伝染したり、模倣が起こったりするだけではなく、他者がどう感じているかを感じることにもなる。この伝播は依然として身体的なつながりに根差しているとはいえ、今や私たちは、正真正銘の共感に近づいている。「情動伝染」と呼ばれる現象は、誕生とともに始まる。たとえば、人間の赤ん坊は他の赤ん坊が泣いているのを聞くとすぐに泣きだす。飛行機の中や産科病棟では、赤ん坊がまるでカエルのように声を揃えて泣くことがある。彼らはどんな種類の騒音にも反応して泣くと思う人もいるかもしれないが、同じ時期に生まれた赤ん坊の泣き声にとりわけよく応答することが、さまざまな研究からわかっている。男の赤ん坊よりも女の赤ん坊のほうが、その傾向が強い。情動という社会の接着剤は、人生のこれほど早くから現れるのだから、生物学的な性質のものであることがわかる。それは、私たちがあらゆる哺乳動物と共有している能力なのだ。

　実生活では、野生のメスのオランウータンは、高い木から木へと巧みに移動する。幼い子供は、母親を追って林冠〔枝葉の広がる森林の最上層〕を抜けていこうとするが、動きを止める。次の木までの間隔が、その子には広過ぎるからだ。彼は哀れっぽく鳴き、必死になって母親に助けを求める。それを聞きつけた母親は、自分も同じような声を上げ、急いで戻ってくると、子供のために橋になる。一本の木の枝を片手でつかみ、もう一本の木の枝を逆の手か足でつかみ、二本の木を引き寄せて間にぶら下がり、自分の体を生きた橋として子供が伝って渡れるようにする。この日常的な手順は、情動伝染が知能と組み合わさって原動力になっている。わが子の鳴き声に心配した母親が、知能を使って問題を理解し、解決策を思いつくわけだ。

いちばん驚くべきなのは、不快な情動の牽引力だ。恐れや苦しみのシグナルはひどく嫌われると思うだろうが、ある最近の研究で、じつはマウスが痛みを感じている別のマウスに惹きつけられることがわかった[21]。私は、幼いアカゲザルがそういう反応を示すことを経験からよく知っている。あるとき、赤ん坊が誤って上位のメスの上に飛び下り、噛まれてしまった。彼はとめどなく金切り声を上げたので、すぐに他の赤ん坊たちが集まってきた。数えてみると八頭の赤ん坊が、哀れな犠牲者の上に全員よじ登り、山になって押し合いへし合いし、相手を押しのけようとしていた。こんなことをしても、噛まれた赤ん坊の恐怖が和らぐはずもないのは明らかだった。だが、サルたちの応答は自動的なものに見えた。彼らは犠牲者と同じぐらい取り乱していて、同じぐらい慰めを求めているかのようだった。

ただし、これが話の全容のはずはない。もしそれらのサルの赤ん坊たちが、自分を落ち着かせようとしていたのなら、なぜ犠牲者に近づく代わりに、母親に駆け寄らないのか？　実際には、慰めが保証されている所ではなく、苦しみの根源へとわざわざ向かった。サルの赤ん坊は、何が起こっているかを承知している様子は微塵も見せずに、四六時中、これを繰り返す。蛾《が》が炎に惹かれるように、他者の苦しみへと引き寄せられるようだ。

　私たちはそのような行動に気遣いを読み込みたがるが、赤ん坊たちはおそらく、犠牲者に何が起こったかは把握していない。苦境に陥った他者に、このようにむやみに惹きつけられることを、私は「前関心」と呼ぶ。まるで自然が、人間の子供と多くの動物に、「他者の痛みを感じたら、そこに行って接触するように！」という単純な規則を与えたかのようだ。とはいえ、何であれ厳格な自己保存の理論に従うなら、それとは正反対のことが予想される。周りの他者が金切り声を上げたり哀れっぽく鳴いたりしていたら、彼らが危機に瀕している可能性が高く、したがって、そこから離れるのが賢明だろう。苦しみを知らせる音声についても同じことが言える。もし耳障りな高音の悲鳴が聞こえたら、耳をふさいだり、その場を去ったりするのが理に適っている。ところが、多くの動物は逆のことをする。近づいていき、何が起こっているのか突き止めようとする。たとえ、痛みを表す声が、ほとんど聞こえないときにさえ、そうする。肝心なのは、他者の情動状態だ。マウスやサル、その他多くの動物が、危うい状態にある他者を積極的に探すという事実は、純粋に利己的な筋書きとは折り合いがつかず、一九七〇年代と八〇年代に人気があった社会生物学のさまざまな理論に根本的な欠陥があったことを立証している。

　食うか食われるかの場所という、社会生物学が描く自然界では、つまるところ、あらゆる行動は利己的な遺伝子にもとをたどれ、利己的な傾向は、きまって「最強者の法則」に帰せられた。本物の思いやりなど論外だった。他者を助けるために危険を無視するほど愚かな生き物はいないだろうからだ。

仮にそういう行動が起こったとしたら、それは幻影、あるいは遺伝子のミスの産物に違いないとされた。「利他主義者を引っ搔けば、偽善者が血を流すのが見られる」[22]という、この時代の悪名高い決め台詞は、嬉々として何度となく繰り返され、利他主義などでっち上げに違いないと言われた。先の台詞は、無邪気にも人間の善良さを信じる、情に流され過ぎの空想家や夢想家をはねつけるのに使われた。これが、ロナルド・レーガンとマーガレット・サッチャー、そして、一九八七年の映画『ウォール街』に出てくる架空の人物ゴードン・ゲッコーの時代でもあったことは、偶然ではない。ゲッコーは、世の中は強欲で回っていると信じていた。人間を含め、社会的な動物が自然淘汰によって形作られてきたものとは断じて相容れない単純な考え方を、ほとんど誰もが追いかけていたのだ。

幸い、私たちはもう、「利己的な遺伝子」についてはあまり耳にしなくなった。行動は例外なく利己的であるという考え方は、新たなデータの山に埋もれ、不名誉な死を遂げた。少なくとも内集団の成員に関しては、協力こそが私たちの種の、何にも優る性向であることが、科学によって確証された。それがあまりに決定的だったので、二〇一一年に刊行された、人間の行動についてのマーティン・ノヴァクの著書には、『超協力者――利他主義、進化、そして、私たちが成功するために他者を必要とする理由（*SuperCooperators: Altruism, Evolution, and Why We Need Each Other to Succeed*）』という題がつけられた。神経画像実験で、利己的な選択肢と利他的な選択肢を与えられた人々のほとんどは、後者を選んだ。彼らが利己的な選択をしたのは、協力を避けたほうがいい有力な根拠があるときに限られた[23]。多くの研究がこの見方を支持しており、私たちは何らかの理由で引き止められていないかぎり、他者に対して思いやりを持ち、心を開く傾向があるとしている。だからこそ、ロシア系アメリカ人の小説家で哲学者志望でもあったアイン・ランドは、自分の言い分を述べるために、冷血な登場人物ばかりのあれほど退屈で分厚い本を何冊も書く必要があったのだと、私はときどき冗談を言う。私たちは純粋な個人主義者であるというのが彼女の主張の骨子だが、私たちを納得させるために、大変な骨折りをしなければならなかった。なぜなら、人間とはそういうものではないことを、誰もが心の奥底で知っているからだ。ランドが提供したのは、私たちの種の描写ではなく、私たちの直感に反する、観念的な所産だった。

　人間の初期設定モードは極度に社会的であり、それは、スポーツの試合を観戦したり、合唱団で歌ったりすることから、パーティに行ったり、人と交際したりすることまで、私たちが好む活動に反映されている。助け合うことで生き延びた、集団生活する動物たちの長い系統に私たちが連なっていることを踏まえると、こうした傾向はすこぶる理に適っている。独力で生きていこうとしても、うまくいったためしがない。

　ナディア・ラディジナ＝コーツは、私たちと近縁の霊長類が持つ向社会的な性質の典型的な例を示してくれた。そのなかには、飼っていたチンパンジーのヨニが、苦しみのシグナルに惹かれる例も含まれている。

> 　私が泣き真似をし、目を閉じて涙を流すふりをすると、ヨニは遊びであろうと他のどんな活動であろうと、ただちにやめ、興奮して毛を逆立てながら、急いで駆け寄ってくる。ケージの屋根や天井といった、家の中でもとくに離れていて、しつこく呼んだり頼んだりしても下りてこさせら

れなかったような場所からやって来るのだ。まるで、悪さをした者を探しているかのように、私の周りをせわしなく走り回る。私の顔をじっと見て、一方の手のひらで優しく私の顎を包み、指で顔にそっと触れるのは、何が起こっているのかを理解しようとしているかのようだ。そして、くるりと背を向けて、足指をぎゅっと握り締める。[24]

類人猿が同情する能力を持っているという、これ以上の証拠があるだろうか？　なにしろ、食べ物のためにさえ屋根から下りるのを拒否するチンパンジーが、主人が悲しんでいるのを見るや間髪を入れず下りてくるのだ。コーツが泣き真似をすると、彼は目を覗き込む。「悲しそうに、やるせなさそうに泣けば泣くほど、ヨニはますます温かい同情を示す」彼女が両手で目を覆うと、ヨニはその手を取りのけようとし、彼女の顔に向けて唇を突き出して、じっと見入り、かすかに唸り、鼻を鳴らすのだった。

人間の子供や動物は、人が苦しんでいる原因を理解し始めると、むやみに惹きつけられる段階を過ぎて、「共感的な気遣い」を示すようになる。彼らは、ヨニがコーツにしたように、痛みを和らげようとする。それは、わが子が膝を擦り剝いたり、頭をぶつけたり、他の子供に叩かれたり嚙まれたりしたときに、人間の親が見せる反応とも同じだ。いちばん手っ取り早く泣きやませるには、痛む箇所にキスしてやるにかぎる。

私たちの種ではこの行動が最初どのように発達するかは、家庭で子供たちを撮影することで研究されてきた。研究者は、家族のなかの大人に、泣いているふりや、痛い思いをしているふりをするように頼み、子供がどうするかを調べた。録画には、子供たちが心配そうな顔をして、苦しんでいる大人に近づいていく様子が写っていた。子供たちは、優しく触れたり、撫でたり、ハグしたり、キスしたりした。男の子よりも女の子のほうが、そうした動作が多かった。最も重要な発見は、こうした応答が、二歳未満という、人生の早い段階で現れることだった。幼児がすでに共感を示すため、それが自発的なものであることが窺える。なにしろ、どう応じるべきかを誰かが指示してきたとは思えないからだ。[25]

私にとって、真に目を開かれる思いだったのは、人間の子供たちが類人猿とそっくりの行動をとったことだ。類人猿は、他者が苦しんでいると、近づいていくだけではなく、触れたりハグしたりキスしたりという、人間と同じような手順も踏む。人間を対象とする研究の録画を観終わった瞬間、私は自分がそれまでずっと共感的な気遣いを研究していたことを悟った。それ以外の言葉を採用するべき理由があるだろうか？　犬から齧歯類まで、そして、イルカからゾウまで、多くの動物は慰めの行動を見せる。ただし、種ごとにそれぞれ独自の仕草を使うが。実際、先ほどの実験で子供たちを撮影した家庭では、犬も苦しんでいる人に応答し、相手の膝に頭を乗せたり顔を舐めたりすることを、心理学者たちは偶然発見した。その後、犬に的を絞った研究でこの行動が確認された。[26]

案の定、犬と類人猿が共感的であるとされることを、誰もが好意的に受け止めたわけではなかったが、月日がたつうちに、抵抗はしだいに少なくなった。そして今では、動物の共感という考え方は、かなりしっかりと確立している。なにしろ、人間が他者を理解するのに活用する心的能力を犬がすべて持っているなどとは、誰も主張していない。共感には多くの異なるレベルがあるのだ。だが、犬が他者の情動への感受性を持ち合わせており、それと同じような情動を経験し、気遣いを示すことを、私たちは間違いなく見て取ることができる。だからこそ、私たちは犬を人間の最良の友と考えるのだ。霊長類では、共感はあまりに明白でありふれているので、苦しい経験をした相手を慰めて安心させる傾向は、これまでに何十もの研究で調査されてきた。霊長類が慰める様子を記録したければ、喧嘩や転落や挫折といった、ストレスを引き起こす出来事が自然に発生するのを待って、その出来事を経験した者を他者が慰めるところを観察するだけでいい。体の接触を通しての慰めは、相手を落ち着かせる効果を持っており、緊密な社会的関係に特有だ。そして、非常に効果的でもある。せがんでいた食べ物を手に入れられなくて、痙攣させるように腕を動かしながら凄まじい金切り声を上げ、騒々しい癇癪を起して脇腹を叩いていた類人猿が、友にしっかりとハグされると、しだいに叫ぶのをやめて、小声でべそをかくところまで気が治まる。[27]

慰めの行動は断じてボノボとチンパンジーに限られているわけではないので、ある日、ゾウを研究したいという学生が私のチームに加わったときには嬉しかった。私たちはそのジョシュア・プロトニックという学生といっしょに、社会的な絆作りと相互扶助でよく知られた最大の陸上哺乳動物を観察した。保護されたアジアゾウがある程度まで自由に歩き回る、タイ北部の屋外サンクチュアリでは、メイ・パームというメスのゾウが、友で目の見えないジョキアというメスに必要とされるときには、いつも駆けつけ、「盲導犬」の役割を果たした。二頭は互いに甲高い声や低く重々しい声を上げ、絶えず声で接触を保っていた。オスの唸り声や遠くの自動車の音などでジョキアが動揺したりぎょっとしたりしたときには、二頭が揃って耳を広げ、尾を持ち上げた。メイ・パームは相手を安心させるような軽快な声を出したり、鼻でジョキアを優しく撫でたりした。鼻をジョキアの口に差し入れることもあった。これは何とも危険な行為だった（ゾウにとって鼻先ほど敏感で重要な部位はないからだ）が、ジョキアに対する信頼の証でもあった。ジョキアも同様に、メイ・パームの口によく鼻を差し入れたので、信頼は双方向のものだった。

他のゾウたちが周りにいるときには、彼らもジョキアと同じぐらい興奮した反応を見せ、尾を持ち上げたり耳をひらひらさせたりし、ときには甲高い声を上げながら放尿したり脱糞したりすることもあった。そして、彼女を守るために、周りにぐるっと輪になった。

ジョシュアはこれらのゾウの間で、情動伝染と慰めの証拠をたっぷり見つけた(28)。もっとも、多くの人には情動伝染と慰めがあることはあまりに自明に思えたので、そもそもなぜそんな研究が必要なのかと、ジョシュアはたまに訊かれるほどだった。ゾウに共感があることなど、誰もが知っているのではないか、と。ある意味で、私はこの質問を伝え聞いてわくわくした。なぜならそれは、動物の共感という考え方がどれほどしっかり確立されたかを示しているからだ。とはいえ、科学は途方もない懐疑主義のはざまで進歩するもので、私が嫌というほど知っているように、この考え方にどれほど激しい抵抗があったかを覚えている人は、確固たるデータがなければ、それが根づくことはけっしてなかっただろうことを、承知しているはずだ。だが、この考え方は現に根づいた。心臓が血液を押し出すことや、地球が丸いことを、今では私たちが受け容れているのと同じだ。かつて人々がそう思っていなかったとは、今や想像することさえできない。

それでも、哺乳類の情動的感受性に関して、ここまでたどり着いたあとになってさえ、その仕組みや、それが表れる状況を知るために、依然として研究をする必要がある。なぜなら、共感だけが唯一の選択肢ではないからだ。たとえばメイ・パームは、ジョキアが盲目なのをいいことに、彼女の食べ物を盗みもしたからだ。

相手の欠陥を把握すれば、それにつけ込む道も拓ける。

善と悪

矛盾するようだが、人間が底知れぬほど互いに無慈悲になりうる理由は、共感に関係している。他者の情動への感受性や他者の立場の理解といった、共感の典型的な定義は、思いやりについては何一つ語っていない。知能や体力と同じで、共感も中立的な能力だ。本人の意図次第で、善いことにも悪いことにも使える。たとえば効果的に拷問するには、どうすれば最も大きな痛みを与えられるかを知っている必要がある。中古車のセールスマンは、あなたに共感して冗談を言うかもしれないが、ひどい自動車を法外な値段で売りつけるかもしれない。共感という言葉は、バラ色の思い込みに取り巻かれているにもかかわらず、何にでも使える能力なのだ。

そうはいっても、たしかにたいていの場合、共感は好ましい結果を優先する。共感は、他者を助けるために進化した。最初は、子育ての中で進化し、利他主義の元型や、その他のものの青写真となった。哺乳類では、母親は子育てをせざるをえないが、父親にとって、それは任意の選択だ。哺乳類は子供に授乳する必要があり、メスにしかそれはできない。したがって、驚くまでもないが、メスのほうがオスよりも養育が得意で、共感的だ。慰めの行動は、類人猿ではオスよりもメスでよく見られるし、それは私たちの種にも当てはまる。最近、監視カメラが捉えた店舗での強盗の場面を分析すると、こうした人騒がせな事件の犠牲者は、男性よりも女性から、はるかに頻繁に身体的な慰めを受けていたことが確かめられた(29)。性別によるこの違いは、これまでに研究されたすべての哺乳類で見られ、私たちの種では、共感の違いは人文科学や自然科学の分野にさえ反映されている。おびただしい数の男性が、利他主義はどこからともなく現れた不可解なもので、特別の注意を向ける必要があるかのように、その「謎」について書いてきた。彼らは利他主義のことを、説明しようのない難物で完全に直感に反すると見ているので、それがなぜどのようにして進化したかについての学究的な考察が、図書館がいくつもいっぱいになるほど書かれている。それらの文献は、母親による養育を見過ごしている。こちらは、それほど不可解ではないからだ。わが子のためになる行動は、いともたやすく説明できるのだから、それについていつまでも考える必要など、ないではないか？

　これとは対照的に、利他主義の謎に我を忘れた女性科学者を、私は一人として知らない。母親によるかいがいしい世話や、それに伴う絶え間ない心配と注意を見落とすことなど、女性には難しいだろう。アメリカの人類学者サラ・ハーディーは、協力について書いているときに、「村中みんなで」説を提唱した。それによれば、人間のチーム精神は、幼い子供を集団で世話するところから始まったという(30)。同様に、神経科学に詳しいアメリカの哲学者パトリシア・チャーチランドは、人間の道徳性を、育児の傾向の所産として扱っている。メスの体は、自分自身の機能を管理する神経回路網を転用して子供たちの必要にも対処するようにし、彼らがまるで新しく増えた手足でもあるかのように扱う。子供は、神経学上は私たちの一部のようなものだから、私たちは自分の体にするように、何も考えずに彼らを守ったり養育したりする。同じ脳回路網が、遠い親戚や配偶者や友人を対象とする世話も含む、他の種類の心配りの基盤を提供する。[31]

共感における普遍的な性差は、このような母親起源の傾向で説明できる。誕生時に、女の赤ん坊は男の赤ん坊よりも長く人の顔を見るのに対して、男の赤ん坊は機械仕掛けのおもちゃのほうを長く見る。その後の人生で、女の子は男の子よりも向社会的で、表情を読むのがうまく、声に敏感で、誰かを傷つけたあとに深く後悔し、他者の視点に立つのが得意だ。[32] 同じ違いが、人間の大人を対象とした自己報告研究でも見つかっている。また、男性でも女性でも、鼻の穴にオキシトシンをスプレーすると、共感が高まることも知られている。このように、この卓越した母性ホルモンを使えば、彼らを騙すことができる。私たちは、こうしたホルモンの影響や自動的な共感のおかげで、子供たちのための日々の骨折りをほとんど気にもしないし、脛《すね》をかじられているなどと冗談を言いさえする。遠い親戚や友人は、そこまで助けを求めないが、助けたときに得られる根本的な満足感に変わりはない。一八世紀のスコットランドの哲学者アダム・スミスは、自己利益の追求は「思いやり」によって加減される必要があることを、誰よりもよく心得ていた。彼は、近代的な経済学という学問を打ち立てた一七七六年の著書『国富論』ほどは人気を博さなかった、『道徳感情論』（一七五九年）の中でそう述べた。彼はその本を、次の有名な一節で始めている。

> 人間はどれだけ利己的であると思われていようと、その本性に何らかの道徳基準が備わっているのは明らかであり、そのおかげで私たちは他者の境遇に関心を抱き、また、他者の幸福が自らに

欠かせなくなっている。他者の幸福からは、それを目の当たりにするという喜び以外には何一つ引き出せないのだが[33]。

私たちは種として生き延びるためには、食べ、子供をもうけ、育てなければならない。自然はこれらの行為をすべて楽しいものにしたので、私たちは苦もなく自発的にそれらに取り組む。自然は、共感と相互扶助についても同じことをした。私たちが善行をすると気持ち良くなる（利他主義の「温情効果」）ようにしたのだ。利他主義は、きわめて古くて本質的な哺乳類の脳回路を活性化させ、私たちが近しい者たちの面倒を見ながら、自らの生存がかかっている協力的な社会を建設するのを助ける。人間の利他主義の起源を、最も古く、最も説得力のある表現に探し求めることで、私たちは利他主義の謎をきれいに取り除ける。

動物の共感の背後にある神経のメカニズムは、そこまでよく知られていない。なぜなら、同じような研究をサルやゾウやイルカなどで行なうことは不可能だからだ。彼らは普通の脳スキャナーにはうまく収まらない。収まったとしても、じっとしていられないから、目覚めたままテストするわけにいかない。一方、齧歯類は神経科学では年がら年中使われている。私が勤務するここエモリー大学で、ジェイムズ・バーケットは、プレーリーハタネズミたちはストレスを受けている間、互いに慰め合うことを発見した。この小さな齧歯類では、オスとメスは、「一雌一雄制」として知られる排他的な関係を結び、二匹で子供たちを育てる。一方が何かに動揺したら、もう一方も同じだけ影響を受ける。ストレスに満ちた瞬間に、もう一方が居合わせなかったときにさえ、そうだ。あとでオスの血液中のコルチコステロン（ストレスホルモンの一種）値を測ると、メスの値と完全に一致するし、逆の場合にもそうなり、強力な情動的結びつきがあることが見て取れる。さらに、プレーリーハタネズミのつがいは、一方がストレスに苦しんでいるときのほうが多くグルーミングし合い、そうすることで両者が落ち着くことも、ジェイムズは発見した。一方、オキシトシンの影響を受けないようにされたプレーリーハタネズミは、つがいの相手のストレスに応答しないので、オキシトシンが決定的に重要であることが窺える。したがって、プレーリーハタネズミの共感は、脳の中でも人間の共感と根本的によく似ているわけだ[34]。

　人間の情動伝染は、プレーリーハタネズミの場合と同じように、ストレスホルモンを測定することでテストされてきた。人は一般的に、大勢の人の前でスピーチをするのが死ぬよりも恐ろしいので、ある研究では、参加者に聴衆の前で話すように求めた。そのあと、参加者と聴衆の全員にコップの中に唾を吐いてもらった。こうして、不安と結びついているホルモンを抽出することができた。すると、次のようなことが判明した。話し手が自信を持っていると、聴衆はリラックスした気分で一語一語耳を傾けたが、話し手がおどおどしていると、その不安が聴衆にも伝染したのだ。話し手と聴衆のホルモンの値は、プレーリーハタネズミのつがいのホルモン値と同じように、互いに接近した[35]。こうした類似は、生物学者が「相同」と呼ぶ、共通の祖先に由来する特性の存在を示唆している。私たちの手が霊長類の手と相同であるように、哺乳類の共感は、同じように作用し、共通の進化上の起源を持っている点で、すべての種で相同だ。

「共感」という言葉が使われるようになる以前の、はるか昔のアダム・スミスの時代には、これはみな「同情」という言葉の指す範囲に収まっていた。ところが今日では、同情はそれとは違う意味を持っている。共感は、他者についての情報を探し求め、他者の状況を把握するのを助けてくれるのに対して、同情は、他者に対する実際の気遣いや、他者の状況を改善したいという願望を反映している。[36]たとえば、霊長類の観察者という私自身の職業は、同情ではなく共感に依存するところがとても多い。彼らの立場に身を置くことも、彼らの浮き沈みと関連して浮き沈みを感じることもないまま、何時間も観察を続けたら、恐ろしく退屈だろう。仲間の突然の死、健康な赤ん坊の誕生、大好きな食べ物をもらう喜び——これらがすべて、人間の観察者にも影響を与える。客観性が自分たちの目標だと科学者はしばしば言いきるが、私はそうは思わない。客観性がこれまでもたらしたのは、冷たい、機械論的な動物観だけだった。そのような科学は客観的かもしれないが、動物の情動を完全に見落としている。動物行動研究の偉大な先駆者のなかには、自分の研究対象に自らを重ね合わせたり、彼らに近づいたりすることの必要性を強調し、それによって、客観性重視の取り組み方を退けた人もいる。日本の霊長類学の創始者である今西錦司《きんじ》も、コンラート・ローレンツも、共感は動物の心への入口であると述べている。ローレンツは、次のように言ってさえいる。犬と暮らしたことがあるのに、犬が私たちのように感情を持っていると確信できない人は誰であれ、精神が錯乱していて危険ですらある、と。[37]

私は共感を自分の生活の糧と考えている。自分の研究対象の立場に身を置くことで、多くの発見をしてきたからだ。これは同情とは同じではない。私は同情心もたっぷり持っているが、それは共感ほど自発的ではなく、計算次第のところが多い。迷子のペットを助けて世話をし、健康を取り戻させるような、動物へのほとんど果てしない同情を示す人もいる。どうやらエイブラハム・リンカーンは、わざわざ旅を中断して、きれいなズボンを汚してまで、ぬかるみにはまって悲鳴を上げているブタを引っ張り上げたらしい。同情は行動志向なのだ。共感に根差していることが多いが、その先まで行く。

同情は本質的に好ましいのに対して、共感は必ずしもそうではない。とくに、他者を理解する能力が濫用されたときにはそうだ。サメやヘビのような脳の小さい動物は、おそらく共感を濫用できないだろう。これらの動物は、他者を傷つけたり害したりする卓越した能力を持っているが、その影響については微塵もわかっていない。自然界の「残酷さ」の大半はこの種類で、結果は残酷であっても、故意に残酷ではない。一方、類人猿は脳が十分複雑なので、承知の上で苦痛を与える。他者を理解する能力を使って、他者を痛めつけることができる。池のカモに石を投げつける男の子のように、類人猿はときどき、ただ面白いからという理由で他者を害する。ある実験室で飼育されている幼いチンパンジーたちは、次のような遊びをするようになった。彼らはパン屑を使って、ニワトリをフェンスの陰に誘い込む。ニワトリがすぐに騙され、近づいてくると、チンパンジーたちは棒で叩いたり、鋭い針金で突いたりした。彼らは退屈を紛らすために、食べ物を見せながら食べさせないでじらすというこのゲームを発明し（ニワトリにとってはゲームとは言い難かったが）、ニワトリたちは愚かなので、まんまと引っかかった。チンパンジーたちは、このゲームにさらに磨きをかけ、一頭が餌撒き役、別の一頭が攻撃役という役割分担までするようになった。

私たちの研究でも、そこまで残酷ではなかったが、関連した結果が見られた。私たちは、大量の食べ物を見つけたことを告げるのにチンパンジーが使う、嬉しそうな「フーティング（フーフーと鳴く声）」や「ホッホッホッホッ」という声に関心があったので、飼育しているチンパンジーの何頭かが、小さな窓が開いている建物の中で、箱いっぱいのリンゴを見つけるというテストを行なった。他の仲間はみな外にいて、中を覗き、何が起こっているかがわかるようにしておいた。すると彼らは窓際に集まり、互いに相手を押しのけながら腕を中に差し入れ、手を広げて、リンゴを乞い求めた。中のチンパンジーの大人は、簡単に独占できたにもかかわらず、ときおりわざわざリンゴをいくつか手渡してやった。それとは対照的に、幼いチンパンジーは、外の仲間をからかう絶好の機会と考えたようだ。窓にほど近い場所に腰を下ろし、みんなに見えるように、赤いつやつやしたリンゴを掲げるが、誰かが中に手を伸ばすと、たちまち引っ込めるのだった。金持ちの子供が貧しい人を愚弄していたわけだ。[38]

自然界では、チンパンジーがリスやイワダヌキのような小動物を痛めつけるところが観察されている。彼らはそこから喜びを引き出しているように見える。なぜなら、まるでそれが楽しいかのように、やりながら笑うからだ。日本のフィールドワーカーの座馬《ざんま》耕一郎は、タンザニアのマハレ山塊国立公園のンコンボという大人のメスが、六分間にわたってリスを引きずり回したり振り回したりし、とうとうそのリスが最後の絶望的な鳴き声を上げて死ぬ様子を記述した。「闘牛のように見えた」と座馬は書いている。「闘牛士のンコンボが赤い布（彼女の前腕）を牛（リス）の前で振り、牛を刺す（噛む）。この動きは、からかいの特徴を備えた社会的遊びの一種のように見えた。ンコンボはリスが反撃することを許し、プレイ・フェイスを浮かべていたからだ[39]」プレイ・フェイスとは、笑いの表情のことだ。リスが死ぬと、ンコンボの行動は劇的に変化した。リスを挑発するのをやめ、前のように尾ではなく胴をつかんで持ち上げた。座馬の見るところでは、これはリスの状態が変わったのをンコンボが理解していることを意味する。ンコンボは、口をつけることなく遺体を置き去りにした。

私たち以外の種が、共感的なだけでなく、わざと意地の悪いことをする可能性があるとなると、野生の世界で観察される殺害には、さらなる意味が加わる。動物界のオスの多くがそうであるように、チンパンジーのオスは、縄張りを巡って争うが、ときおりわざわざ手間暇かけて競争相手を意図的に始末することがある。何頭かがいっしょに縄張りのパトロールに出かけ、音一つ立てずに境界を越えて、目をつけた相手に忍び寄り、たとえば果樹の上にいるところを不意討ちにし、嫌というほど噛んだり叩いたりして身動きできないまでに痛めつけ、放置して死なせる。私は、飼育下での同じような暴力行為を目にしてきた。一度などは去勢まで行なわれたが、当時それは、偶発的な出来事、あるいは生活環境のなせる業だと思われていた。だが今では、野生のオスのチンパンジーも同様の行為を行なうことが、しっかりと裏づけられている。実際、私が目にした身の毛もよだつ攻撃は、チンパンジーにとってはごく普通らしい。今では私は、死や去勢をオスどうしの争いの不幸な副産物と見る代わりに、どちらも意図的なものだと考えることが多い。チンパンジーは他者の状況を察知し、それに基づいて彼らを気遣うことができるのだから、殺すつもりで殺すこともありうる、したがって、謀殺が可能だ、と考えてもいいのではないか？

批判的な人が、この種の残忍な行為を持ち出して（「知ってのとおり、やつらは殺し合うんです。そうでしょう？」）、チンパンジーには共感能力があるという考え方を疑うときには、私は、私たち自身のあっぱれな種に注意を向けてもらう。特定の状況下では私たちが人殺しをするからといって、人間には共感能力はないと主張する人などいない。私たちの態度は状況とともに変わるので、地上で最も思いやりがある動物、かつ、最も質《たち》の悪い動物という評判を得ている。とはいえ私は、そこにはあまり矛盾はないように思う。なぜなら、気遣いと残酷さには、私たちが考えている以上の共通点があるからだ。両者は同じコインの表と裏にすぎない。

　三世紀に、初期のキリスト教神学者、カルタゴのテルトゥリアヌスは途方もなく変わった天国観を持っていた。地獄が拷問の場であるのに対して、天国は救われた人々が地獄を眺め、裁きを受けた者たちの魂が業火で焼かれる光景を楽しむことができるバルコニー席だというのだ。なんと奇妙な考え方だろう！　私たちの多くにとっては、自分が苦しむよりも、他者が苦しむのを見守るほうがつらいほどだ。私には、テルトゥリアヌスのバルコニー席は、地獄そのものと同じぐらい不快に思える。

　だが、競争相手についてはどうだろう？　彼らについても、私たちは同じように感じるだろうか？ドイツの神経科学者タニア・シンガーは、この問題を調べているうちに、これまたじつに興味深い性差を発見した。脳スキャンを受けている人が、他者の手が軽く電気ショックを受けるところを見ると、その人自身の脳の、痛みにかかわる領域が活性化したので、他者の痛みを共有していることがわかった。これは典型的な共感だ。だがそれは、その他者が、スキャンの前に仲良くゲームをした、好感の持てる人の場合に限られた。その一方で、スキャンの前に、ゲームの相手がずるいことをして自分を騙したと感じているときには、相手が痛い思いをしているのを見ても、影響が小さかった。共感への扉が閉じてしまっていたのだ。女性たちの場合には、その扉は相変わらず少し開いていた。そして、女性たちは依然としてある程度の共感を示した。だが、男性の場合には、扉は完全に閉じていた。それどころか、ずるをした相手が電気ショックを受けるのを見ると、男性たちの脳の快楽中枢が活性化した。彼らは共感から正義へと頭を切り替え、他者が罰せられるのを歓迎したのだ。彼らの主な感情は、シャーデンフロイデ〔他者の不幸から得る痛快感〕だった。[40]

もしテルトゥリアヌスの天国があったら、敵が焼かれるのを眺めているのは男性たちに違いない。

ラットの同情

人間の同情の話で私が今も気に入っているのは、善きサマリア人の寓話だ。最初、追剝《おいはぎ》に遭って道端に倒れている人の脇を、祭司とレビ人が立ち止まりさえせずに無情に通り過ぎていく。彼らは隣人愛を説く聖典の文章に精通していたが、明らかに別の優先事項があったようだ。宗教的な理由から蔑視されていたサマリア人だけが哀れみを覚え、救いの手を差し伸べる。心からの倫理ではなく杓子定規の倫理は要注意というのが、この話のメッセージだ。これは胸に留めておくべき素晴らしいメッセージだろう――学者や政治家が思いやりのある感情を、なくても痛くも痒《かゆ》くもないものとして嘲ったときには。誰が思いやりなど必要とするのか、と彼らは言う。心理学者のポール・ブルームは、『反共感論』と題する本をまる一冊書き、次のように主張した。私たちは合理的な生き物であり、したがって、自らの道徳を論理と理性に立脚させるべきである。望ましくは科学に導かれて、真剣に考えれば、善と悪の間で、完全に考え抜いた選択に行き着くだろう。いったい何が客観的道徳に優りうるだろうか？

近年の歴史に照らすと、彼の立場はまったくもって恐ろしい。人道的な拠り所を欠いた科学と理性は、さまざまな忌まわしい慣行を含め、おおむねあらゆることを正当化するのに使いうる。両者は、奴隷制を支持する強固な経済的根拠を提供し、囚人をモルモットとして使うことを医学的に正当化した。強制的な断種や集団虐殺を通して、人間という種を改良するよう、私たちを促した。優生学が非の打ち所のない科学と見なされ、世界中の大学で教えられていたのは、それほど昔のことではない。劣等人種を排除するのは、自らを優越者と考える人々には筋が通っていた。これこそ、論理が幅を利かせ、心がなおざりにされたときに起こることだ。この合理的思考の行き着く先を、私たちは第二次大戦の間に学んだ。そしてそのとき私たちは、最も偉大な英雄とは、他の誰とも同じように考える人ではなく、他者への共感から、ぞっとするような命令に逆らう人であることも学んだ。そういう英雄たちは、飢えている囚人に密かに食べ物を与えたり、迫害されている集団の人々を地下室や屋根裏部屋に匿《かくま》ったりした。ポーランドの看護師イレーナ・センドラーは、ワルシャワのユダヤ人隔離地域から、ユダヤ人の子供を、一人、また一人と、計二五〇〇人もこっそり脱出させた。彼女は、何か高尚な道徳原理ではなく、自然な共感に基づいてそうしたのだった。

　それなのに、多くの合理主義者は、共感と情動を弱点と考え、あまりに衝動的で始末に負えないものと思っている。だが、それこそが両者の強みなのではないか？　共感は他者への関心を育む。他者といっしょにいることや、他者が健全でいることに喜びを感じるのは、私たちの生物学的特質の一部だ。人間とはそういうものであり、したがって、それを道徳的に正当化する必要はない。また、それを説明するために聖書も必要ない。なにしろ、思いやりに満ちた驚くべき行為が、毎日伝わってくるから。赤の他人を、氷の浮かぶ川に飛び込んで救ったり、迫ってくる地下鉄の車両の前の線路から引きずって移動させたり、銃撃戦のときに覆い被さって守ったりする人々がいる。彼らは、どうなるかなど考えもしないで、身を危険にさらす。だから、あとで注目を浴びると、そうした英雄たちは戸惑うことが多いのだ。彼らにしてみれば、必要とされたことをしたまでだ。犬が傷ついた仲間をハイウェイから引きずり下ろしたり、子供のゾウが川に流されてしまうのを大人のゾウが防いだり、うろつき回るシャチたちからザトウクジラがアザラシを救ったりする新しい動画が、インターネットで公開されない日はほとんどない。こうした救出劇の大半は、苦しんでいる様子に対する反応として起こる。それは、危機に瀕したわが子のための、哺乳類の典型的な援助反応だが、それが子供以外に、ときには異なる種の生き物にさえ拡がったものだ。

なおさら興味を引かれるのが、明確な苦しみのシグナルがないのにもかかわらず行なわれる援助だ。この場合、助ける側は、状況を見て取るだけで、どんな種類の行動が必要かを理解する。それを説明するために、サンディエゴ動物園のボノボの放飼場に戻ることにしよう。これは、まだ水を張った堀があった頃のことだ。ある日、飼育係たちは堀の水を抜き、ブラシで擦って汚れを落とし、再び水を満たそうとしていた。彼らは水道の栓を開けるためにキッチンに戻ったが、突然、群れのアルファオスのケイコウェットがキッチンの窓の外に現れ、金切り声を上げながら両腕を振った。飼育係たちによれば、彼はまるで話しかけているかのようだったという。

じつは、若いボノボが何頭か、空《から》の堀に飛び込んだものの、上がってこられなくなっていたのだ。予定どおりに水を入れていたら、彼らは溺れていただろう。類人猿は泳げないから。飼育係たちは梯子を下ろして手助けをし、ボノボたちを全員堀から出してやった。ただし、いちばん年下のボノボだけは、ケイコウェット自身が引き上げた。ケイコウェットは、半狂乱になって急を知らせたのだから、水の注入がどのように行なわれ、誰がそれを管理しており、堀に水を満たせば悲惨な事態になることを、はっきり認識していたのだろう。彼は、危機的状態がまったく発生しえないうちに、行動を起こしたのだった。

個々の動物が、群れの高齢の仲間に水や食べ物をもたらすこともある。私たちのチンパンジーのコロニーでは、関節炎を患うピオニーという年老いたメスは、日によってはほとんど歩けず、水道の蛇口までたどり着くことさえできなかった。そんなときは、年下のメスたちが蛇口の所まで行って、口いっぱいに水を含んでは、ピオニーのもとまで戻ってくる。そして、ピオニーが口を大きく開けると、中へ水を吐き入れてやるのだった。また、ジャングルジムの上でグルーミングをしている集団にピオニーが加われるようにと、年下のメスが彼女のでっぷりした尻に両手をあてがい、押し上げてやったものだ。野生の世界では、歳をとって木に登れなくなったメスのために、娘が木の上から手にいっぱい果実を運んでくる様子が観察されている。

私が支援し、協力している、ルイジアナ州のチンプヘイヴンというサンクチュアリでは、樹木に覆われ、堀で囲まれた大きな島々でチンパンジーたちが生活している。彼らは研究施設を「引退」した動物たちで、そのため、草や木や野外環境に馴染みがないことが多い。このサンクチュアリでは、自然の中での暮らしの経験があるチンパンジーが、未経験のチンパンジーを指導する。あるとき、サラというメスのチンパンジーが、親友のシーラを毒ヘビから救った。そのヘビを先に見つけたサラが、ワーッと大声で吠えて警告したので、誰もがヘビがいることに気づいた。ところが、シーラが駆け寄ってきて見ようとしたので、サラは腕を取って止め、引きずるようにして、懸命に遠ざけた。そして、木の枝で突いて様子を見る間も、シーラを引き止め続けた。彼女がヘビをつかみたがっていると思っていたに違いない。もしそんなことをしたら、致命的な過ちとなっていたことだろう。

私はやろうと思えば、霊長類に関してさらに何十もの例を挙げられるし、イルカや犬や鳥類などについても、少なくとも同じぐらい多くの例を紹介できる。とくにゾウはそうした例に事欠かない。たとえば、ゾウたちは、ぬかるんだ窪みにはまって抜け出せなくなり、もがいている子ゾウを、窪みに足を踏み入れて鼻を体の下側に差し込んで助け出した。大評判になった韓国の動物園の動画もある。子ゾウが足を滑らせて池に落ち、母親が水際でパニックを起こす。すると、子ゾウのおばが急いでやって来て、母ゾウを頭で押しやって、池の中へ続く階段を下りさせる。そして二頭いっしょに水に入り、子ゾウの所まで泳いでいって、階段まで導き、池から上がった。その子ゾウは、鼻をシュノーケル代わりに使って非常にうまく泳げるのだから、親たちのパニックは少し度が過ぎたように見える。そのため専門家のジョイス・プールは、この一件について、「ゾウはすぐ大げさに騒ぎ立てる」と言っている。私がいちばん興味を引かれたのは、おばは子ゾウを池から出す方法を知っていたものの、母親に先導させた点だ。

多くの種が、他者が何を必要としているかを把握し、相手のために自発的に行動するように見える。だが、さらに例を挙げる代わりに、ここではいくつかの実験に的を絞りたい。なぜなら、実験こそが確証を得る唯一の方法だからだ。観察結果はどうにでも解釈できる面があるので、確固とした結論を導くのが難しい。実験で状況を制御すれば、動物にさまざまな選択肢を与えつつも、自己利益の要因を排除できる。とはいえ最近まで、援助行動の実験はほとんど行なわれていなかった。他者の福利に配慮するのは人間だけだと、科学者の間では広く思われていたからだ。動物は他者の運命に無頓着だと言われていた。科学者はやたらに大げさになり、人間性の気高さを強調したり、比較的最近、進化の「火花」による刺激を受けて、私たちの祖先が他の種とは一線を画するようになったと主張したりすることもあった。見るべきものなど何一つないと信じ込んで、キリスト教の神学者たちがガリレオの望遠鏡を覗くのを拒んだのとよく似て、科学者たちはたいして期待していなかったので、過去一世紀の大半を通じて、動物行動の研究に乗り出す人は稀だった。なぜ、持ちうるはずもない能力を探し求めて動物を試すことがあろうか、というわけだ。だが、状況は変わり始めた。援助行動も含め、人間がすることは何から何まで、他の種に前例や類似のものがあるに違いないから、今では他の種は、立派な研究テーマとなっている。

　アメリカの人類学者ブライアン・ヘアらが、最も共感的な類人猿であるボノボに対して行なった、一連の非凡なテストがある[41]。ボノボはチンパンジーと同じぐらい人間に近いが、チンパンジーよりもはるかに感受性が鋭く、温和だ。彼らは性的接触を利用して緊張を和らげるので、私はずっと以前に彼らを「戦争よりセックス」霊長類と呼び、その言い回しが定着した。ヘアの独創的な実験では、ボノボたちは評判どおりの振る舞いを見せた。ヘアらはあるテストで、幼いボノボに果物を山のように与えた。彼は全部自分だけで食べてしまうこともできた。一頭だけにされたときには、実際、いつも全部自分で食べた。だが、金網の扉の向こうに、仲間が一頭座っているのが見えることが多かった。彼はその扉の錠の開け方を知っていた。多くのボノボは、果物を食べる前に、まず扉を開け、もう一頭を入れてやった。すると、仲間と山分けにしなければならなくなるから、ご馳走の取り分が半減した。その一方で、扉の向こうに誰もいないと、扉にはめったに触れなかった。これより、なお驚くべきテストもあった。自分はまったくもらえないのに、他者が食べ物を入手できるようにする機会をボノボに与える、というものだ。ボノボたちが綱を引っ張ると扉が開き、別のボノボが果物を手に入れられるが、自分自身はそのご馳走にありつけない。ところが、それでも彼らは綱を引っ張った。「他者の幸福からは、それを目の当たりにするという喜び以外には何一つ引き出せないのだが」という、同情についてのアダム・スミスの言葉を思い出してほしい。

この種のテストは、単に利他主義だけに関するものではなく（利他行動はさまざまなかたちをとりうる）、向社会的傾向にもかかわっている。向社会的傾向とは、他者を楽にしてあげる意図のことだ。私のチームの一人であるヴィクトリア・ホーナーは、制御された状況下でチンパンジーの向社会的選択と利己的な選択を調べた。彼女はヤーキーズ国立霊長類研究センターの認知研究棟に毎回二頭のチンパンジーを呼び入れ、金網を挟んで並んで座らせた。最初のテストには、年老いたピオニーと、血縁関係にないメスのリタが参加した。ピオニーには、半数は緑、半数は赤の色付きのプラスティックのトークン（代用通貨）がいっぱい入ったバケツを渡した。一度に一つのトークンを選んで私たちに手渡すことを覚えさせたが、色による違いは何も教えなかった。どちらの色を選んでも、必ず報酬を与えた。唯一の違いは、リタが何をもらえるか、だ。赤のトークンは、ピオニーだけが報酬を得るので、「利己的」であるのに対して、緑のトークンは、リタも報酬をもらえるので、「向社会的」だった。ピオニーは、続けざまに何度もやっているうちに、三回に二回は緑のトークンを選び始めた。他のチンパンジーたちも、最多で一〇回に九回の割合で向社会的な選択をした。一方、一頭だけでテストすると、色による違いは出なかった。向社会的な傾向が現れたのは、相棒がそれによって得るものがあるときだけだったのだ。[42]

だが、「グラスが半分満たされていると見るか、それとも半分空と見るか」という議論がまだ残っている。私たちは飼育しているチンパンジーたちの向社会性におおいに感心したのに対して、批判的な人々は、チンパンジーはつねに向社会的ではなかった点を指摘した。チンパンジーは「意地悪」な生き物に違いない、そうでなければ、どうしてわざわざ相棒が報酬をもらえないようにするのか、と彼らは言った。だが、人間だけが他者に配慮するという考え方の失地をいくぶんでも恢復しようとするこの試みは、失敗に終わった。チンパンジーは複雑な生き物で、絶えず行動を変化させる。要領を完璧に心得ている課題でさえも、一〇〇パーセントやり遂げる例を、私は一つとして知らない。人間にしても同じだ。私たちの成績も、状況や気分、注意力、相手次第で変わる。人間による向社会的な選択についてよく調べてみると、チンパンジーの場合とそっくりの流動性が見つかった。たとえば、七～八歳の子供は、四回に三回の割合でしか向社会的ではない。つまり、四回に一回は利己的な選択をするということだ。他の研究からも同じ傾向が見て取れる。チンパンジーと同様、人間もけっして完全に向社会的であるわけではないのだ。[43]

日本では山本真也が、相手の視点を取り入れたときにだけチンパンジーが助け合えるテストを行なった。結果は、先ほど列挙した逸話――チンパンジーが、他者が食べ物や水を必要としていることや、ヘビに対して愚かな振る舞いをしようとしていることを理解した逸話――に似ていた。山本はこの種の、洞察力のある援助を、制御された実験で試した。彼はチンパンジーがオレンジジュースを手に入れる方法を二つ用意した。ジュースの入った容器を熊手で引き寄せる方法と、ストローで吸う方法だ。

だが、チンパンジーの手元には、熊手もストローもなかった。そのチンパンジーの隣の区画には、別のチンパンジーがいて、そこにはさまざまな道具があった。そちらのチンパンジーは、隣のチンパンジーの置かれた状況をひと目見るなり、ジュースを手に入れるという課題に適した道具を選んで、小さな窓を通して渡してやった。ところが、状況が見えないときには、でたらめに道具を選んだので、相手が何を必要としているか、まったくわかっていないことが窺われた。というわけで、チンパンジーたちは、他者を喜んで援助するだけではなく、他者が具体的に何を必要としているかを考慮に入れることもできるのだ[44]。

こうした能力について、私たちはまだほとんど知らないが、類人猿は一般に思われているほど利己的でないことは明らかだし、人道的な行動という話になると、じつは祭司やレビ人に優るかもしれない。とはいえ、他者を助けるために自分の命を危険にさらすといった、多大な犠牲を要するかたちの利他行動については、現実的な理由と倫理的理由の両方から、実験は事実上まったく行なわれていない。チンパンジーを意図的に川に投げ込んで、他のチンパンジーが助けるかどうか試すような科学者はいないが、チンパンジーがそうすることは、実際の観察からはっきりわかっている。動物園では、水を張った堀で囲まれた島に類人猿を収容することが多いので、堀に落ちた仲間を救おうとする事例がいくつも報告されており、ときには、落ちたほうと救おうとしたほうが共に悲惨な結末を迎える場合がある。あるオスは、不器用な母親が落としてしまった赤ん坊の所まで行こうとして水の中を歩いているうちに命を落とした。別の動物園では、チンパンジーの赤ん坊が通電線にぶつかってパニックを起こし、母親から飛び下りた拍子に水に落ち、助けようとした母親もろとも溺れてしまった。そして、世界で初めて手話を教え込まれたチンパンジーのワショーは、一頭のメスが悲鳴を上げて水に落ちるのを聞くと、普通ならチンパンジーたちを封じ込めている通電線を二本、大急ぎで越えて、必死に手足をばたつかせているメスに向かっていった。ワショーは水を掻き分け、堀の縁の滑りやすいぬかるみに足を踏み入れ、メスが振り回している腕の一方をつかむと、安全な場所まで引っ張っていった。ワショーは、そのメスとはほんの数時間前に初めて会っただけで、彼女のことをろくに知りもしなかったというのに[45]。

よほど抗し難い動機がないかぎり、水に対する強烈な恐怖心を克服できないのは明らかだ。これは、「今助けてあげれば、将来助けてもらえるだろう」という打算では説明がつかない。そんな不確かな前提に基づいて命の危険を冒す者がいるだろうか？　切迫した情動に衝《つ》き動かされたときにしか、誰も慎重さをかなぐり捨てたりはしない。共感によって互いの情動状態が結びつけられ、衝き動かされたときがそうだ。アメリカの心理学者マーティン・ホフマンの言葉を借りれば、共感には「他者の不運を自身の苦悩の感情に変える[46]」という、独特の特性がある。このメカニズムは、シカゴ大学でインバル・ベン＝アミ・バータルが、霊長類やその他の大型哺乳類ではなく齧歯類を使って試してみた。バータルは一匹のラットを囲いの中に入れた。そこでそのラットは、トンネルのような小さな透明のガラス容器に出くわす。入口に錠がかけられたその容器の中には、別のラットが押し込められて、苦しそうに身悶《もだ》えしている。自由に動けるほうのラットは、小さな入口の扉を開けて中のラットを助けることを学習しただけでなく、驚くほど一生懸命に助けてやった。そのラットはそう振る舞うような訓練はいっさい受けておらず、したがって、自発的にやったわけだ。そのあとバータルは、ラットの動機がどれほど強いものかを試した。簡単に匂いを嗅ぎつけられる、ラットのお気に入りの食べ物であるチョコチップが入った容器と、仲間が閉じ込められた容器のどちらかを選ばせたのだ。ラットは、先に仲間を助けることが多かったので、美味しい食べ物にありつくよりも、自分の苦悩を和らげるほうが重要であることが示唆された。[47]

この実験のラットたちが仲間を解放したのは、親交のためだったということはありうるだろうか？

ガラス容器に閉じ込められた仲間に出会わせて、ラットの共感を試しているところ。閉じ込められたラットの苦しみに応答して、自由の身のラットは相手を解放しようと意図的に努力する。自由に動けるラットにリラックスさせる薬を投与し、他者の情動状態に対する感受性を鈍らせると、この援助行動は見られなくなる。

一方のラットが閉じ込められている間は、もう一方はいっしょに遊んだり、交尾したり、グルーミングしたりする機会がない。彼らはただ、仲間と接触したいのか？　バータルの実験は、この疑問に取り組みそこねたが、別の研究では、ラットたちが救出し合っても、あとで接触する機会がない状況が設定された。[48] それでもラットたちは依然として仲間を救出したので、原動力となっていたのは、仲間との親交を持ちたいという欲求ではなかった。バータルは、それは情動伝染だと考えている。ラットたちは相手の苦しみに気づいたときに苦しみ、行動に駆り立てられる、というわけだ。逆に、バータルが不安を和らげる薬物をラットたちに投与して、幻覚剤で幸せになったヒッピーのような状態にすると、彼らは小さな扉を開けてチョコチップを手に入れる方法は相変わらず突き止めたものの、苦しみとは無縁の状態だったので、閉じ込められたラットには何の関心も抱かなかった。仲間のことなどどうでもよく、抗鬱薬か鎮痛剤を投与された人のように、情動が鈍ってしまった。ラットたちは他者の苦痛に鈍感になり、助けるのをやめた。この結果は、目前の自己利益に基づく説明よりも、共感に基づく援助や同情という考え方とのほうが、よほどうまく嚙み合う[49]。

ここでは「目前の」という言葉が決定的に重要だ。なぜなら、共感は長期的な目的を欠いているなどとは誰も言っていないからだ。生物学では、自分自身の利益に資する二つのかたちを明確に区別する。第一は進化のレベルで、共感はもし何も利点を提供しないのなら、けっして進化していなかっただろう。共感は、各自が互いに頼り合える協力的な社会の構築・維持に貢献する。共感はおそらく、相互利益と生存価〔生存や繁殖を助ける機能〕に満ちている。自己利益の第二の意味は心理的なもので、それは各個体が追い求める目標だ。進化上の目標は、個々の行為者には知られていないことが多い。幼い渡り鳥が理由も知らずに、自分の種の渡りの経路をたどったり、動物が繁殖につながるという自覚もなく交尾をしたりすることを考えればわかるように、進化によって獲得した利点のなかには動機には組み込まれていないものが自然界には山ほどある。したがって、心理に関して言えば、動物は完璧に非利己的でありうる。溺れかけていたメスを救ったチンパンジーのワショーや、目の見えない親友を導いてやっていたゾウのメイ・パームを引っ搔いても、偽善者が血を流すところを目にできそうにない。むしろ、他者の苦境に非常に敏感な、思いやりのある魂が見つかることだろう。

それにもかかわらず、学者たちは利己的な動機にこだわり続ける。それは、動物や人間の行動はすべて報酬に促されていると、経済学と行動主義の両方に吹き込まれてきたからにすぎない。だが私は、そんな説は微塵も信じていないし、最近子供たちを対象にして行なわれた、工夫に富む実験がそれを思い知らせてくれる。ドイツの心理学者フェリックス・ヴァルネケンは、幼いチンパンジーと人間の子供が人間の大人をどのように助けるかを調べた。実験者は道具を使っていたが、仕事の途中でそれを落とす。チンパンジーや子供は拾ってあげるだろうか？　実験者の両手がふさがっているときに、彼らは食器棚の扉を開けてあげるだろうか？　どちらの種も自発的に、そして熱心にそうした。実験者が直面していた問題を理解したということだ。ところが、ヴァルネケンが援助に対して報酬を与え始めると、彼らは前ほど助けなくなった。報酬に気を逸らされて、へまな実験者に同情しにくくなったらしい[50]。私は、これが実生活だったらどうなるか、想像してみた。同僚や隣人に、ドアを開けて押さえておいてあげたり、郵便物を取ってきてあげたりといった具合に手助けをするたびに、何ドルかシャツのポケットにねじ込まれたとしよう。私はひどく気分を害するだろう。まるで私はお金目当てでやっているかのようではないか！　もうそれ以上、手を差し伸べたくなくなるのは請け合いだ。自分がいいように操られている気がして、彼らを避けるようにさえなるかもしれない。

　ほとんどの場合、報酬など影も形もないのだから、人間の行動がすべて具体的な報酬によって促されていると考えるとは、妙な話だ。アルツハイマー病になった配偶者の世話をする人は、何の報酬を得ているというのか？　慈善目的でお金を贈ることから、どんな利益が引き出せるというのか？　おそらく内的な報酬（気持ち良く感じること）がかかわってくるのだろうが、他者の状況が改善しないかぎり、そのような報酬は得られない。それは、私たちが自己中心的ではなく他者志向になるように確実に仕向ける、自然のやり方なのだ。もしそれを利己的と呼ぶなら、この言葉はすべて意味を失う。

他の種の場合にも、彼らは自分の得しか追い求めないという考え方は、彼らの社会性に対する侮辱だ。

人間は他者の情動状態に共鳴するように進化し、ついには、他者に起こっていることをおもに体を通して自分の中に取り込むまでになった。これは社会的つながりの最善のかたちであり、あらゆる動物社会と人間社会の中で接着剤の役割を果たし、仲間どうしが支え合い、慰め、励まし合うことを保証する。

EMOTIONS THAT MAKE US HUMAN　Disgust, Shame, Guilt, and Other Discomforts

第4章　私たちを人間たらしめている情動

嫌悪、羞恥、後ろめたさ、その他の不快さ

ヴィクトリア女王はロンドン動物園で出会った類人猿に嫌悪を覚えたかもしれないが、類人猿自身はどうだったのか？　いったい、動物は嫌悪を覚えることがあるのか？　あるとすれば、何に対して？　犬が自分の睾丸を舐めたり、糞を食べたり、悪臭を放つぬかるみの中で転げ回ったりするのを見ると、彼らには羞恥や嫌悪の感覚がまったくないと私たちは思う。だが、同じことが私たち自身の習慣についても言えるだろう。たとえば、私たちはオレンジを食べたり、新鮮なレモンを絞ったりするのが好きだが、柑橘類を飼い犬に与えようとしたら（けっしてお勧めできない）、たちまち思いきり嫌がられる。彼らは唇を巻き上げ、よだれを垂らし、酸っぱい匂いからあとずさりする。体に良いと私たちが思っている果物が、別の種をむかつかせるのだ。人間は嫌悪を知っているのかと、犬が疑問に思うことが果たしてあるだろうか？

　嫌悪を示す反応は、類人猿の間ではよく見られる。ヤーキーズ国立霊長類研究センターのチンパン

ジーのコロニーでは、いつも恐れ知らずのケイティが、あるとき、大きなトラクター用タイヤの下を掘っていて、何か引っ張り出した。そして、「フー」という警告の声を小さく発すると、人間がタバコを持つように人差し指と中指に挟んで、自分の体から遠ざけた。それから、まず臭いを嗅ぎ、次に向きを変えて、「ほら、これを見て！」とでも言わんばかりに腕を伸ばして高く掲げ、母親をはじめとする他のチンパンジーたちに見せた。たぶん、蛆虫に覆われたネズミの死骸だったのだろう。ケイティの母親が、「ウオアーウ」と大きな声で二度ほど吠えた。

ケイティの年下のいとこのタラは、その手のものが劇的な効果を持つことに気づき、ネズミの死骸の尾をつまんで、自分の体には触れないようにしながら持ち歩き、寝ている群れの仲間の背中や頭にそっと載せるという悪戯《いたずら》をするようになった。犠牲者は、死んだ動物の感触（あるいは、その臭い）に気づくと、途端に飛び上がり、大きな金切り声を上げながら必死で体を揺すって、その醜い死骸を振るい落とそうとする。手にいっぱい草を取り、臭いを消すために、体のその部分をごしごし擦ることさえあった。タラはといえば、死骸を素早く拾い上げて、次のかもを探しに行くのだった。タラがなぜこれを面白がったのか、そして、人間がなぜそのユーモアの価値をただちに見て取るのかという疑問は別として、ここでの私の関心の的は嫌悪という情動だ。この情動は相矛盾する評価を受けている。

一方では、嫌悪は進化の歴史上、原始的なものとされている。嫌悪は臭いに基づくことが多く、有害な食物（柑橘類の果実は犬には有毒だ）の摂取を防ぐのに役立つので、基本的な情動と考えられており、「最初の」情動と見なされることさえある。他方、嫌悪は文化的に構築され、道徳的な非難のために使われる、人間独特の感覚であるとする文献が増えている。たとえば、アメリカの神経科学者マイケ

嫌悪で鼻に皺を寄せるのは、人間の普遍的な表情で、たいてい、目を細めて眉をひそめる仕草を伴う(右)。それは悪臭のする食べ物や、その他の不快な状況に対する反応だが、人間の不作法に対する非難も表す。チンパンジーも同じ表情をする。たとえば、私が「雨の顔(レイン・フェイス)」と呼ぶもので、リラックスしたメス(左)が土砂降りに遭ったときに見せる(中)。

ル・ガザニガは、『人間とはなにか』で、嫌悪を、人間を他のすべての動物と区別する五つの情動モジュールの一つに分類している。

　タラはこの本を読んでいなかったに違いない。

喉が渇いた馬

　どの情動が私たちを人間たらしめているのだろうかと考えている人なら誰のためにも、かつて私は、羞恥や後めたさといった、自己を強烈に意識する情動を挙げていた。ただし、同業者のなかには、もっと先まで行くだろう人がいることは承知している。彼らは、動物はほんのひと握りの情動しか持っておらず、それらを混ぜ合わせることもなければ、私たちと同じようにそれらを感じることもないと主張するだろう。とはいえ、それはすべてただの推論にすぎない。スペインの哲学者ホセ・オルテガ・イ・ガセットは、チンパンジーは毎朝、まるで自分より前にはまったくチンパンジーが存在していなかったかのように目覚める点で私たちと異なると唐突に言い出したが、それと五十歩百歩だ。彼は、どのチンパンジーも自分が一夜のうちに創り出されたと考えていると示唆していたのだろうか？　そもそも、なぜそんなことを言うのか？　人間を際立たせたいあまりに、学者たちは突拍子もないことを大まじめに思いつく。でっち上げたものもあれば、立証不能のものもある。だから、動物たちが何を感じ、何を感じないかについての発言も含め、彼らの言うことを鵜呑みにしてはならない。

　それでもかつて私は、今なお学究の世界を支配している「Xがあるのは人間だけである」教という宗教の祭壇に、羞恥と後ろめたさを生贄《いけにえ》するのを厭わなかった。この二つの情動は共に一定水準の自己認識を必要とするが、他の種にはそれが欠けているかもしれないと考えたからだ。だが、今ではもう確信がない。私たちがよく知っている情動はすべて、何らかのかたちで動物たちにも見つけうるし、詳細や精緻さ、用途、強度が違うにすぎないと、しだいに思うようになってきている。問題の一部は、人間の言語にある。自分が感じていることを説明できるのは途方もない強みだと見る向きもあるだろうが、それが仇《あだ》となって、情動の研究は窮地に陥った。

　発端は、エクマンが表情にレッテルを貼り、実験の参加者に顔の写真を見せ、その顔が「怒り」や「悲しさ」や「喜び」を表しているかどうか尋ねたことだ。笑っている女性の写真を見たら、あなたは「喜び」という言葉がふさわしいとして、ためらうことなく選ぶだろう。世界中で調べてみると、人々は限られた数の情動に関して、みな意見が一致する。これはすべて完全に理に適っていて、重要な情報であるように見える。だが、もし実験の参加者に何のレッテルも与えずに、写真の顔が表している情動を自分の言葉で想像してもらったらどうなるか？　あるいは、最も明白なものを除いたレッテルのリストを与えたらどうなるか？　彼らは他の選択肢に切り替えるだろうか？　また、明るさが理想的ではない状況で撮った顔写真を使ったらどうなるか？　俳優は、他の表情とは見間違うことがありえないような笑顔など、型にはまった表情を作る。だが、「野生の世界」では、人間は型どおりのものにはほど遠い、束の間で、あまり明確でない表情を多く見せる。顔を背けたり、食べ物を噛んだり、瞬きをしたり、暗がりに座ったりしながら、私たちは微妙な表情を浮かべる。さらに多くの研究を積み重ねるうちに、私たちがどのようにして表情を解釈するのか、もうよくわからなくなってしまった。実験の参加者たちは、目にしているものを説明する自由を与えられると、いつも標準的なかたちで判断するとはかぎらない。大多数の意見が一致する表情もいくつかあるが、結果はかつて考えられていたほど均質ではなかった[1]。

そのうえ、情動にレッテルを貼るのはあまり意味がない。なぜなら情動は言語の外に存在するからだ。日当たりの良いテラスで親友とコーヒーを飲みながらおしゃべりしていると、私は彼の表情や体の動きの一つひとつに、たちまち反応する。それらにふさわしい単語を頭の中でいちいち探す必要などない。人間は、協調運動の流れ、あるいは「ダンス」のかたちで、互いのボディランゲージに絶えず反応している。友人が話している間、私は眉を吊り上げたり、目をぎょろつかせたり、「ふん」とか「あー」とかつぶやいたり、目や口の周りの筋肉をかすかに動かして、賛成や反対、共鳴、承認、おかしさ、驚きなどを示したりする。私の瞳孔は友人の瞳孔と同じタイミングで開き、姿勢もたいてい同じになる。だが、友人がどんな顔をしていたかをあとから訊かれたら、思い出せないかもしれないし、どうでもいいように思えさえするかもしれない。言葉でレッテルを貼ることは、情動的なコミュニケーションの一部ではないからだ。言語は感情について話し合う助けになるが、感情が生み出されたり、表現されたり、経験されたりする過程では、たいした役割は果たさない。それなのに、現代の情動研究は、言語を主役に据えてきた。

さらに、表情には背景がある。セリーナ・ウィリアムズが口を大きく開けて歯を剝いている顔にズームインしたら、相手の選手に腹を立てているとあなたは思うだろう。だが、相手がたまたま姉のヴィーナスだとしたらどうか？　彼女は姉が大好きで、その姉をたった今、試合で破ったのだったら、おそらく狂喜しており、勝利の絶叫を上げているのかもしれない。この違いは重要極まりないのだが、クローズアップだけからは判別し難い。あるいは、目に涙を浮かべた女性の顔を見ても、それが結婚式での歓喜の涙なのか、葬儀での悲嘆の涙なのかは区別がつかない。写真の中で歯を剝いているジョーおじさんは、微笑もうとしていたのか、ワインボトルの栓を懸命に抜こうとしているのか？

顔は文脈を考慮に入れたときに最もよく判断できることを極限まで突き詰めたのが、アメリカの心理学者リサ・フェルドマン・バレットで、彼女は、情動は頭の中で構築されると断言している。私たちは、明確な身体的特徴を伴うはっきりした情動をひと揃い持って生まれてくるのではなく、私たちが何を感じるかは、煎じ詰めれば自分が置かれた状況をどう評価するかで決まる、と彼女は主張する。彼女の立場は、六つの基本的情動がすべての土台になっているというエクマンの説を信じている科学者と衝突する。基本的な情動を想定する学派は、認識できる情動に単純なレッテルを貼るのを好むのに対して、バレットは私たちが感情をどれほど多様なかたちで判断するかに感心している。そしてその判断の違いは、私たちがそれらの感情をどう表現するかからは、いつも明らかなわけではない。

人は悲しいときに微笑むことも、幸せなときに悲鳴を上げることも、痛みを感じているときに笑うことさえもある。一九七〇年代のテレビ番組「メアリー・タイラー・ムーア・ショー」のある人気場面で、主人公のメアリーは不謹慎なのを承知しているにもかかわらず（あるいは、ひょっとすると、承知しているからこそ）、葬儀で笑うのをやめられない。とはいえ、表現された外面と、感じている内面とが完全には一致しなくても、どちらかが疑わしいということにはならない。世界中で理解される普遍的な人間の表情の存在を想定することと、表情と感情が一対一で対応していないのを認めることの間には、大きな矛盾はない。表情と感情はいつも合致するとはかぎらないし、合致する必要もない。

私たちは動物が何を感じるか知りえないから、動物の情動について語ることは許されないという考え方も、私はそれと同じ理由から退ける。恐れは扁桃体で感じられることを私たちに教えてくれた、アメリカの神経科学者で恐れの研究の第一人者であるジョゼフ・ルドゥーは、最近この考え方にすっかり心を奪われ、ずっと研究してきたラットで「恐れ」について語るのを突然拒否するようになった。これまで彼は、おびえたラットと人間の恐怖症をたっぷり比較し、同じ文の中で「ラット」という言葉と「恐れ」という言葉をしばしば使ってきた。ところが、彼は今では、動物に情動があることをほのめかすような表現はいっさい避けるように私たちに求めている。なぜなら、情動にかかわる用語を使うと、ラットは私たちと同じように感じているという意味合いが出てきてしまうからだという。そのうえ彼は、次のように推測している。私たちには「恐怖症」「不安」「パニック」「心配」「危惧」など、恐れに関連した言葉が何十もあり、ラットにはこうした言葉があまり、あるいはまったくないので、彼らには私たちほど多くの種類の情動を経験することは不可能だ、と。[2]

言語が情動の根底にあるとするこの主張を聞くと、性行動についてのあるワークショップでの出来事を思い出す。そのワークショップでは、ポストモダンの人類学者たちが、科学的方法よりも言語に信頼を置いていた。彼らは、感情は言葉なしでは感じられないと主張し、「オルガスム」に相当する単語のない言語を持つ人々は性的快感をいっさい覚えることができないとまで断言した。この根拠のない主張に、出席していた科学者たちは憤慨し、「もし酸素を意味する単語を持たない人々がいたら、彼らは息ができるのか？」といった疑問を書きつけた紙切れを回し始めた。進化の過程と人間の発達の過程の両方で、情動が言語に先行することは明らかで、したがって、言語がそれほど重要であるはずがない。言語は、あとから付け加えられたのだ。言語は内面の状態にレッテルを貼っているだけにすぎず、情動を区別するうえで、それが役立つ保証などあるだろうか？　ドイツ語には怒りと嫌悪を表す単語がそれぞれ一つずつあるのに対して、メキシコのユカテク族が話すマヤ語では、これら二つの情動の両方を、単一の単語で表すが、どちらの文化の人も、怒りを表している顔と嫌悪を表している顔を、同じぐらいうまく区別できる。情動についての知識は、明らかに単語のレベルを超えているのだ。[3]

それなのに、ルドゥーは「恐れ」という言葉を恐れるあまり、今ではラットに情動があることを否定している。そして、情動の代わりに、生存にかかわる脅威に応答させる「生存回路」が脳内に存在するとしている。私はこの主張を熟知している。私が教えを受けたヨーロッパにおける動物行動の学派である動物行動学も、同じような機能的解釈を好んだからだ。動物行動学は、内面的なプロセスには間接的にさえ触れたがらなかった。この分野の恩師たちは、動物に関連して「情動」という言葉が出てきた途端、文字どおり嫌悪の表情を浮かべた（私たちが他の動物と共有している情動的な表現だ！）。彼らは、特定の行動がどのように生存を助けるかについての機能的な話に徹するほうが、ずっと心地良かったようだ。

　ラットの情動に戻ろう。情動と感情は別物であることを、私たちは最初から知っていた。情動は身体的な表現であり、したがって観察できるが、感情は内面にとどまる。そこには何一つ目新しいことはない。それならばなぜ今になって、ラットが何を感じているか知りえないから、彼らの情動について語るのはいっさい避けるのが最善だなどという主張を耳にするのか？　そして、それならばなぜ同じ主張を私たち自身の行動にまで当てはめないのか？　私たちには恐れを表す単語がたくさんあるかもしれないが、お互い、相手の中で起こっているこの状態を理解するうえで、これが本当に役に立つのか？　私たちはこれらの単語の厳密な意味を全部知っているのか？　そして、それらは私たちが感じることを網羅するのか？　私たちの語彙に、それがやってのけられるのか？　たとえば、もし私が、お父さんが亡くなったときにどう感じましたか、と尋ねたら、あなたは「悲しかった」と答えるかもしれないが、それで私はあなたの感情を本当に把握できるのか？　私はあなたの内面には入り込めない。あなたの悲しさが私の悲しさに似ている保証はあるのか？　あなたの悲しさは、安堵と混じり合っていなかったと、誰に言えるだろう？　あるいは、ひょっとしたら怒り、はたまたあなたが口にしたくない他の感情と混じり合っていなかった、と。あなたが自分にも認めたくないような情動さえ含まれていたかもしれない。

　情動は潜在意識の中にとどまることが多い。学生時代のあるとき、私は生まれて初めて飛行機に乗り、インドネシアのスマトラ島の熱帯雨林へオランウータンを見に行くことになった。ヘビやトラ、ことによると、林床を這い回る無数のヒルが心配だっただろうと、あなたは思うかもしれないが、私は熱帯への初めての旅が楽しみでしかたなかった。いや、少なくともそう思っていた。ところが、出発の日が近づくにつれ、だんだん腹具合が悪くなった。原因はわからなかったが、飛行機に乗り込んだ日も含めて、何週間も胃の調子が良くなかった。それなのに、飛行機がスマトラ島のメダンに着陸した途端に、症状が嘘のように消えた。翌日にはこれ以上ない気分でジャングルに到着し、そこでの日々をおおいに楽しんだ。あとから振り返って、私はこう結論した。本当は飛行機に乗るのが死ぬほど怖かったが、野生のオランウータンを見るという夢を台無しにしたくなくて、その気持ちを抑え込んでいたのだ。前頭前野を一生懸命働かせて、不都合な情動を自覚しないようにするのは、私に限ったことではないと思う。人間が自分の感情について語る事柄は不十分な場合が多いし、明らかに間違っていることもあり、表沙汰になっても大丈夫なように、つねに手を加えられている。

　これだけでも十分深刻なのに、この上なく優れた正確な描写でさえ、あなたが感じているものを私に感じさせることは、やはりできない。感情は個人的な経験であり、私たちはそれについていくらでも語れるとはいえ、あくまで個人的なものであり続ける。したがって、私は自分が研究している動物の感情と同じ程度までしか、人間という同じ種の仲間たちの感情を知りえないと思う。チンパンジーの感情よりもあなたの感情のほうが推測しやすいように思えるかもしれないが、どうして確かなことが言えるだろうか？　もちろん、動物には感情がまったくないと考えるなら話は別だが。その場合には、ルドゥーの言い分を受け容れ、感じられた情動の持つ意味合いをそっくり無視してしまえるだろう。だが、動物と人間の体で情動がどれほど似たかたちで現れるか、そして、神経伝達物質や神経機構や血液供給などの詳細まで、あらゆる哺乳類の脳がどれほど類似しているかを考えると、これはなんとも不合理な見方だ。馬も人間も暑い日には喉が渇くように見えるが、馬が何か感じることがあるかどうか不明だから、馬ではそれを「水分の必要性」と呼ぶべきだと言うようなものだ。もしそう言った場合には、馬は自分の体内での脱水を示すものがないのなら、どうして水が必要であることを判断するのか、という疑問が出てくる。馬の体は内部の変化を感知し、その情報を視床下部に送ると、視床下部は血液中のナトリウム値をモニタリングする。値が一定の限界を超えると、血液の塩分が濃くなり過ぎるので、水が飲みたいという強い欲求を脳が引き起こす。欲求は感じられることによって作用する。馬は川や水桶に抗いようもなく惹きつけられる。この感知システムは太古からあり、私たち自身の種を含めて、多くの種で本質的に同じだ。砂漠で長距離を移動したあと、カウボーイと馬が、水について違うふうに感じると本気で信じる人がいるだろうか？

　私は、馬が渇きを覚えているとか、ラットが怖がっているとか言って、まったくかまわないと思っている——彼らの行動と、そうした感情が生じる事情に、きちんと基づいているならば。その一方で、彼らが感じているものを私が感じられないことは、百も承知している。私には、推測するのがせいぜいだ。私にしてみれば、この状況は、人間の情動を取り巻いている状況と根本的に違いはしない。こと感情に関しては、私がたしかに知っているのは自分が何を感じているかだけで、しかも、自分が希望的観測や否認、選択的記憶、認知的不協和などの心的なごまかしにどれほど陥りやすいかを考えると、自分が抱く印象さえ信用できない。私たちの大半は、フランスの作家マルセル・プルーストとは違う。彼は自分の感情を絶えず分析し、熟知するようになった。だが、そのプルーストでさえ（作品の主人公の恋人で、もう愛していないと思っていたが、先立たれると、依然として愛していたことに気づいた女性について）、「自分の心の中を明瞭に見通せると思っていたが、それは間違いだった」[4]と結論している。彼には見通せなかった。なぜなら、心は頭よりも、私たちが何を感じているかをよく知っているからだ。これが心についてのはなはだ非科学的な見方なのはわかっているし、体は一つの総体として扱うほうがいいのかもしれないが、私たちが自分の情動的生活に深く分け入るのに苦労していることは否定のしようがない。それでも私たちは、なんとも捉え難いこのテーマに不正確な言葉を山のように費やしながら、私たち自身の情動の在り方を絶えず詳細に分析し、論じるのをやめたりはしない。だから、動物の情動に対する科学の臆病さは、なおさら不釣り合いに見える。

目には目を

「チンパンジーは四歳児並みの頭脳を持っている」という具合に、科学は大人の類人猿を人間の子供とよく比較する。だが、大人のチンパンジーを人間の子供として眺めることは私にはできないので、そのような比較をどう受け止めればいいのか、見当もつかない。大人のオスは、権力や交尾に関心があり、そのためなら他のチンパンジーを殺すことも厭わない。高位のオスなら、リーダーの役割を担うかもしれず、その役割には、秩序を維持したり、弱者を守ったりすることも含まれる。権力闘争を演じているオスたちは、絶えず顔をしかめていることがあり、内面の不安を窺わせるし、彼らのストレス値が高いことも知られている。それに対して、メスの類人猿のおもな関心は、わが子と、子育てに伴う仕事、すなわち、時間をかけて授乳したり、食べ物を見つけたり、捕食者や、自分の種の攻撃的な仲間を防いだりといったことだ。メスはまた、毎日仲間との関係の維持にも努め、友達をグルーミングしたり、騒ぎのあとで彼らを慰めたり、必要があれば子供たちを見守ったりする。したがって、大人の類人猿の生活は、おおむね大人の関心事を中心に回っており、人間の子供の呑気な生活との共通点はほとんどない。

幼い類人猿は食べ物を巡って争い、金切り声を上げながら頭を叩き合うのに対して、大人の類人猿は食べ物を分けてくれるように礼儀正しく乞い、分かち合い、ときおり交代で食べ物を手に入れるし、その日に受けた恩恵のお返しに食べ物を与えたりもする。ここでも、類人猿と人間の子供どうしや大人どうしを比べるのがいちばん適切だろう。情動に関して、これは重要だ。なぜなら、情動のなかには大人に典型的なものがあるからで、子供たちにできるよりも高い水準での時間の理解を必要とする情動なら、なおさらだ。子供が今この瞬間に生きているのに対して、大人は違う。情動には、期待や心配のように未来志向のものもあれば、復讐心や赦しや感謝のように、過去に関連したものもある。私はそれらを「時系列《タイムライン》情動」と呼びたい。タイムライン情動はどれも、大人の類人猿と、他の動物の一部にも見られるようだ。

チンパンジーの場合、食べ物の分かち合いは、グルーミングや交尾、喧嘩のときの支援、その他の種類の援助を含む、ギブ・アンド・テイク経済の一部だ。これらの恩恵はみな、感謝という情動で貼り合わされた大きな交換バスケットに放り込まれる。感謝は、交換の貸借対照表を維持管理する機能を果たす。感謝の情動に促され、各自は自分に良くしてくれた相手を探し、機会が巡ってくれば、その恩に報いる。チンパンジーが過去に親切にしてくれた相手を選んで食べ物を分け与えることを、私たちは何千回もの観察に基づいて発見した。毎朝チンパンジーがジャングルジムに集まって辛抱強くグルーミングをし合うときに、私たちは誰が誰をグルーミングするか記録する。そして午後に、大きなスイカ数個のように、分かち合える食べ物を与える。スイカを手に入れたチンパンジーは、朝にグルーミングしてくれた相手なら誰でも、自分の手や口からスイカのかけらを取っていくのを許すが、交流しそこなった相手には抵抗したり、ときには彼らを威嚇したりさえする。だから、分かち合いのパターンは、午前中のグルーミングの仕方次第で毎日変わる。グルーミングと分かち合いの間には数時間の隔たりがあるので、分かち合いには、以前のグルーミングの記憶と、それを楽しんだ好ましい感情の記憶が必要だ。この組み合わせを、私たちは感謝として認識している。[5]

かつてマーク・トウェインは、次のような気の利いたことを言っている。「飢えている犬を拾って、元気になるまで養ってやれば、けっして嚙まれることはない。それが犬と人間のいちばんの違いだ」わが家では、迷子のペットを受け容れてやると、私たちが提供する思いやりと食べ物に対して、いつも深く感謝された。サンディエゴで拾った、ノミだらけの痩せた子猫は、容姿端麗なオス猫に育った（私たちは彼を、ディエゴと名づけた）。ディエゴは一五年の生涯で、餌をもらったときにはいつも、大げさなまでに喉を鳴らした。ほとんど何も食べなかったときでさえ、そうだ。私たちは彼の行動を感謝の表れと解釈したが、ただ幸せだっただけという可能性も排除できない。ディエゴは、平均的な、甘やかされたペットよりも、食べ物を喜んだだけだったのかもしれない。

類人猿の場合には、感謝の表れはもっと明らかになりうる。ある嵐の最中、二頭のチンパンジーがシェルターから閉め出されていた。道具使用研究におけるドイツの先駆者ヴォルフガング・ケーラーがたまたま通りかかり、二頭が雨の中でずぶ濡れになって震えているのを見つけた。そこで扉を開けてやった。ところが二頭とも、彼の脇を通って濡れない場所へと急がずに、まず、喜びに我を忘れてケーラーに抱きついた。[6]

二頭の反応に似ているのが、瀕死の状態で密猟者から救い出されてコンゴ共和国のチンパンガ・リハビリテーションセンターで治療を受けた、ウンダというチンパンジーの反応だ。[7]ウンダは二〇一三年に森に戻された。その瞬間を撮影した動画は、たちまち大評判になった。ウンダと、森に放つときにその場にいたジェーン・グドールとの情動に満ちた接触が捉えられていたからだ。最初ウンダは歩み去りかけるが、急いで戻ってきて、世話をしてくれた人々をハグした。森に入っていく前に、ウンダははっきりとグドールの方を向き、彼女と長い間抱き合った。これには目を見張らされる。なぜなら、ウンダは最初、立ち去りかけていたのに、そのあと、自分を救って世話をし、健康を取り戻させてくれた人からそのまま歩み去るのが褒められたことではないと気づいたかのように、自らの誤りを正して戻ってきたらしく見えるからだ。

イルカやクジラが網にかかったのをダイバーが救い出したり、浜に打ち上げられたのを海に押し戻したりしたときにも、同様の展開になった事例が報告されている。そうしたイルカやクジラは、救ってくれた人の所に戻ってきて、鼻先で突いたり水から半分押し上げたりしてから泳ぎ去ったという。どの場合にも、その場にいた人間は強く心を動かされ、イルカやクジラの行為を感謝の表れと考えた。

哺乳瓶を使って赤ん坊を育てることを私が教えると、ママの親友のカイフがどうしたかには、すでに触れた。養子にするように、彼女の夜間ケージの藁の中に私たちが置いた赤ん坊のローシェを、抱き上げる許可を与えた瞬間から、カイフは私を家族扱いした。それまでは、けっしてしなかったことだ。私はこれを、彼女の人生を好転させたことに対する感謝の表れと見た。授乳ができないために何頭か赤ん坊を死なせてしまった彼女は、首尾良くローシェを育て、その後、同じように哺乳瓶を使って自分の産んだ子供にも授乳するまでになったのだから。

　感謝の醜い姉妹が復讐心で、感謝と同様、いわば貸し借りの精算にかかわるものだが、それは否定的な意味でのことだ。人間の道徳性の進化についての考えを最初に提供してくれたフィンランドの人類学者エドワード・ウェスターマークは、人々に正しい振る舞いをさせるためには報復や懲罰が価値を持つことを強調した。彼は、唯一私たちの種だけがこの傾向を持つとは思わなかったが、当時は動物行動の研究はほとんどなされていなかった。だから彼は、逸話を拠り所にした。たとえば、モロッコで聞いたラクダの話だ。そのラクダは、間違った方向に曲がったために、一四歳の御者の少年にしたたか打たれた。ラクダはおとなしく罰を受けていた。数日後、路上にいたとき、たまたま積み荷もなく、そばにはその少年しかいなかった。するとそのラクダは「恐ろしい口でその少年の頭をくわえると、高々と持ち上げ、地面に振り下ろした。少年は頭蓋骨の上側を完全に引きちぎられ、脳みそがあたりに飛び散った」[8]。恨みを抱いた動物の話は、動物園でしばしば聞くことができる。たいていはゾウ（記憶力が良いと昔から言われている）や類人猿にまつわるものだ。類人猿を扱う新米の研究者や飼育係全員に教えておく必要があるのだが、類人猿に嫌な思いをさせたり、彼らを侮辱したりしたら、ただでは済まされない。類人猿は、自分が受けた侮辱をけっして忘れず、仕返しをする機会を延々と待ち続ける。その機会がたちまち訪れることもある。ある日、私が勤務していた動物園の受付に一人の女性がやって来て、チンパンジーたちの方から飛んできた石が息子に当たったと苦情を言った。ところが、その息子は驚くほどおとなしかった。あとで目撃者たちに聞いた話では、その少年が最初にその石を投げつけたのだそうだ。

チンパンジーは、自分たちの間でも返報をする。喧嘩では、親切な行ないには親切な行ないで報いるべきであるという規則に従って、支援し合う。この傾向は実験で裏づけられている。多くの動物は、機会があれば、相棒に恩恵を施す気があり、たとえば、相手が食べ物を得られるようにレバーを引いたりトークンを選んだりする。相棒が受け取るだけのときには、そこそこの頻度でそうするが、相棒が恩に報いることを許されているときには、格段に気前が良くなる。共に利益が得られる状況になると、両者は新たな段階に進むのだ。もちろん、実生活でもそうなる[9]。チンパンジーが特別かもしれないのは、この返報の規則を好ましくない行為にも当てはめる点だ。自分に不利なことをした相手には、仕返しをすることが多い。たとえば、上位のメスが別のメスを頻繁に攻撃すると、攻撃されたメスは自力では返報できないので、じっと機を窺う。自分を苦しめたメスが他のチンパンジーたちと喧嘩を始めた途端、喧嘩に加わって、相手がなおさら厄介な目に遭うようにする。

バーガース動物園のチンパンジー・コロニーでニッキーが新たにアルファオスになったとき、彼はいつも戦略的な返報を行なった。彼の優越性はまだ完全には認められておらず、下位のチンパンジーたちにしばしば圧力をかけられた。彼らは徒党を組んで追い回したりするので、彼は喘ぎながら雌伏する羽目になった。だが、ニッキーは諦めず、数時間後には落ち着きを取り戻す。そして日が暮れるまで大きな島をうろつき回り、自分を攻撃した相手の一頭一頭が単独で何かしている瞬間を狙う。そして、威圧したり殴りつけたりするので、相手は再び彼に逆らうのをためらうようになる。目には目を、というこの傾向は、チンパンジーの間では明白なので、私たちのデータベースに収まった何千例もの観察で、統計的に実証できる。

仕返しは「教育的な」反応で、望ましくない行動に代償を付加するが、類人猿自身がそのように考えているかどうかは定かではない。[10] おそらく彼らは復讐したいという衝動に従っているだけで、この衝動は私たちも共有している。なにしろ私たちは、「復讐は蜜の味」と、まるで何か美味しいものであるかのように言うほどだ。実験者が参加者に、彼らを侮辱した人を表す、ヴードゥー教の呪いの人形を渡し、その人形に針を刺すことを許すと、彼らの気分は目に見えて良くなった。[11] 私たちの司法制度は、仕返ししたいという願望を、さらに一歩先まで進めているようだ。殺害された人の家族や、お金を騙し取られた人は、賠償を求めるとき、害をなした人に害を及ぼしたいという強い欲求に、紛れもなく衝き動かされている。

チンパンジーも同じことをする。仕返しの余地を提供する、柔軟な階層制のおかげだ。それとは対照的に、アカゲザルとヒヒは、非常に専制的な階層制を持っているので、下位の者が上位の者に歯向かうのは、ほとんど自殺行為に等しい。威圧と懲罰は、つねに下向きに階層制を流れていく。だから、復讐の機会がない。だが、これらのサルたちでさえ、反撃の方法を心得ている。彼らの社会に浸透している血縁関係の絆に頼るのだ。祖母と母親と姉妹は途方もない時間をいっしょに過ごし、母系一族として知られる緊密な集団を形成する。攻撃の犠牲になったサルは、攻撃者の血縁者に対して鬱憤を晴らす可能性が高い。やろうと思ってもできない返報の代わりに、被害者は攻撃者の母系一族の幼い成員を探す。子供のほうが威圧しやすいからだ。だいぶ間を置いてから報復攻撃に出ることもあり、優れた記憶力を持っていることが窺われる。[12] この戦術をとるためには、サルたちは誰がどの家族に属しているかを知っている必要があることは明らかだし、彼らが現に知っていることがわかっている。上司から叱責された私が、腹いせに、彼の幼い娘の髪を引っ張るようなものだ。序列を乱してはいないが、それでも自分の攻撃者を罰することになる。

過去の出来事に関連する最後の情動は赦しだ。私は霊長類の仲直りをずっと研究してきたので、チンパンジーが敵だった相手にキスしたり、彼らを抱き締めたりするところや、サルがかつての敵をグルーミングするところや、ボノボがちょっとした性行為で社会的緊張を解消するところを、これまで何度も目にした。この種の行動は、断じて霊長類だけのものではない。他の社会的哺乳類や鳥類でも何百もの報告がなされており、そうした事例があまりに多いので、ある種は喧嘩のあとに仲直りしないと主張する人がいたら、私たちはまごつくだろう。

争い事の解決は、社会生活に不可欠だ。それにかかわる情動を特定するのは難しいが、対決には付き物の情動である怒りと恐れを和らげて、もっと好ましい態度を可能にすることが最低条件となる。この切り替えは、かなり直感に反する。なにしろ、上位の攻撃者との喧嘩に敗れたばかりの動物が、今度は勇気を奮い起こして相手に近づき、友好的な和解を求める必要があるのだから。一方、攻撃者も突如敵意を捨てなくてはならず、これも不合理だ。だが、多くの動物がこのような情動の変化を驚くほど素早くやってのける。まるで、頭の中のつまみが、敵対から友好へと回されたかのようだ。

人間も、大家族や、大勢の同僚が働く職場のような、争いの起こりやすい環境に身を置いていると、同じ情動のつまみを回す達人になる。こうした場では、妥協と赦しが毎日求められる。とはいえ、赦しはけっして完璧ではなく、私たちはよく「水に流して忘れる」と言うが、「忘れる」という点は問題含みだ。私たちは無礼な行為の記憶を拭い去りはせず、ただ先に進むことにする。集団生活する多くの動物も同じことをする。彼らも平和的な共存と協力を拠り所としているからだ。仲直りは観察可能なプロセスであるのに対して、赦しはそれを内面で経験することだ。このメカニズムが進化上、大変古いものであることを考えると、それにかかわる情動が私たちと他の種との間で根本的に違うとは思い難い。

　感謝、復讐心、赦しというこれら三つの情動はすべて、個体どうしの長年の接触に基づく社会的関係を維持する。そうした接触は、子供時代にいっしょに遊んだ頃までさかのぼることもある。これらの情動は、友情に役立つとともに競争も助長し、信頼を深めることもあれば損なうこともあるが、全員のためになるかたちで社会を機能させ続ける。動物は、このバランス芸が素晴らしくうまい。それをこなすには、恩恵をやりとりし、緊張を解消する必要がある。サルには（そして、おそらく他の動物にも）、社会的情報を処理するのを助ける専用の脳のネットワークがあることが、今では知られている。そうした神経ネットワークは、すでに実験で試されている。これらのネットワークは、サルがテレビに映った場面を見ていて、仲間が社交的な行為を行なっているのを目にすると活性化するが、ただの身体活動や風景の場面では不活発なままだ。動物行動の研究者は、社会的知能は別格だと長年主張してきた。今では神経科学がそれを支持している[13]。

　未来に関連した情動もあるのだろうか？　類人猿と、脳の大きい一部の鳥類が、ただ現在にだけ生きているわけではないことは、しっかりと立証されている。野生のチンパンジーは、何時間も前もって道具を拾い集め、それからシロアリの巣やハチの巣に行って、その道具を使う。彼らは、道具を集める間、あとでどこに行くか知っているに違いない。同じような計画立案が行なわれることは、霊長類やカラス科の鳥でも実証されており、彼らが将来の利益のためには即時の欲求充足を無視することを示している。[14] 果汁たっぷりのブドウの粒と、何時間もあとになってからようやく、もっと良いご褒美を手に入れるのに使える道具を並べておき、類人猿に選ばせれば、ブドウを食べるのを我慢してでも道具を選ぶ。これには自制が必要だ。社会的な領域で計画立案が行なわれているのを証明するのはもっと難しい。とはいえ、オスのチンパンジーの間の政治闘争からは、それが行なわれていることが窺われる。地位の確立したボスに若い大人のオスが挑むと、対決するたびに、ほぼ毎回敗れ、頻繁にけがをしかねない。それでも、即時の報酬が得られないにもかかわらず、毎日挑戦し続ける。何か月もしてからようやく突破口が開け、味方ができて、彼らの力を借りてボスを権力の座から引きずり下ろせるかもしれない。だがその暁にさえ、ニッキーがそうだったように、その若いオスは完全に受け容れられるまでは、依然として抵抗に遭うだろう。彼の地位が本当に安泰になるまでには、何年もかかることがある。彼は最初からボスの座に就くことを計画していたのだろうか？　もしそうでないなら、なぜわざわざこれほどの苦難に耐えるのか？　こうした戦略が実行に移されるのを、私は研究者として何度も見届けてきた。私と同じように、彼らの戦略を見守っていたら、それが期待の上に築かれていないと考えずにいるのは難しい。

　動物が「期待」を抱いているとされることは稀だが、期待に類する「予期」という考え方は一世紀前にすでに提示されている。アメリカの心理学者オットー・ティンクルポーが行なった実験では、マカクが見ているときに、隣の部屋でバナナをカップの下に置いた。するとそのマカクは、その部屋に入るのを許された途端、バナナが入っているカップに駆け寄った。そして、バナナが見つかれば、万事順調に進んだ。だが、実験者がこっそりバナナをレタスと取り替えておくと、マカクはレタスをしげしげと眺めた。それから逆上して周りを見回し、ずるい実験者に向かって腹立たしそうに甲高い叫び声を上げながら、部屋を何度もくまなく調べるのだった。そして、長い間を置いてから、ようやくしぶしぶレタスで我慢した。そのサルが、位置と報酬との単なるつながりではなく、隠されるのを見たものを思い出していたことを、ティンクルポーは実証した。サルはバナナが手に入ることを予期していたので、当てが外れたとき、腹を立てたのだ[15]。

霊長類と犬も、人間の手品師が奇跡のように何かを消滅させたり、どこからともなく出現させたりすると、同じような驚きの反応を見せる。サルは笑ったり、不思議そうな顔をしたりし、犬は消えたご馳走を狂ったように探し回るので、彼らの頭にあった現実が、目の前の状況とは違っていたことがわかる。

予期は交換取引も促す。アダム・スミスは、「犬が別の犬と、骨を公正かつ意図的に交換するのを目にしたことがある者など一人としていない」と主張したが[16]、交換取引が動物の間で行なわれることは、よく知られている。スミスは犬については正しかったが、ギニアの野生のチンパンジーは、交尾を「買う」ために、パパイアの農園で盗みを働くことが知られている。大人のオスたちは、たいてい大きな果実を二つ盗む。一つは自分のため、もう一つは性皮が腫脹したメスのためだ。メスが静かな場所で待っている間に、オスは農園主の怒りを買う危険を冒して美味しい果物を盗んで彼女の所に持っていき、交尾の最中か直後に手渡す(17)。

交換取引の別の例を挙げよう。バリ島のいくつかの寺院にいるカニクイザルには、観光客から貴重品を盗むという悪習がある。寺院の入口には、眼鏡や装身具を外しておくように全員に警告する掲示があるが、多くの観光客がそれに従わない。サルのマフィアによる、信じられないほどの早業《はやわざ》を知らないのだ。サルは彼らの肩に飛び乗り、眼鏡をひったくったり、大切なスマートフォンをかっさらったりする。観光客が履いているサンダルさえ奪い取る。だが彼らは、分捕り品で遊んだり、それらを持ち逃げしたりはしない。近くに、ただし被害者の手の届かない所に気長に座り、相手が品物を取り戻すのにどれだけ払う気があるかを窺う。ピーナッツを二、三粒与える程度では駄目だ。サルたちは、最低でもクラッカーひと袋をもらわないと、盗品を手放さない。霊長類学者たちがこのゆすりのゲームを研究すると、人間がどんなものを最も大切に

交換取引は、霊長類にとっては第二の天性だ。この図では、大人のオスが手に2つグレープフルーツを持っていることに、思春期のボノボが気づいた。彼女は駆け寄り、交尾のために生殖器を相手に向け、交尾の間、オルガスムを示す表情を浮かべる。あとでオスは、グレープフルーツを1個、彼女に分け与える。

するかをサルたちが非常によく心得ていることがわかった[18]。

犬たちも未来志向の行動をとることがわかっており、最近、特定の課題を与えられたときに「楽観的」になるか「悲観的」になるかで分類された。飼い主によって家に置き去りにされたときにひどく動揺し、家中を荒らし回ったり、排泄したり、猛烈に吠えたりして苛立ちを発散させる犬は、悲観的と見なされる。彼らは、中の様子がわからない餌入れを与えられると、ためらい、ゆっくりと近づく。入れ物が空だと思っているのかもしれない。一方、飼い主と別れたときにあまり不安にならない犬は、より楽観的だと考えられる。そういう犬は餌入れに駆け寄る。餌でいっぱいだと期待しているのだろう。このいわゆる「認知バイアス」は、人間でもよく見られる。快活でおおらかな人は、人生で良いことが起こるのを予期しているのに対して、気持ちが落ち込んだ人は、うまくいかない可能性があることはすべて、現にうまくいかないと信じている[19]。

認知バイアスのおかげで、家畜が自分の生活環境についてどう感じているかを試す、稀な機会が得られる。何と言おうと、狭い枠に押し込められてストレスの下で暮らしているブタは、自分の身に良いことが起こるとは、ほとんど予期していないだろう。だが、愉快な環境で暮らしていて、夜は藁の山に潜り込んで、互いの体温や体の触れ合いを楽しみながら折り重なるようにして眠るブタたちは、もっと機嫌が良いだろう。ある研究では、ブタを二つのグループに分け、一方は床がコンクリートの狭い囲いの中で、もう一方はもっと広くて、新しい藁が毎日運び込まれ、段ボール箱で遊べる囲いの中で生活させた。そして、二つの音を使って全部のブタを訓練した。好ましい音が聞こえると、リンゴがひと切れもらえる。不快な音が聞こえると、レジ袋が鼻先でゆらゆら振られるだけだった。ブタは知能が高いので、すぐに好ましい音に反応するようになった。

この訓練のあと、二つの音の中間のような、曖昧な音をブタたちに聞かせた。彼らはどうするだろう？　それは完全に生活環境次第だった。条件の良い環境にいたブタは、良い出来事を予期し、曖昧な音にまっしぐらに近づいたが、無味乾燥な環境に置かれたブタの見方は違った。彼らは音のする方に寄ってこなかった。また、つまらないレジ袋を予期したのかもしれない。ブタたちの環境を入れ替えると、曖昧な音への応答もそれに合わせて入れ替わったので、周りの世界をどう認識するかは日常生活に左右されることがわかった。この認知バイアスの試験は有益だ。このテストのおかげで、自社の製品は幸せな動物に由来すると広告している企業の主張が正しいかどうか、実証が可能になるからだ。たとえば、フランスの有名な塗るチーズ「ラヴァシュキリ（笑う牛）」でこの試験をすれば、動物たちが本当に笑える状況にあるかどうかがわかるだろう。[20]

何か好ましいものを楽しみにしている状態を、私たちは「期待」と呼ぶ。旨《うま》みのある取引の機会を探し求めるサルや、自分の地位を上げようとしているチンパンジー、迷子になったわが子を海で捜しているイルカ、狩りに出かけるオオカミ、砂漠で最後に残った水飲み場の場所を知っている長老格のメスについていくゾウの群れはみな、期待を経験しているのだろう。家畜にも期待はあるかもしれないし、ないかもしれない。私たちと同じで、多くの動物は、自分に起こることを、過去や未来を背景にして評価する。動物が具体的な出来事の記憶を持っており、将来を考慮に入れ、恩恵を施し合い、目には目をという行動をとることを裏づける証拠が山のように積み上がってきていることを踏まえれば、現在の範囲を越えるタイムライン情動の存在は、もう否定できない。

自負と偏見

ジャマイカの短距離走者ウサイン・ボルトは、片腕を肘の所で曲げ、もう一方の腕をはるか彼方に向けて伸ばす、独特の「ライトニング・ボルト（稲妻）」のポーズで自分の勝利を祝った。多くの著名人が、ボルトのトレードマークとも言えるこの勝利のポーズを真似てきた。ヨーロッパの有名なサッカー選手たちは、シュートを決めたあと、腕を広げ、膝を芝で滑らせながら、シャツをめくり上げて腹筋を見せびらかし、熱狂する大観衆の大げさな称讃を味わう。一般に、私たちは勝利のあと、体を伸ばし、大きく見えるようにする。それは勝利のディスプレイ（誇示行動）に相当する。顎を上げ、胸を張り、肩を後ろに引き、両腕を体から離し、必ず笑みを浮かべる。これに呼応する情動は自負《プライド》だ。動物では、それはたいてい優位性と呼ばれるが、原理は同じで、動物の勝者は羽毛や体毛を逆立てて体を大きく見せ、両脚を開いて歩き、頭を高く上げ、胴を伸ばすなどする。そのような恰好をすると、実際より大きいという錯覚を生むので、勝つのはつねに最も大きい者であるという誤解を招きかねない。

　ゾウの専門家であるアメリカのケイトリン・オコンネルは、ナミビアのエトーシャ国立公園で最上位のオスのグレッグについて、次のように書いている。

> 彼を際立たせている、何かなおさら深いものがある。彼の性格を示し、はるか彼方からも彼を目立たせる何かが。このオスは、王者の自信を持っている。頭をもたげ、悠然と闊歩《かっぽ》する姿に、それが表れていた。彼には覇者の素質が備わっていた。そして、彼が最高位にあることを他のゾウ

たちが認めているのも明らかで、彼が渇きを癒しに水飲み場に向かって堂々と歩を進めていくたびに、その地位はさらに確固たるものになるのだった。[21]

上位の個体が発する権力のシグナルは、進化の歴史のはるか昔までさかのぼる。魚類はひれをすべて広げて威嚇のディスプレイをする。トカゲのなかには首の周りの襟状の皮膚を広げる者もいるし、ニワトリの群れでは最上位の雄鶏《おんどり》が最初に鳴く。いちばんよく知られているのは、ハイイロガンのTriumphgeschrei（「勝利の叫び」を意味するドイツ語）かもしれない。オスのガンは、侵入者を追い払うと翼を広げ、けたたましい鳴き声を上げながら、つがいの相手のもとに駆け戻ってくる。それから二羽は、競争相手の敗北を祝う、絆作りの儀式を行なう。その儀式の間、首を同じ方向に伸ばし、いっしょにやかましく鳴く。この絆は、またしても挑戦を退けたのだ。

運動選手は、体を伸ばし、両腕を上げて勝利を喜び、自分が勝者であることを伝える。この自負の表現は、人間の普遍的な特性だ。競争相手を打ち負かした動物も、同じような勝利のシグナルを送ることが知られている。ガンのいわゆる「勝利のディスプレイ」がその一例だ。

アメリカの心理学者ジェシカ・トレイシーは、二〇一六年に刊行した著書『自負する――この最悪の大罪が人間の成功のカギを握っている理由（*Take Pride: Why the Deadliest*

Sin Holds the Secret to Human Success)』の中で、人間の勝利のディスプレイを克明に説明している。彼女は世界でも一流の運動選手の写真を何百枚も分析し、彼らが勝敗にどう反応したかを突き止めた。二〇〇四年のオリンピックで柔道の勝者たちを試合直後に撮影した写真を見ると、彼らは体を伸ばし、両腕を上げ、拳を握り締めるという、同じ自負の表現をしていた。私たちは、西洋人のほうが個人の成功を重視し、自分の才能や業績を強調すると考えることが多いが、じつは、選手の文化的背景は関係なかった。勝者は全員、国籍に関係なく同じ行動をとった。この場合にも、これは世界が均質化したせいではないかと問うことができる。選手たちは、お互いの振る舞いを見ているうちに、勝利をどう表現するかを学習するのだろうか？　トレイシーは、パラリンピックの最中に撮られた写真を新たに分析することで、この問題に取り組んだ。写真に写っているのは、生まれつき目の見えない選手たちだった。すると、盲目の選手も、勝ったときには目の見える選手とまったく同じ恰好をしていた。そこでトレイシーは、自負の表現は他者から獲得したものではないと結論した。この表現は生物学的なものであり、この考え方は、他の種との類似性によって、さらに裏づけられている。[22]

　だがトレイシーは、動物では人間と同じ自負の情動は認めず、私の動物行動学の教授たちならおおいに気に入っただろうような機能的な説明を提示した。動物が自分を大きく見せるのは、はったりをかけたり、威嚇したり、畏縮させたりするためにすぎない、と彼女は主張した。すべて、目的達成のための手段だというのだ。彼らは対決の前か最中にこの種の行動を見せるのに対して、人間は競争相手が敗れたあとにそうするので、違う理由から、ということになる。人間だけが達成感を覚える、とトレイシーは結論した。「自己は長い時間継続する安定した存在であり、今私が誰で何をするかは、昨日私が誰だったかや明日私が誰であるかと関連していることを理解する必要がある[23]」。

チンパンジーは毎朝、自分が誰で何者かが見当もつかないで目覚めるという、オルテガ・イ・ガセットの言葉のこだまを聞いているかのようではないか？　私は頭を抱えてしまう。ほとんどの動物にとって、今日の行動は昨日の行動から直接続いており、明日の行動の前触れだからだ。朝、目を覚ましたら自分の序列や社会的ネットワークが頭からすべて消えていて、毎日それを再び突き止めなければならないとしたらどうなるか、想像してほしい！　現実には、動物の社会を形成する個体のそれぞれには決まった役割があり、それは長く続く。私たちと同じで、動物も自分がいったい誰で、どの位置に収まっているかをしっかり心得ている。彼らの交友関係は、一生にわたって続くことが多い。そのうえ、地位のディスプレイは、優位に立つ手段にとどまらず、それをはるかに超える意味合いを持つ。地位のディスプレイは、比較的新しい出来事に関連する場合もある。たとえば、先ほどのガンの勝利の儀式がそうで、これはたいてい、オスのガンが競争相手を追い払ったときのような勝利に続いて行なわれる。この儀式は、オスのガンが誇りに思っていることを示唆していないだろうか？　人間の場合には、そうなのだから。

同様に、コヨーテは別のコヨーテを首尾良く組み伏せたら、突っ伏したままになっている敗者を尻目に、飛び跳ねるような足取りを見せる。飼い猫どうしの喧嘩のあと、勝者は敗者の視野の中で、これ見よがしに転げ回ることがよくある。マングローブガニの間では、闘いのあとで、勝利のディスプレイが頻繁に見られる。勝ったオスのカニは、鋏どうしをごしごし擦りつけて鋭い摩擦音を出し、勝利を祝う歌を奏でる。[24] オオカミから馬やサルまで、他の動物でも、ひと目見ただけで、ある個体が勝利を重ねてきたが、それとも負け続けてきたか、判断がつく。それまでの戦歴が、全身にはっきりと記されている。ゾウのグレッグが自信をほとばしらせながら威風堂々と歩くのは、万事思いどおりにしてきた経歴に基づいてのことなのは明らかだ。

チンパンジーのアルファオスは、ほとんどどんなときにも毛を逆立てているので、他のオスと簡単に見分けがつく。彼は、「肩を怒らせた二足歩行」をするかもしれない。両脚で直立し、腕は体から離してだらんと下げ、頭でっかちで不安定であるかのように胴を左右に揺する。また、脅すように、手で石や棒を握っていることもある。なんとも尊大で見覚えのある姿勢なので、肩を怒らせ、直立して歩くオスのチンパンジーの写真を、テキサス出身の元アメリカ大統領がガンマンのように歩く、ほぼそっくりの姿の写真と並べて見せることがよくある。すると聴衆におおいに受ける。

アメリカの心理学者アブラハム・マズローは上位の霊長類と下位の霊長類の間の態度の違いについて考えた。私は、彼の考え方が好きだ。マズローが、今では心理学の教科書と管理者教育では定番になった欲求の五段階で有名になるはるか以前の大学院生時代に、霊長類の社会的優位性について研究したことは、ほとんど知られていない。だが、私はとてもよく知っている。彼がその研究を行なったウィスコンシン州マディソンのヘンリー・ヴィラス動物園で、二〇年ほどあとにマカクを観察したからだ。マズローは、上位のサルたちが漂わせている生意気で自信に満ちた雰囲気や、下位のサルたちの（マズローの言葉を借りれば）こそこそした臆病さを記述している。アカゲザルのアルファオスは、一日中尾を高く上げて歩くし、そうするのは彼だけだ。もっとも、他のオスたちも、アルファの姿が見えないときには恐れずに尾を上げるが。アルファは頻繁に勢い良く木に登り、枝を激しく揺らし、誰がボスかを全員に思い知らせる。「自尊心」というマズローの概念は、彼が「優位感情」と名づけた霊長類の感情に直接由来する。当初、彼はこれら二つの用語を同じ意味で使っており、人間の心理がサルの行動に根差している点を強調していた。マズローはこのように、優越感を含め、高位の霊長類の持つ自信を十分理解していた。[25]

トレイシーとマズローの見方の違いを突き詰めれば、私たちが他の動物にどれほどの水準の自己意識を認めるかという点に行き着く。もっとも、私はこんな言い方はしたくない。適切な定義がしづらい用語の最たるものが、意識であるためだ。したがって、私たちは仮定に基づいて考えなければならない。ただし、すべてが仮定というわけではない。観察可能な行動が出発点となるのだから。

そして、観察可能な行動に着目すれば、人間と他の動物の態度の類似性には目を見張らされる。自信に満ちた犬の姿勢（頭を上げ、脚を突っ張り、毛を逆立てる）は、服従する犬の姿勢の逆である（うずくまり、尾を下げ、毛を寝かせる）ことにダーウィンは気づいた。そのような地位のシグナルが普遍的であることを思えば、その根底にある情動も同じだと考えるべきなのではないか？　進化の観点に立つと、近縁種が似たような振る舞いを見せるときにはいつも、そう考えるのが最も確実だ。情動の面で大きな違いを証拠もなしに仮定して、自負に偏見の重荷を負わせたくはない。だから私は、マズローの見方の肩を持つ。人間であれ他の動物であれ、一貫して他者を打ち負かす個体は、おそらく他者とは根本的に異なる自己評価に至るというマズローの見方に、私は賛成だ。そうした個体は自分に自信を持ち、それを行動で派手に誇示する。自負の表現には長い進化の伝統があり、したがって、それに結びついた情動にも長い進化の伝統があるのだ。

犬のように後ろめたそうに

　トレイシーの研究では、敗れた柔道選手は肩を落としてうなだれ、身を縮め、いかにも羞恥と失敗に打ちひしがれている体《てい》だった。これは、人々が期待に応えられなかったり、規範に背いたあとに厄介なことになるのを予想したりするときにも、典型的に見せる様子だ。shame（羞恥）という単語はもともと、「覆う」を意味する単語に由来する。私たちは顔を伏せ、他者の視線を避け、膝を曲げ、瞼《まぶた》を下げ、全体として惨めで小さく見える。口に締まりがなくなり、眉は外側に向かって下がり、どう見ても威嚇しているようには見えない表情になる。唇を噛んだり、突き出したりし、穴があったら入りたいという風情で手で顔を覆ったりすることもある。私たちは「恥ずかしい」と言うが、他者が私たちに腹を立てていること、あるいは、少なくとも苛立ち、失望していることも承知している。

　恥じている運動選手が身を縮め、人目を避けたがる様子は、霊長類の服従行動と見るからに類似している。チンパンジーはリーダーの前で地面に這いつくばい、身を沈めて見上げるようにしたり、尻を向けて無防備な体勢をとったりする。上位のチンパンジーはこの上下関係を強調するために、下位のチンパンジーを文字どおり踏みつけていくこともあれば、上げた腕を相手の背中の上で動かしながら横を駆け抜けていき、相手が胎児のように身を丸めざるをえなくなるようにすることもある。

　ただし、人間と動物に、それぞれ異なる言葉が使われていることに注意してほしい。「自負」という単語が人間に使われ、他の種には「優位性」という単語が使われるという話で、この点はすでに見てきた。同様に、他者と厄介を起こしたり、勝負に負けたりした人が「恥じて」いると言われるのに対して、同じ状況にあるチンパンジーは、単に「服従して」いるとか、「下位者」として行動しているとか言われる。私たちは、動物には機能にかかわる言葉を使うのに対して、自分たちの場合には、行動の背後にある感情に的を絞る。動物が同じ感情を持っているかもしれないことや、そもそも感情を持っているかもしれないことを匂わせたがらない。だが、情動がかかわっているに違いないのは明らかであり、人間と動物とで情動が異なっているはずがあるだろうか？　もし羞恥は進化上の先例がなく、本当に人間ならではの情動だったとしたら、人間は動物とはまったく違うかたちでそれを表現するはずではないか？　羞恥を覚える人間の行動が、生物学者なら服従にまつわるものと分類するだろうような行動とそっくりに見えるのは、理屈に合わないではないか？　そして、そうした分類をするのは生物学者に限らない。人間の羞恥を専門とするアメリカの人類学者ダニエル・フェスラーは、羞恥で身を縮めるという普遍的な姿を、立腹した上位者に直面した下位者の同じ姿と比較している。羞恥は、自分が他者を怒らせたり、馬鹿なことをしたりした、だから相手をなだめたり事情を説明したりする必要がある、という自覚を反映し

ペットの飼い主が帰宅したときに、クッションがずたずたになっていたり、靴が噛み潰されていたりしたら、誰がやったかすぐわかる。犯人の犬（右）は、叱られている間、視線を上げるのを拒み、服従の姿勢をとる。だが、後ろめたそうに振る舞ってはいても、深い後悔を本当に感じているかどうかははっきりしない。厄介なことになったのがわかっているだけの可能性のほうが高い。

ている。そこには階層制のテンプレートがあることは明白だ。[26]

だからといって、人間の羞恥は服従とそっくりだというわけではない。他の霊長類に比べて、私たちの中では、間違いなく範囲がもっと広いように見える。幼いチンパンジーが母親のことを恥じていたり、丸々と太ったゾウが体重のことで頭がいっぱいになっていたりするのを、私は見たためしがない。私たち人間は、絶えず変化を繰り返す文化的な習慣や規範や流行に対応するのが非常に得意で、それらが基となって、世代間のものも含め、人間ならではの羞恥が生まれる。たとえばティーンエイジャーは、親のファッションが時代後れだったり、大昔（といっても二〇年前）の言葉を使ったりすると、恥ずかしがる。自宅でいっしょにいる分にはかまわないが、友人がそばにいると状況が変わる。このネアンデルタール人たちといっしょに歩いているところを見られたら、何と思われるだろう、ということになる。親を恥ずかしく思うのは、一見すると階層制の問題というよりも規範への服従の問題のように思えるが、けっきょくすべては、同年代の仲間集団内における評判と地位にかかわることなのだ。

私たちの種に特有の新しい羞恥のディスプレイが一つだけあるので、より深い情動、あるいは新しい情動の存在が窺われる。そのディスプレイとは赤面で、皮下の毛細血管の血流増加から生じる、顔と首筋の色の変化だ。それが人間だけのものであることは、すでに述べた。チャールズ・ダーウィンはこのディスプレイにおおいに困惑し、世界中の植民地の行政官や宣教師に手紙を書き、どこの人間も赤面するかどうかを調べた。彼は、肌の色の影響（赤みを帯びた顔は、明るい色の背景に対してのほうが目立つ）や、羞恥と道徳的地位の役割について推測した。赤面は、私たちの種では生まれながらの普遍的な反応で、羞恥やきまり悪さを明示するために進化した、というのがダーウィンのおもな結論だった。

赤面は一目瞭然でありながら、本人の意志とは無関係だ。涙を流すことさえ、赤面よりも簡単にやってのけられる。私たちは意のままに赤面することはできないし、赤面したら、思いどおりにもとの顔色を取り戻すこともできない。それどころか、自分が赤面していることを自覚すればするほど、もとに戻るのが難しくなる。他の霊長類にはない羞恥のシグナルを、私たちの種はなぜ必要とするのか？　なぜ自然は、そのシグナルを私たちがもっとうまく制御できるようにしてくれなかったのか？

ここで肝心なのは信頼だ。私たちは、羞恥や後ろめたさをかけらも見せない人よりも、顔から情動が読みやすい人のほうを信用する。これと同じパターンが当てはまる特徴を、私たちは他にも持っている。白目だ。たとえばチンパンジーの目は黒目ばかりで、突き出た眼窩《がんか》上部の奥に引っ込んでいるので、それに比べると、人間の目の動きは白目のおかげではるかによくわかる。チンパンジーは、目を見ただけではどこを見ているのか見当もつかないのに対して、人間は目を向けている方向を曖昧にしたり、神経質な気分をさらけ出してしまう落ち着きない目の動きを隠したりするのが難しい。そのせいで私たちは、他者を操作しづらい。人間が進化する間、信頼性は非常な価値を獲得したので、騙す能力にハンディキャップを負わせなくてはならなかった。そのおかげで、私たちは互いの相棒として魅力が増した。赤面も、高度な協力と道徳性を与えてくれた進化のパッケージの一部なのだ。

羞恥はセックスにも結びついている。だから私たちはプライバシーを求めるし、体の特定の部位を人前では覆い隠す習慣がある。そうした習慣には、完全に文化的なものもある。私とすれば、乳房に対するアメリカ人のこだわりには、今でも馴染めない。この国に来て最初のカルチャーショックは、ある新聞記事だった。朝、新聞を読んでいたら、公衆の面前で乳を飲ませていた女性が逮捕されたと書いてあった。オランダでは、そんなことは問題にもならなかっただろうし、私は霊長類学者だから、赤ん坊が乳首に吸いついている光景ほど自然なものはない。だが世界中で、性と生殖に関連した特定の部位を人目にさらすことが禁じられている。極端な場合には、明かりをつけたままではセックスができない人もいる。

　こうしたタブーのうちには理解し難いものもあるが、そのどれもが、おそらく家庭を守る必要性に端を発しているのだろう。人間社会は、父親と母親を含む単位を特徴としており、両者にとって、二人の間の絆を保護することが欠かせない。鳥類や他の多くの動物は、縄張りを持ち、他者をすべて締め出すことでその問題に対処するが、私たちは、セックスの相手やライバルになりうる大勢の人と暮らしている。もちろん、浮気はいくらでも見られるが、一定の歯止めをかけたり、少なくとも表面化しないようにしておいたりする必要もある。これは、私たちと他のホミニド（ヒト科の動物）との大きな違いだ。他のホミニドは核家族を持たない。サルのメスは自力で子供を育てる。いっしょにいることを望むオスとメスがいても、両者の絆は排他的ではない。チンパンジーの場合、公然と交尾できないのは、オスとメスが競争相手の嫉妬を心配しているときだけだ。二頭は茂みの陰で落ち合ったり、他のチンパンジーたちから離れた場所に行ったりする。これは、私たちのプライバシー願望の根底にあるパターンかもしれない。生物学者が「隠れた交尾」と呼ぶこの行為は、動物の間ではかなりありきたりの現象だ。交尾は競争や暴力の主要な原因なので、平和を維持する一つの方法は、目につきづらくすることだ。人間はこの必要性をチンパンジーよりもさらに一歩先に進め、生殖行為を隠すばかりか、性的興奮を引き起こしたり引き起こされたりする体の部位を、少なくとも人前では覆っておく。

ボノボでは、こういうことはいっさい起こらない。だから彼らはしばしば、性的に「解放され」ていると見なされるのだ。だが、彼らのはなはだ寛容な社会では、プライバシーと抑圧などないに等しいのだから、解放と言ってもほとんど意味を成さない。彼らは慎みはいっさい持ち合わせておらず、競争相手と面倒を起こすのは避けたいという願望以外、何の抑制もない。二頭のボノボが交尾をしていると、ときどき幼いボノボがその上に飛び乗り、肝心の部分を覗き見することがある。あるいは、別の大人がやって来て、交尾をしている二頭のうちの一頭に生殖器を押しつけ、楽しみに加わることもある。この種の場合には、性行動は競争よりも共有の対象となることのほうが多い。メスがみんなの前で堂々と仰向けになって自慰をしても、誰も驚きもしない。外陰部に指を当てて素早く上下に動かすが、それを足に任せて、空いている手で赤ん坊をグルーミングしたり、果物を食べたりもする。ボノボは同時に複数のことをこなす名人なのだ。

羞恥に近い情動に後ろめたさがある。だが、後ろめたさは行動にかかわるもので、一方、羞恥は行為者自身のほうに関連が深い。こんなことはするべきではなかったというのが、その行為についての気持ちであるのに対して、羞恥はどちらかと言うと、私を見ないでほしい、私は見下げ果てた人間（あるいは動物）だからという感じだ。後ろめたさは自分自身による非難と直結しているが、羞恥は集団による非難に結びついている。ところが、外面的な様子に関しては、これら二つの情動は見分けるのが難しく、動物の場合も状況はとてもよく似ている。だから、犬の飼い主は、自分の犬は後ろめたさを感じると確信している。インターネット上には、キャットフードを食べてしまった犬と、無実の犬という、二頭の犬についての動画がたくさんある。私のお気に入りは、「後ろめたそうな犬のデンヴァー」という動画で、デンヴァーの様子からは、お仕置きが待っているのに気づいていることがありありと見て取れる。[27] 犬には、面倒なことになったときにはそれがわかることを疑う人はいないが、彼らが現に後ろめたさを覚えているのかどうかは議論の的だ。

アメリカの専門家アレクサンドラ・ホロウィッツは、犬たちに、何も悪いことはしていないときに、立腹した飼い主に会わせたり、触れてはいけないと飼い主に言われていたビスケットを食べたときに、くつろいだ飼い主に会わせたりしてテストした。ホロウィッツは、そうしたテストをあれこれやったあと、犬が後めたそうにする（うつむいたり、耳をぺったりと後ろに倒したり、締まりのない姿勢をとったり、顔を背けたり、尾を股の間でせわしなく動かしたりする）かどうかは、飼い主の命令に従ったかどうかとは無関係だと結論した。犬が何をしたかではなく、飼い主がどう反応するかの問題なのだ。飼い主が叱ると、犬はひどく後めたそうに振る舞う。飼い主がそうしなければ、万事順調だ。実際、犬の悪さの多くは飼い主が帰宅するよりもずっと前になされるので、犬の頭に刷り込まれる連想は、行動と厄介事ではなく、飼い主と厄介事の間のものだ。だから犬は、嚙み潰したスニーカーや手足をもぎ取ったテディベアといった、自分の悪事の証拠を、飼い主の目の前で見せびらかすことがよくあるのだ。[28]

というわけで、悪さをしたあとの犬の行動は、後ろめたさの表現ではなく、苛立っている可能性のある上位者がいるところで、階層制の種の成員が見せる典型的な態度と考えるのがいちばんいい。それは服従となだめが混ざったもので、攻撃される可能性を下げるのに役立つ。わが家には猫しかおらず、犬は飼っていないので、自分のペットにわずかでも後ろめたさを見ることはないが、それは猫が犬ほど階層制の性質を持っていないことと関係している。犬は規則違反に敏感で、猫よりもそれをよく理解している。後ろめたさの本来のテンプレートは社会的階層制であることに変わりはないが、人間は罰への恐れをかなりの程度まで内面化するので、自分を責めるまでになっている。とってはならないということでみなの意見が一致している行動をとってしまったり、とるべき行動をとりそこなったりしたときには、それが悔やまれ、自分を厳しく非難する。そして、償いをしたり罰を受けたりして埋め合わせる気になる。

この類の内面化は、他の種では稀だったり、見られなかったりするが、ないとは言いきれない。これまで私たちは、ペットをテストする際にあまりに人間中心的で、「そのソファに飛び乗るな！」とか「私の革張りの椅子に爪を立てるな！」とかいった、私たちには完全に理に適っているものの、彼らにはおそらく意味を成さない規則を使ってきた。人間とは、なんと奇妙な禁止を思いつくことか！動物たちにとって、そうした規則の意味を理解するのは難しいに違いない。シンガポールではなぜガムを噛んではいけないのか、私にはとんと理解できないのと同じように。

だから私たちは、動物自身の種の基準を含めて、ほぼどんな基準に照らしても悪い行動で彼らをテストするべきなのだろう。コンラート・ローレンツは、飼い犬のブリーに関する申し分のない例を示してくれた。ブリーは、自分より上位の者をけっして噛んではならないという根本的な規則を破ったのだった。人間はこの規則を教える必要はない。実際、ローレンツが指摘しているとおり、ブリーはそれまでけっしてこの規則を破ったことがないという単純な理由から、一度も罰せられていなかった。だが、ローレンツがめったに見たことがないほど激しい犬どうしの喧嘩をやめさせようとしたときに、ブリーは誤ってこの飼い主の手を噛んでしまった。ローレンツはブリーを叱らず、ただちに優しく撫でてやろうとしたが、ブリーは自分のしたことにひどく動揺し、すっかり精神的に参ってしまった。それから何日も、ほとんど体が動かせず、餌には目もくれなかった。敷物の上に横たわって浅い呼吸を続け、苦悩する魂の奥底から湧き出てくるような、深い溜め息をときどきつく。命にかかわる病気にでもかかったのかと思えるほどだった。ブリーは何週間にもわたって落ち込んでいた。彼は自然界のタブーを犯してしまったのだ。彼の種の成員あるいは祖先の間では、この違反は、群れからの追放といった、想像しうるうちでも最悪の結果を招きかねなかった。ここで私たちは、内面化された規則に近づいているように見える。これに違反すると、情動的・身体的に深刻なまでに悲惨な状態につながりうる。そして、その状態はおそらく、後ろめたさとはあまりかけ離れてはいない[29]。

　私たちの近縁の霊長類はどうだろう？　果たして彼らは、ここまで行くことがあるのか？　彼らの社会で外面的な規制作用としてよく知られているものに、低位のオスの生殖活動に対する高位のオスの影響がある。私はカニクイザルを研究していたとき、彼らの集団ケージの屋内部分にトンネルでつながっている屋外部分での活動を追ったことがある。アルファオスは、どちらの側にも目を光らせられるように、トンネルの中に陣取ることが多かった。ところが、彼が屋内に移動すると、途端に他のオスたちが屋外のメスに近づく。普通なら、そんなことをすればひどく厄介な目に遭うが、アルファオスが見ていなければ、水を差されずに交尾できる。それでも、罰を受ける恐れが完全に消えてなくなりはしなかった。頻繁にトンネルの入口に駆け寄って中を覗き、アルファオスの様子を窺う。彼が突然戻ってこないか心配しているのだ。こっそり交尾してからほどなくしてアルファオスに出くわすと、低位のオスは大きく歯を剝き、神経質な気分になっていることを露呈する。何があったのか、アルファオスには知りようがないというのに、だ。この種の状況を実験で体系的にテストすると、同じ反応が観察されたので、「動物は、自分の社会的役割と結びついた行動規則を取り込み、社会規範違反を認識していることを認めるようなかたちで応答できる」と、研究者たちは無味乾燥な言葉で結論を下している。[30]

サルたちは単純に、上位者がいるときだけ社会的な規則を守り、いないときには忘れるわけではない。もしそうなら、低位のオスは、アルファオスの姿が見えないときに、どこにいるかを確かめる必要はないだろうし、禁断の行為を成し遂げたあとに、アルファオスに対して過剰な服従の表現を見せることもないだろう。彼らは規則をある程度まで内面化しているのだ。かつて、アーネムのチンパンジーのコロニーで、アルファに次ぐ地位にあるベータオスのレウトがアルファオスのイェルーンと争い、初めて打ち負かしたあと、より複雑な表現が見られた。夜間用の区画で二頭だけになったときに、その争いは起こった。コロニーの仲間たちは、翌朝、島に放たれたときになってようやく、争いが敗者の体に残した衝撃的な結果を目の当たりにした。

イェルーンの傷を見つけたママは、威嚇するような声を発しながら四方八方を見回した。すると、レウトは取り乱し、金切り声を上げたり、叫んだりしたので、いったい何があったのかと、他のチンパンジーたちがやって来た。彼らが周りに群がってフーティングしていると、「犯人」のレウトも金切り声を出し始めた。彼はそわそわした様子で次々にメスに駆け寄り、抱き締めたり、尻を突き出したりした。それから、その日のほとんどの時間、イェルーンの傷の手当てをして過ごした。イェルーンは、レウトの強力な犬歯にやられて、片足に深い切り傷が一か所、脇腹にも傷が二か所できていた。[31]

レウトは階層制の掟を破った点で、犬のブリーのものと似た状況に陥っていた。それまで何年にもわたって、誰もけっしてイェルーンを傷つけたことはなかった。この集団の反応は、なんとひどいことをする！　というメッセージを伝えているようだった。レウトは精一杯償いをしたが、イェルーンに対して優位に立とうとする戦略は捨てなかった。争いのあと、何週間にもわたって圧力をかけ続け、ついにイェルーンをボスの座から退かせた。レウトは、自分がどう振る舞うべきかという内面の規則があったから後ろめたさを感じ、自分が負わせた傷に反応したのか？　それとも、コロニーがどう反応するか、心配だっただけなのか？

　この点では、ボノボはチンパンジーを凌ぐ。ボノボの間では暴力はあまりに稀なので、暴力沙汰があると、彼らのほうがいっそう気を揉む。攻撃した側は、自分の行動への後悔に共感も加えるように見える。あとで、急いで仲直りしようとするからだ。これとは対照的に、他の霊長類では、仲直りは普通、下位者が口火を切る。だが、ボノボは違い、後悔しているように見えるのはたいてい上位者で、相手を傷つけたときにはなおさらだ。あるボノボが犠牲者の所に戻り、自分が噛んだまさにその足指にためらうことなく手を伸ばして傷を調べたことを、私は覚えている。彼の行動は、自分が相手のどこにどうしたかを正確に知っていることを示していた。後悔を示唆する状況があるならば、私にしてみれば、まさにこういう場面だ。上位のボノボが犠牲者のもとに駆け戻り、自分が負わせた傷を三〇分以上も舐めてきれいにしてやるのだから。

　ボノボが何を感じているのか、はっきりしたことは知りえないが、私は少しばかりシニカルな気分のときには、人間の後ろめたさについても、よく似た疑問を投げかけることは付け加えておかなければならない。私たちは内面化の力を過大評価してはいないだろうか？　戦争や飢饉や政情不安のときのように、状況が変わった場合には、人はありとあらゆる抑制をかなぐり捨ててしまうではないか。捕まる可能性がほとんどないときや、資源が乏しくなったときには、多くの正直な市民が平気で略奪や盗みや殺しを働く。遠い異国でのバカンスのような、そこまで劇的ではない変化さえもが、公の場での酩酊やセクシュアル・ハラスメントのような、故郷では考えられないような不埒《ふらち》な振る舞いを促す。

　自分の良からぬ振る舞いについて後めたく感じると言って謝罪する人にも、私はいつも納得がいくわけではない。むしろ私は、無言の後ろめたさのほうが好ましいと思う。有名人の謝罪（apology）には、偽りの情動や空涙《そらなみだ》が付き物なので、それらは謝罪の形式はとるものの、実際には責任をとらない発言を意味する。「非謝罪（nonpology）」や「偽謝罪（fauxpology）」として知られるようになった。被害者に責任を負わせることも多い。「私のツイートであなたが不快に感じて申し訳ない」といった発言がそうだ。一九八八年、アメリカの有名なテレビ伝道師ジミー・スワガートは、売春婦といるところを見つかった。そのあと、彼はテレビで泣きに泣き、川のように涙を流しながら、この罪を赦すように神や自分の信徒に乞うた。数年後、彼は再び同じ罪を犯している現場を押さえられた。人間で後ろめたさの表現として通っているものは、犬の場合とまさに同じで、善悪の区別を心の奥底から感じた証拠ではなく、好ましくない結果を回避する手段であることが多い。

私は、人間がこの区別をつけられることや、実際に後ろめたさを感じられることを否定しているわけではないが、後ろめたさと、なだめ／服従の違いは、私たちが思いたがっているほど明確ではない[32]。後ろめたさは、宗教と文化の産物だとされたり、償いをして、なした害を修復するように私たちを駆り立てる情動と定義されたりすることが多い。これはすべて、とても素晴らしいし、正しくもあるが、恐れという要因も軽視してはならない。後ろめたさと不安はしばしば同時に起こり、増幅し合う。これらいっさいの背後には、宗教や文化よりもはるかに根本的なものがある。後ろめたさと羞恥を募らせるのは、あらゆる社会的動物にとって死活問題である、所属への強い願望だ。根底にある最大の不安は、集団に拒絶されることだ。この不安があったからこそ、レウトは傷ついた競争相手の周りに集まったメスたちを抱き締め、ブリーは鬱状態に陥り、ティーンエイジャーは親をきまり悪く思い、スワガートは嘘泣きしたのだ。他者を怒らせたり、彼らの愛情や尊敬を失ったりしないかという懸念が、最終的に人間の羞恥や後ろめたさの原動力となる。

　他の動物でもこの恐れが似たような行動の根底にあるので、幼いチンパンジーのグアの話でこの項を締めくくろう。一九三〇年代にウィンスロップ・ケロッグと妻のルエラが自宅で育てていたグアは、養父母に叱られたときに、たいていどう応答したか？　私はグアの反応を、必ずしも羞恥あるいは後ろめたさの証拠と考えているわけではないが、彼女は所属したい、赦されたいという強い願望をたしかに示している。私の見るところでは、この願望が羞恥と後ろめたさという情動の両方の根源だ。グアは物事が丸く収まったときにはきまって深い安堵の溜め息をついた、とケロッグ夫妻は記している。

グアは、壁をかじったり排泄をしくじったりといった失敗をして罰せられたとき、あるいは、こちらのほうが多かったのだが、単に叱られたときには、「ウー、ウー」という鳴き声を上げ、私たちの腕の中へ駆け込もうとした。「もし私たちが彼女を押しやると」必ずもっと激しく叫んだり金切り声を上げたりし、彼女を喜んで受け容れる気があることを合図するとようやく落ち着くのだった。そして、とても速いリズムの「ウー、ウー」に発声が変わり、同時に彼女は両腕を伸ばし、駆け寄ってくる。私たちの肩の高さまで立ち上がって、こちらの顔に一生懸命、顔を近づける。次の反応は、仲直りのキスだった。もし私たちがそれを黙認し、彼女の誘いに応じると、一メートル以上離れた所でも聞こえる、大きな溜め息をつくのだった。[33]

オエッとなる要因

嫌悪を覚えて鼻に皺を寄せる仕草は、雨の日にチンパンジーの間でよく見られる。私はそれをチンパンジーの「雨の顔《レイン・フェイス》」と呼んでいる。土砂降りが始まると、チンパンジーは老いも若きも揃って、上唇を鼻の近くまで引き上げ、下唇をわずかに突き出し、ひどく顔をしかめる。目はなかば閉じられ、歯が覗いている。チンパンジーは手が濡れるのが大嫌いなので、濡れた草の中を行くときには、この顔をしながら、手を胸の前できちんと重ね、いかにも惨めそうに二足歩行する。私には、この顔は人間でも馴染みがある。なぜなら、オランダは世界一の自転車大国だからだ。晴雨に関係なく、厖大な数のサイクリストが群れを成して大都市を行き交う。自転車が通勤や通学の手段なのだ。雨が降るたびに、ビニールのポンチョをまとったサイクリストは悪天候を呪い、その日はずっと濡れた服で過ごさなければならないことに嫌気がさして、レイン・フェイスを見せる。

嫌悪と嫌気は、とりわけ古い情動で、特定の脳領域と結びつけられている数少ない情動に入る。その脳領域とは島《とう》皮質（単に「島」とも呼ばれる）だ。この領域を活性化すると、口の中にあるものなら何に対しても強烈な嫌悪が生まれる。たとえば、ピーナッツを美味しそうに噛んでいるサルも、島を刺激されると途端にそのピーナッツを吐き出す。同時に表情を変え、上唇を引き上げて鼻に皺を寄せ、舌を使って口から食べ物を押し出す[34]。人間で実験すると、排泄物や腐りかけた生ゴミ、蛆の湧いた食べ物といった、吐き気を催させるものの写真を見たときに、同じ島が活性化する。私たちも上唇を鼻の方へと引き上げ、目をなかば閉じ、眉をひそめる。鼻に皺を寄せる特徴的な仕草は、漂ってくる汚れた空気といった、迫り来る危険から目と鼻孔を守る筋収縮が儀式化したものだ。英語では、何かに対して turn up one's nose と言う〔文字どおり訳せば「鼻を上に向ける」となるが、「鼻であしらう」「馬鹿にする」という意味がある〕。

サルと類人猿と人間で同じ表情が見られ、同じ脳領域が関与しているので、すべて同じ情動であることが窺える。とはいえ、嫌悪は霊長類よりも古い。なぜならあらゆる生き物が、危険な物質や寄生動物を退ける必要があるからだ。ラットは吐き気を催させる食べ物の臭いを嗅ぐと、口を大きく開く（ゲーピング（gaping）と呼ばれる。おそらく嘔吐の意図行動）。猫は香水の匂いに尻込みするし、べとべとしたものに触ると、狂ったように足を振る。犬は酸っぱい匂いがするとクンクン鳴き、口をすぼめる。猫は、死んだゴキブリのような、悪臭を放つものに出くわすと、その忌まわしいものの周りを足で掻いて、土で覆おうとする。キッチンの床のように土がない場所でさえも、だ。かわいらしいものだ。こうした反応はみな、煎じ詰めれば、有害な物質から自分を守ることに行き着く。これは「本能的嫌悪（visceral disgust）」として知られ、免疫系の延長にある行動で、体の奥底に由来し、制御することはほとんどできない。

　奇妙な展開のせいで、嫌悪は情動のシンデレラとなった。出自は慎ましいが、今日、嫌悪ほど心理学者から愛情と注意を向けられる情動は他にない。それは、道徳性とのつながりのおかげだ。私たちは、近親姦や獣姦のような、特定の種類の行動に嫌悪を覚えるが、政治的腐敗や国家への叛逆、詐欺、偽善に対しても同じだ。癌患者を装ってインターネット上で寄付を募ったり、権利もない場所に駐車したりする人に、私たちは啞然とし、「唾棄すべき」人たちと呼び、「後味の悪い」話だと言ったりする。政治家は、特定の民族集団など、国民の一部への反感を煽《あお》りたいときには、嫌悪という切り札を使う。それらの人々は、私たちがひどく嫌う特定の動物のようだ、あるいは、そうした動物のような臭いがする、などと言う。彼らのことを話しているときに、顔をしかめさえする。逆に、私たちは清潔さを徳や良いことと同一視する。怪しげな稼業から「手を洗う」ときには、ポンテオ・ピラトと同じように、清浄さイコール潔白と言っているわけだ[35]〔「手を洗う」というのは、日本語で「足を洗う」に相当する英語の表現。ピラトはローマ帝国のユダヤ属州総督で、イエス・キリストの処刑を許しておきながら、手を洗って自分に責任がないことを示そうとしたとされる〕。「道徳的嫌悪」に関する昨今の文献には行き過ぎたものがあり、それらはもともとの情動をほんの付け足し程度にしか扱っていない。そして、人間の嫌悪を文化的現象に祭り上げ、単なる病原体回避からはほど遠い、後天的な分別としている。

　私たちは通常、嫌悪を覚えるような食べ物のことを、「むかつく」と言う。私たちは自分の文化の中で他者から食習慣を学ぶので、別の文化では人々が大好物にしている食べ物さえも、ひどく嫌うことがありうる。かつて私は、札幌の酒場で総立ちの拍手喝采を受けたことがある。匂いのきつい発酵大豆食品である納豆を、器に半分食べた最初の西洋人（真偽はともかく、少なくともそう言われた）だったからだ。私はずいぶんと誇らしく思ったが、それから誰かに、気に入ったかどうか訊かれた。当たり障りのない返答を思いつく前に、気持ちが顔に出てしまった。誰もが笑った。一方、日本人はリンゴやナシの皮は食べたがらず、必ず剝く。私には奇妙に思えるのだが。人間には後天的な好みや嫌悪があることは明らかだ。動物にはそのような文化的な区別はない。いや、そう言われている。彼らは、何を食べるべきで何を避けるべきかを、本能的に知っているからだ、と。

　広く受け容れられている考え方は他にもある。たとえば、人間は自分の体やその生成物を忌まわしいものに分類するので、嫌悪は人間を動物から隔てるのを助けている、という考え方だ。私たちにとって、腐った植物や果実は、腐敗しかけた動物の死骸や排泄物、血液、精液、消化管などほど気にならない。そして、私たちをむかつかせるのは、死んだ動物の姿や臭いだけではない。死骸を目にすると、自分も死ぬ運命にあることを思い知らされるから嫌なのだという。私たちは死をひどく恐れているので、動物やその儚《はかな》い存在と自分自身の共通性を強調するものは、すべて憎む。動物から尻込みすれば、実存にまつわる疑問に対処しやすくなる。だから、嫌悪は文明の証以外の何物でもないと考える科学者がいるのだ！

　危険な物質を寄せつけないために進化した単純明快な情動についての、こうした仰々しい考え方に出くわすと、私は頭がくらくらする。学者というものは、苦労して練り上げた自分のたいそうな説に我を忘れてしまいがちだ。彼らは嫌悪の平凡な起源へとさかのぼる道筋を、じつに効果的にぼやかしてのけたので、嫌悪はまるで真新しい情動のように見え始めた。そして、それは情動にとどまらず、私たち人間を特徴づけ、私たちがあげた素晴らしく高尚な業績の数々を説明できる、心的活動とさえ見なされている。もっとも、すべての心理学者がそう考えているわけではない。嫌悪の感情をじっくり調べてみれば、たとえ道徳の領域に当てはめられたときにさえ、まったく同じ情動が島で起こり、鼻に皺を寄せるかたちで表現されることがわかると感じている研究者もおり、私もその一人だ。

　動物が大好きで、日々彼らと接している私のような人間にとってとくに苛立たしいのは、動物を忌み嫌うことがどういうわけか文明の進歩につながるという考え方だ。もしそれが正しいのなら、なぜ私たちは大量の動物を自宅に連れてきて、四六時中、排泄物を片づけなければならないにもかかわらず、家族のように手厚く世話をするのか？　猫好きの人は専用のトイレにする砂箱が気にならないし、犬の愛好家は糞をすくい取るのを厭わない。馬を愛する人々が平気でする作業には、触れるまでもないだろう。人間がどれだけ動物に頼っているか、見てほしい。食べ物としてばかりか、土地を耕したり、将兵を運んだり、航空便を送ったり（伝書バト）、麻薬を嗅ぎ分けたり、猟をしたり、羊の群れの番をしたり、病人を慰めたり、ネズミを捕まえたり、花に受粉させたり、といった、じつに多くの目的でも利用している（あるいは、してきた）。もし人間が動物を嫌悪するのなら、なぜアメリカだけでも毎年推定で一億七五〇〇万もの人が動物園を訪れるのか？　フェイスブックで動物の動画がどれだけ観られているか考えてほしい。子供向けのアニメーション映画には、口を利く動物がいくらでも出てくる。玩具店では、クマやゾウや恐竜などの高価なぬいぐるみが売られており、子供たちはそれを抱き締めながら眠る。実際、人間は極端なまでに動物に惹かれており、「ライオンのように勇敢な」「フクロウのように賢い」「ビーバーのように忙しい」といった表現で彼らを褒め讃える。たしかに西洋では、動物界から切り離して人間を眺めることが好まれるとはいえ、もっと自然の近くで生きていた私たちの先祖は、そんな幻想のような見方はしていなかった可能性が高い。おそらく彼らは、未開の人々が今もしているように、動物神たちを崇拝していただろう。したがって私は、人間の嫌悪は人間の獣性の否定とは、まったく関係ないと思っている。

　嫌悪という情動が文化的起源を持つと考えられている事実は、他の種の文化についてわかっていることに照らしてみると、じつに興味深い。動物たちも文化的嫌悪を持っている可能性は十分ある。パンダは一日中、笹や竹をもぐもぐ食べているし、コアラはユーカリの葉しか消化しない。彼らのように単一の食べ物に頼っていて、何を食べるべきかを本能的に知っている種もあるが、それは稀だ。熱帯雨林には無数の種類の植物があり、霊長類はその果実と葉を食べる。それらの植物の大半は食べられず、毒を持つものもあれば、食べると気持ちが悪くなるものもあるので、霊長類はどの種を食べるべきかを、どうやって知るのか？　彼らは、何を食べるかや、どれほど熟しているかに細心の注意を払う。色覚が霊長類で進化したのは、そうした区別を助けるためだったと考えられているほどだ。チンパンジーは自ら狩りをして、かなり多くの肉も食べる。彼らは、腐敗しかけている死骸に対して、私たちと同じ感受性を持っているに違いない。自分たちが殺さなかった動物の死骸を漁る機会があっても、そうしないからだ。ラットの死骸を使ったタラのゲームがあれほどうまくいったのも、この嫌悪で説明がつく。

幼いチンパンジーは、何を食べ何を避けるべきかだけではなく、手に入れ難い食べ物をどう獲得するかも、年長のチンパンジーから学ぶことが、豊富な研究からわかっている。彼らは、シロアリを巣から吊り上げたり、木の実を割ったり、ハチの巣から蜂蜜を取ったりする方法を学ぶ。私たちの実験では、類人猿が模倣の達人であることがわかった[36]。この能力は、自然界における彼らの生息地では、文化的に獲得した食べ物の好みに反映される。今日、文化研究は、鳥類や魚類からイルカやサルまで、多種多様な種に及ぶ。それが嫌悪とどう関係するかは、南アフリカの猟鳥獣保護区域での見事なフィールド実験で例証することができる。

オランダの霊長類学者エリカ・ファン・ドゥ・ヴァール（私とは縁戚関係なし）は、野生のサバンナモンキーにトウモロコシの粒が詰まったプラスティックの箱を与えた。顔が黒く、小柄で、灰色がかった毛色のサバンナモンキーは、トウモロコシが大好物だ。だが、そこには仕掛けがあった。青い粒とピンクの粒を用意しておき、一つの集団では、青い粒は美味しく食べられたが、ピンクの粒はアロエを少し交ぜてまずくしてあった。別の集団では、逆に、青い粒にアロエを交ぜておき、ピンクの粒は美味しく食べられた。どちらの色のトウモロコシが美味しいか、まずいか次第で、連合学習〔二種類の刺激の組み合わせによって新たな反応を獲得する学習〕によって、青いトウモロコシを食べることを学んだサルもいれば、ピンクのほうを食べることを学んだサルもいた。だがその後、ファン・ドゥ・ヴァールらはすべての箱からまずかったトウモロコシを取り除くと、子供が生まれるのを待った。いくつかのサルの集団が、今度は申し分なく美味しい両方の色のトウモロコシを与えられたが、みな身についた好みにこだわり、もう一方の色のトウモロコシが美味しくなっていることにまったく気づかなかった。そして、新しく生まれた二七頭のうち、両方の色のトウモロコシを食べることを学習したのは、一頭だけだった。残りは母親と同じように別の色のほうは触りさえしなかった。好みの色のもの同様美味しく、何の障害もなく手に入れられるというのに。子供たちのなかには、拒絶されたトウモロコシの入った箱に座りながら、好みのトウモロコシを嬉しそうに食べる者さえいた。唯一の例外は一頭の幼い子供で、その母親は地位が非常に低く、あまりにも空腹だったため、この禁断の食べ物をときどき食べていたのだ。だから、この幼い子供さえも、母親の食性に倣ったわけだ。[37]

　体制順応主義の力は強大だ。この手の順応は少しも突飛な行動ではなく、広く行なわれている。幼児は、何を食べ何を避けるかについて母親のお手本に従うほうが、何でも自ら突き止めようとして食中毒を起こす危険を冒すよりも、うまく生きていかれる可能性が高い。これは当然、動物たちも嫌悪を獲得しうることを意味する。まずいトウモロコシを拒むようになった大人のサルは、やがてその好みを自分の子供に伝えた。幼い子供が、母親が拒んだトウモロコシに実際に嫌悪を覚えたかどうかははっきりしないが、行動の点から言えば、彼らは明らかに一方には惹かれ、もう一方は嫌う様子を見せた。これが人間だったなら、私たちは情動を表す言葉をためらうことなく使うだろう。

　幸島《こうじま》という、日本の亜熱帯の島で、フランスの霊長類学者セシル・サラビアンは、野生のマカクの嫌悪反応を研究した。彼女は浜辺に三種類の物を隣り合わせに置いた。サルの糞と、本物そっくりのプラスティックの糞と、茶色のビニールのノートカバーだ。次に、それぞれの上に、ひと粒の小麦（サルは小麦を食べるが、貪るほど好きではない）か半粒のピーナッツ（サルの好物）を載せた。サルたちはそれらを見つけるとすぐ、ピーナッツを全部つまみ上げて食べた（ただし、糞に触れたあとは、手をごしごし擦ることがあった）。小麦の粒もビニールのノートカバーからはつまみ上げたが、本物と偽物の糞からは、半分ほどしか取らなかった。つまりサルたちは糞の山に嫌悪を覚え、小麦は我慢したが、ピーナッツの場合には欲望のほうが勝ったわけだ。汚染されているかもしれない食べ物を食べるのは、つねに嫌悪と栄養価の間のバランス芸であり、小麦とピーナッツでは、栄養価はピーナッツのほうが高い。サラビアンは現在、チンパンジーとボノボを対象に、同じようなテストを行なっており、彼らが非の打ち所のない食べ物さえ拒絶するほど、ひどく嫌悪する「汚染物質」があることがわかってきている[38]。

嫌悪は、食べ物がなくても、不純物や汚物が引き起こしうる。雨は不潔でさえないのに、私たちは仲間の類人猿たちと同様、嫌いなので顔をしかめる。タクシーに乗ったときに内部が不潔だと、私たちは嫌悪を覚えるし、よその家の汚いトイレに対しても同様だ。私たちは自分の健康（機能的な側面）を大切にするし、不潔でいるのが大嫌い（情動的な側面）なので、毎朝シャワーを浴び、歯を磨くのと同じように、動物も自分の健康面での恩恵のためだけでなく、清潔さへの欲求と不純物への嫌悪からも、身体的な衛生を追い求める。羽繕いしている鳥が、嘴《くちばし》でどれほど注意深く自分の体、とくに翼と尾の大羽《おおばね》（長くて硬い風切《かざきり》羽）をきれいにするか、見てみるといい。

そのうえ、羽繕いをすると楽しくもなる。私は学生時代、週に一度、水を張った大きな器を寮の部屋の床に置き、飼い馴らしたコクマルガラスたちに、思う存分しぶきを上げながら水浴びさせた。それから彼らは午前中ずっと、羽を一本残らず嘴で掃除した。それが終わる頃には、全身がふわっと膨んでおり、それから突然「歌」を歌い出す（わざわざ鉤括弧《かぎかっこ》に挟んだのは、コクマルガラスの鳴き声はあまり耳に快くはないからだ)。完璧に身繕いして最高の気分でいることは明らかだった。同じような潔癖さは、顔をはじめ、体のあらゆる部分を念入りに舐めたり擦ったりする猫にも見られる。獲物に忍び寄る動物は、清潔であれば自分の匂いを獲物から隠す助けになる。家猫は、目覚めている時間の最大二五パーセントを身繕いに費やし、汚れ一つない状態にすると言われている。

身を置く場所をこぎれいで清潔にしておきたいという欲望は、多くの種でよく見られる。巣を作る動物はたいてい、整然として、散らかっていない環境を好む。ニワシドリのオスは、メスを惹きつけるために、巣の中庭に何百もの小さな飾り物(花、甲虫の硬い前翅《ぜんし》、貝殻など)を置き、絶えずそれを並べ直す。鳴き鳥は、雛《ひな》が排出する粘膜の袋に入った糞を入念に取り除く。彼らはその白い袋を嘴にくわえて飛び立ち、巣から離れた場所に捨ててくる。ハダカデバネズミのトンネルの中には、トイレ専用の部屋がある。それが汚れると土でふさぎ、別の場所に新しい部屋を掘る。清潔さの利点は明白だ。きれいな羽は飛翔を助け、きれいな巣は寄生動物や捕食者を寄せつけない。だが、私たちはその根底にある情動にもっと注意を払うべきであり、その情動には、その場にふさわしくないもののいっさいに対する強い嫌悪が含まれる。不純物に対する嫌悪を持つ種は厖大な数にのぼる。

最後に、動物の間で見られる嫌悪は、社会的な性質も持ちうる。人間に関しては、心理学者たちが好んで話題にする性質だ。他の霊長類も、社会的行為や特定の個体に嫌気が差すことが現にありうる。真っ先に私の頭に浮かぶ例は、アメリカの手話を教え込まれたチンパンジーのワショーの逸話だ。彼女は、汚れた家具や服に対して、「汚い」という手話単語を使うことを覚えた。あるとき、一頭のマカクにひどく苛立った彼女は、手話で「汚いサル! 汚いサル!」と繰り返し表現した。これはこの単語の新しい用法で、ワショーは一度も教わったことがなかった。そこからは、ワショーにとって社会的嫌悪は汚物に対するときと同じように感じられたことが窺える。

個体に対する嫌悪は、年老いたオスがメスに求愛するときには性的な文脈を持つ。年老いたオスのチンパンジーが、思春期のメスたちと交尾しようとしたとき、メスたちが金切り声を上げながら文字どおり逃げ去るのを、私は見たことがある。発情期には、アカゲザルのメスも、年嵩《としかさ》のオスが向かってくるのを目にした途端、その場を離れる場合がある。若いメスはおそらく、自分の父親であってもおかしくないほどの年齢のオスに妊娠させられるのを避けよう（そして、それによって近親姦を避けよう）としているのだろうが、彼女らはどう見ても、まるでぞっとしたように振る舞う。近づいてくるオスが自分の血縁者だと、嫌悪はなおさら明白になる。ある野生のチンパンジーは、息子からの交尾の誘いを拒絶したが、息子が脅かして強要し続けると、とうとう従った。とはいえ、それは嫌々ながらのことで、「ずっと大きな金切り声を上げ続け、射精の前に飛びのいた[39]」。

一九六〇年代に、ゴンベ国立公園はポリオの突発に見舞われた。ジェーン・グドールが記しているように、罹患したチンパンジーは手足が麻痺し、森の中を動き回ったり、木に登ったりできなくなった。そして、奇妙な行動パターンをとらざるをえなくなった。コミュニティの健康なチンパンジーたちは、そんな彼らにひどく当惑した。たとえ近寄ることがあっても、安全な距離を置いて立ち止まり、「フー」という警告の声を小さく発する場合もあった。病気にかかった仲間に触れることは稀で、グルーミングはけっしてしなかった。これはきわめて珍しい。ある大人のオスは、両脚が動かせなかったにもかかわらず、大変な努力をして、樹上でグルーミングしている二頭のオスに加わろうとしたが、二頭は揃って遠ざかり続け、相手にしなかった[40]。

　排泄物に対する動物の嫌悪にさえ、社会的な要素がある。類人猿の母親は、幼い子供の汚物にまみれることがよくある。赤ん坊を一日中抱いたり負ぶったりしているからだ。だから母親たちは、自分の仕事の一部であるかのように、落ち着き払って対処する。たいていは、排泄が間近であることを赤ん坊の行動から感知し、子供を自分の体から少しばかり遠ざける。もし手遅れだったときには、草木の葉を何枚か手に取り、汚れを拭き取る。それとは対照的に、チンパンジーが別のチンパンジーを攻撃しているときに、相手が恐れのあまり下痢をして、それを浴びると、予想もしていなかった汚れに明らかに動揺し、狂乱したように必死に体を動かし、擦り落とそうとする。彼らに嫌な思いをさせるのは、排泄物そのものだけではなく、誰の排泄物かでもあるのだ。

　外集団の成員に対する嫌悪はなおさら強く、彼らに直接結びついているものにまで及びうる。チンパンジーのオスが縄張りの境界を巡回しているときに、自分たちの側の森に近隣のオスが作った寝床を見つけると、当然ながらこれを侮辱と受け止める。そして、オスの何頭かがその木に登り、注意深く臭いを嗅ぎ、その寝床を検めてから、揺すってばらばらにし、使われていた枝を一本残らず引き抜き、完全に破壊する。犬が自分の縄張りで敵の臭跡を見つけ、意図的にその上に排尿するのも、同じ種類の嫌悪に衝き動かされてのことだと、私は想像する。この関連で、面白い話がある。アフリカの平原で、ある晩、一人のフィールドワーカーがテントの外に長靴を置いておいた。翌朝、履こうとすると足がぐにゃっとしたものに触れた。調べてみると、ヒョウの糞だった。このネコ科の大型動物は、彼の足の臭いを不快に思い、消し去ることにしたに違いない。

他者の行動が動物に、私たちが道徳的嫌悪と呼ぶものに匹敵するような嫌悪を覚えさせるという例はあまりない。だからといって、そのようなことが起こらないというわけではない。これまで誰もそうした例を探してこなかっただけだ。例外としては、霊長類が他者の「性格」をどう評価するかに関する、ひと握りの研究がある。京都大学の研究者たちは、ある場面にオマキザルがどう反応するかを試した。その場面では、人間がプラスティック容器の蓋を開けるのに苦労しているふりをし、実験者に助けを求める。実験者は親切に手を貸す。次の場面では、その人は別の実験者に助けを求めるが、相手は背を向けて、願いを無視する。サルたちは、親切な人と利己的で嫌な人のどちらを好むだろうか？　言っておくが、サルに見せたのは、実験者がサルではなく他の人間をどう扱ったかだ。サルたちは、二つの場面が目の前で演じられるのを見たあと、卑劣な実験者の非協力的な振る舞いに嫌気が差し、その実験者はいっさい相手にしなかった[41]。

こうした実験は、道徳性の進化にかかわっている。そして、ますます頻繁に行なわれるようになっている。道徳性の進化は、私にとって重要なテーマで、これまでも拙著で取り上げてきた。実例はいくらでも挙げられるが、チンパンジーの間での社会規範の違反に関する話を一つだけ紹介しよう。ヤーキーズ国立霊長類研究センターのフィールド・ステーションで、コロニーのアルファオスのジモが、自分のお気に入りのメスの一頭と、ある思春期のオスがこっそり交尾しているのではないかと疑ったときのことだ。

私は自分のオフィスの窓から一部始終を見守っていた。その窓からは、フィールド・ステーションが端から端まで見渡せた。一方、地上のチンパンジーたちは、多くの障害物で視野を遮られていた。

そのおかげで、その若いオスとメスは、一時的にジモの視界から逃れることができた。ところが、ジモはどうも怪しいと気づいて、二頭を探しに行った。普通なら、犯人を追い払うだけだが、どういうわけか（ひょっとしたら、メスのほうにその日、拒まれていたからかもしれない）、若いオスに全力で襲いかかり、いっさい容赦しなかった。ここで付け加えておかなければならないが、大人のオスは子供のチンパンジーをしばしば殴りつけたり、手荒く扱ったりするとはいえ、このコロニーのメスたちは、犬歯で噛みつくことは許さなかった。そこで一線を引いていたのだ。それなのに、ジモは激怒していたので、放飼場の中で若いオスを徹底的に追い回し、完全なパニックに陥らせた。どうしても彼を捕まえて罰するつもりらしかった。

ところが、ジモが目的を達する前に、近くにいたメスたちが「ウォアオウ」と吠え始めた。この憤慨の声は、不当な攻撃者や侵入者への警告だ。最初、メスたちは周りを見回し、他のチンパンジーたちがどう応答するか確認していた。他のメスたち、とくにアルファメスが加わると、吠える声が強まり、文字どおり誰もが声を上げ、耳をつんざくような大合唱となった。群れが採決をしているような印象を与える場面だった。抗議が最高潮に達すると、ジモは不安そうに大きく歯を剝き、攻撃をやめた。メッセージを受け取ったのだ。

私は、道徳的な非難が行なわれるのを目の当たりにした気がした。

情動は臓器のようなもの

思いきった意見を述べることから始めよう。情動は臓器のようなものだ。すべて必要とされ、私たちはそのいっさいを他の哺乳動物と共有している。

臓器の話となれば、これは明白だ。心臓や脳や肺など、不可欠の臓器もあれば、膵臓や腎臓のように、それよりは必要性が低いものもあるなどと主張する人はいないだろう。膵臓や腎臓に一度でも問題を抱えたことがある人なら、私たちの体の中の臓器は一つ残らずなくてはならないものであることを知っている。そのうえ、私たちの臓器には、ラットやサル、犬、その他の哺乳類の臓器と根本的な違いはない。だが私は、哺乳類の範囲内にさえとどまりたくない。哺乳類を他の動物と区別している乳腺を除けば、すべての臓器は、カエルや鳥を含め、あらゆる脊椎動物が共有している。学生時代、私は多くのカエルを解剖したのでよく知っているが、彼らには生殖器や腎臓、肝臓、心臓など、すべてが揃っている。脊椎動物の体には特定の仕組みが必要で、そのうちどの部分が欠けたり機能しなくなったりしても、その動物は死んでしまう。

とはいえ、情動に関してははっきり異なる考え方がまかり通っている。人間にはほんのわずかな「基本的」あるいは「一次的」情動しかなく、それらは生存に必須と考えられている。その数は研究者次第で変わり、二つから一八までさまざまだが、たいていは六つほどだ。明白な基本的情動には、恐れと怒りがあるが、それ以外にも傲慢や勇気や軽蔑もある。基本的な情動もあれば、それほど基本的ではない情動もあるという考え方は、アリストテレスにさかのぼり、「基本情動理論」として知られる理論に祭り上げられた。ある情動が「基本的」なものに数えられるためには、世界中の人間によって表現され認識されるとともに、生まれつきのものでなくてはならない。基本的情動は生物学的に原初のもので、他の種と共有されている。[42]

一方、画一的な表現がない人間の情動は、「二次的」、あるいは「三次的」とさえ呼ばれている。それらは私たちの生活を豊かにしてくれるが、絶対に必要というわけではない。なしでも大丈夫だろう、というわけだ。そのうえ、それらは人間ならではで、文化ごとに異なるという。二次的情動とされるもののリストは長いが、もうおわかりのとおり、私はこの説に完全に反対で、そもそもそんな情動が存在するとさえ思っていない。この説は破綻している。私たちの体内の臓器は、すべて必須であるわけではないと言うようなものだ。虫垂（盲腸とつながっている行き止まりの短い管）ですら、もう「余分」とか「名残」とか言われることはない。なぜなら、何度も独立して進化しているため、生存価があることに疑問の余地がないからだ。有益な細菌の棲みかとなるのが、おそらくその機能で、それらの細菌は、たとえば、重症のコレラや赤痢になったあと、消化管に活動を再開させるのを助ける。私たちの体のあらゆる部分に目的があるのと同じように、どの情動も理由があって進化した。

第一に、自負や羞恥、後ろめたさ、復讐心、感謝、赦し、期待、嫌悪についてすでに見たとおり、それらが他の種でも存在する可能性を排除することはできない。これらの情動は、人間ではもっと発達しているかもしれないし、より広範な状況で使われるかもしれないが、根本的に新しいものではない。人間の文化のなかには、それらのうちの一部を強調するものがあるからといって、こうした情動が生物学的な起源を持たないとはとうてい言えない。

第二に、どれであれ、ありふれた情動が機能を持たない可能性は非常に低い。何かに対して激しく興奮し、夢中になることの代償や、そのような状態が意思決定に与える影響を考えれば、余剰な情動があったなら、信じられないほどの負担となることだろう。私たちをあらぬ方向に導きかねないから、その種の重荷を自然淘汰が私たちに担わせることなど断じてありえない。だから私は、あらゆる情動は生物学的であり、必須でもあると言うのだ。他の情動よりも基本的な情動などないし、人間ならではの情動もない。私にとってこれは、論理上必然の立場だ。情動は体と緊密に結びついていており、すべての哺乳類の体は根本的に同じであることを踏まえれば、そうなる。だからこそ、多種多様な爬虫類や哺乳類、両生類、その他の陸上動物でどのような情動が湧き起こっているかを、実験で人間の参加者に推測するように言うと、それらの動物の声を聞くだけで、驚くほどうまくやってのけられるのだ。あらゆる脊椎動物が同じようなかたちで情動を伝えることを可能にする「聴覚の普遍的特性」が存在するようだ[43]。

注意してほしいのだが、私は今、感情については語っていない。感情は情動よりも知るのが難しく、もっと変化に富んでいるかもしれない。感情は自分の情動の主観的な評価だから、文化ごとに異なる可能性が十分ある。動物が何を感じるかを知るのは難しいが、彼らの感情への到達不能性には二つの面があることを承知しておくといい。一方では、彼らが何を感じるか、私たちは推測することしかできない。だがその一方で、何であれ特定の感情を彼らが持っている可能性を排除することもできないのだ。肝に銘じておくべきこれら二面のうち、二つ目が無視されることがあまりに多いので、動物には感情がある可能性を退ける標準的な手口に、ここで少しばかり戻ってみよう。それは、注意を行動の機能と結果に移す、という手口だ。あなたが、二頭の動物が愛し合っていると主張した途端、彼らに愛は必要ない、肝心なのは生殖だけだから、という声が上がる。動物たちが自負を見せると主張すると、彼らは単に体を膨らませ、自己を顕示しているだけだ、と言われる。ある動物が怖がっていると主張すると、危険から首尾良く逃れられさえすれば、動物は恐れなど必要としない、という反論が聞こえてくる。いつも、肝心なのは行動の結果ということになるのだ。

とはいえ、これはずいぶんと狡猾《こうかつ》なやり口と言える。なぜなら、結果が有益だからといって、情動を排除できるわけではないからだ。これは生物学では、「分析レベルの混同」として知られており、この過ちを犯さないように、私たちは日々学生に注意している。情動が行動の背後にある動機にかかわるものであるのに対して、結果は行動の機能にかかわる。両者は切っても切れない間柄にある。どんな行動も、動機と機能の両方を特徴としている。私たち人間は、愛するとともに生殖もする。自負を感じるとともに相手を畏縮させもする。渇きを覚えるとともに水を飲みもする。恐れるとともに自分を守りもする。嫌悪を感じるとともに体を清潔にもする。だから、動物の行動の機能的側面を強調しても、情動の問題はまったくなくなりはしない。その問題を回避しているにすぎないのだ。

動物は繁殖するためにだけ交尾すると、今度誰かが言ったら、このことを考えてほしい。繁殖だけがすべてのはずがない。異性どうしが出会わなくてはならない。互いに惹かれなくてはならない。信頼し合わなくてはならない。そして、性的に興奮しなくてはならない。どんな行動にも、それ特有のメカニズムがあり、それに情動がかかわってくる。交尾には、適切なホルモンの状態や性的欲望、配偶者選好性、親和性、さらには愛さえも必要とされる。これは私たちだけではなく動物にも当てはまる。

不思議な話だけれど、愛情と愛着が人間の基本的情動に数えられることは稀だ。だが私には、両者があらゆる社会的動物にとって、そして生殖以外の文脈でも、必須に思えてならない。鳥類の多くと哺乳類の一部で、一生にわたる強い一雌一雄制が見られる。この絆は、交尾とは無関係に続く（交尾を行なわない長い時期を含む）。母子の絆は哺乳類ではごく当たり前で、母親が赤ん坊を失ったときには、深い苦悩の原因となりうる。類人猿の母親がわが子を宙に持ち上げてそっと回して遊んでやっているところ（霊長類学者の間では「飛行機ゲーム」として知られている）や、ゾウの母親とその姉妹が子ゾウに極端なまでの注意を向けているところを目にしたら、そこに愛情を見ずにはいられない。愛情が基本的情動に分類されていない唯一の理由は、それが顔に表れないことだ。私たちには、怒りや嫌悪の表情はあるが、愛情の表情はない。私にしてみれば、これは顔に焦点を絞ってきた従来のやり方の限界を示しているように思える。この限界は、表情を自由に変えられない多くの動物に関しては、なおさら痛切に感じられる。

情動をどう分類するべきか、あるいは、そもそも情動とは何かを巡る果てしない議論からは、生物学にとって動植物の分類が何よりも大切だった段階が思い出される。「分類学」として知られるこの分野は、一八世紀と一九世紀が全盛期だった。ある生き物が独自の種を成す資格があるのか、それとも亜種と分類されるほうがいいのかという議論ほど激烈な（あるいは不毛な）議論はほとんどない。ＤＮＡのおかげでこの種の論争の多くが解決に向かっており、おそらくそれと同じように、神経科学が情動の分類を助けてくれることだろう。もし、後ろめたさと羞恥のような二つの情動が、脳の同じ領域の活性化を伴い、似たかたちで表現されるなら、両者が同種のものなのは明らかだろう。同じ自己評価の情動の、いわば二つの亜種のようなものだ。良き博物学者なら誰もがそうであるように、私たちも両者の区別にこだわり続けるのが大好きではあるが。その一方で、脳の活性化の仕方にも身体的な表現の仕方にもほとんど共通点がない、喜びや怒りのような情動は、情動という木の異なる枝に属している。すべての情動がそれぞれ独自の神経学的特徴を持っていると誰もが確信しているわけではないが、関連する脳の領域と回路をすべて特定するのが、自然科学に基づいた情動の客観的分類法を確立する最善の方法であり、それはＤＮＡの比較を利用して動植物の科を分類することに相当する。

　神経科学は、どの情動があらゆる種で相同かを判断するのにも役立つかもしれない。報酬を予期している犬とビジネスマンの脳が似ていることはすでにわかっているし、次の段階は、「後ろめたがる」犬をｆＭＲＩ（機能的磁気共鳴画像法）スキャナーに入れ、後ろめたく思っている自分を想像するように頼まれた人間の場合と同じ脳の回路が活性化するかどうかを確かめることかもしれない。

　ここで話は、島《とう》とその役割に戻ってくる。まずい食べ物や不道徳な行動に対する嫌悪、そして、ゴンベ国立公園のチンパンジーたちの場合には病気にかかった仲間に対する嫌悪で島が果たす役割に、再び目を向けよう。あらゆる種類の嫌悪をそれぞれ別個の情動と見る代わりに、すべて同じものと考えられないだろうか？　嫌悪のきっかけは、種や状況、さらには文化によってさえ違うが、この情動自体は、そしてひょっとするとそれに結びついている感情も、同じ神経基盤を共有している。アメリカの霊長類学者で神経科学者のロバート・サポルスキーは、進化が既存の情動にくくりつけることによってこの道徳的嫌悪という情動を生み出した可能性を、面白い一人称語りで説明している。

　うーん、共通の行動規範が守られなかったとき引き起こされる極端な否定的感情か。さて……。そういう感情に通じているのは、いったい誰だろう？　そうだ、島だ！　島は否定的な感覚刺激ならお手の物だ。それ専門と言ってもいい。それなら、やつの持ち分を増やして、この道徳的嫌悪の件も任せてしまおう。それでうまくいく。靴べらと粘着テープを取ってくれ[44]。

この筋書きは、人間のすべての情動に当てはまるかもしれない。私たちのあらゆる情動が、人間が他の哺乳類と共有している古代からの情動の改訂版なのだ。ダーウィンは進化を「変化を伴う系統」と定義している。これは、進化は完全に新しいものは稀にしか生み出さないと言うのに等しい。進化は古い特性を磨き直し、目下の必要に合うものに変えているにすぎない。だからこそ、私たちの情動には完全に新しいものは一つもなく、そのすべてが私たちの生活の中で必須の役割を果たしているのだ。

WILL TO POWER Politics, Murder, Warfare

第5章

権力への意志

政治、謀殺、争い

二〇一七年七月、当時大統領報道官だったショーン・スパイサーが、記者たちの質問をかわそうと茂みに隠れていたのを発見されたとき、私はワシントン政治が真に霊長類らしい性質を帯びてきたことを知った。その数週間前には、ジェームズ・コミーが背景に溶け込むために、わざわざ青いスーツを着て、青いカーテンの部屋の奥に立っていた。そうやって、この長身のＦＢＩ長官はなるべく目立たないようにし、大統領のハグを避けようと思っていたのだ。作戦は失敗した。

創造力を発揮して環境を利用するのは霊長類の政治の極みで、ボディランゲージの役割もしかり、だ。たとえば、ひれ伏す大衆を見下ろす高い玉座に座ったり、大衆の中にエスカレーターで下りてきたりするのもその例だし、片腕を上げて部下に腋の下にキスさせるという、サダム・フセイン考案のフェロモンを嗅がせる儀式もそうだ。選挙前の討論会での出来の評価と候補者の身長との関係もよく知られている。背の高い候補者のほうが有利なのだ。この利点があるから、背の低い指導者たちは集合写真を撮るときに載る台を持参する。ニコラ・サルコジはフランスの大統領だった頃、ある工場を訪問したときに、自分より背の低い人をバス一台分連れてきて、撮影時に彼らの間に立てるようにしたという。こうした例には事欠かないが、二〇一六年に行なわれた先のアメリカ大統領選で、私のリストは一気に膨れ上がった。ドナルド・トランプが登場したからだ。

アルファオスのように

トランプが男性の競争相手をへこませる技は伝説的だった。彼は予備選の間、同じ共和党の候補者をことごとく打ちのめした。尊大に構え、凄みを利かせた声で、「陰気なジェブ」や「リトル・マルコ」などと、彼らを見下すニックネームで揶揄《やゆ》した。ステロイド剤を打ったオスのチンパンジーのように肩を怒らせながら、彼はその予備選を事実上、過度に男性的なボディランゲージを競うコンテストに変えた。時の政治問題は二の次だった。私たちは、手の大きさを見れば体の他の部分の大きさもわかるという前提に基づく、身体構造の比較の話さえ聞かされた。アメリカの歴史における思いがけない場面で、この最有力候補は両手を上げ、観衆にこれが小さく見えるかと訊いた。そして、自分の体は残りの部分も同じように大きいと請け合った。

トランプがとくに素晴らしい冴えを見せたのは、二〇一二年の共和党候補だったミット・ロムニーの批判に応じたときだった。彼はロムニーをこき下ろし、四年前はロムニーが自分の支持を求めたことを聴衆に思い出させた。「みなさんは彼がどれほど忠義だったかをご存じだろう。彼は私の推薦を乞うていた。私が『ひざまずけ！』と言ったら、ひざまずいただろう[1]」トランプはこのたった一撃で、ロムニーを信頼に値しない人物として描くと同時に、ロムニーがひれ伏す姿を聴衆の頭に喚起した——低位のチンパンジーがアルファオスの前で地べたに這いつくばうのによく似た姿を。

だが、トランプは相手を畏縮させる術を完璧に心得ていたとはいえ、本選挙で女性の対立候補に立ち向かったときには、ことさらそれが役立ったわけではない。男女間では、話がまったく違う。闘争行動には規則による縛りがあるからだ。捕食者や毒ヘビ、角のある有蹄類といった、相手を殺す能力を持つ動物どうしは、交戦規定に従う。すなわち、全力ではぶつからず、必ずしも相手を倒さないで互いの強さや敏捷《びんしょう》さを試す、型どおりの動作を行なう。どんな場合にも、オス対オスの争いとオス対メスの争いでは規則ががらりと変わる。というのは、オスが他のオスを殺すのとは違い、オスがメスを殺すのはまったく愚かしいことだからだ。進化の観点に立てば、オスが最上位になろうとするのは、ひとえに、子孫を作るメスを手に入れるためだ。私たち人間の政治制度では、女性も投票し、最高位に就くことができるから、他の多くの種のものとは大きく異なる社会秩序が可能になっているとはいえ、今に至るまで、闘争の規則にはほとんど変化が見られない。そうした規則は何百万年もかけて発達し、あまりにも深く根づいているから、今さら捨てられない。オスは一般に、メスと対決するときは力を加減する。馬やライオンと同様、類人猿や人間でもそうだ。私たちの心理にはそういう抑制作用が深く根を下ろしているので、この規則に反する行為には誰もが強く反応する。たとえば、私たちは映画で女性が男性の顔を平手打ちにするのを見てもそれほど動揺しないが、その逆の場合には身がすくむ。

これがトランプのジレンマだった。彼は、他の男性を打ち負かすときと同じ方法では勝てない相手を敵に回していたのだ。私はロナルド・レーガン以来、大統領候補の討論会を一つ残らず見てきたが、二〇一六年一〇月九日に行なわれたトランプとヒラリー・クリントンの第二回テレビ討論会のときほど奇妙な光景は目にしたことがない。あからさまな身体的攻撃性と露骨な敵意が相まって、それは最悪の討論会になった。トランプのボディランゲージは、悩める人間のそれだった。さっさと敵を叩きのめしたいが、指の一本でも触れようものなら、自分が候補者の資格を失うことが目に見えていたからだ。彼は大きな風船のようにクリントンのすぐ後ろを漂い、もどかしげに行き来したり、自分の椅子をぎゅっと握ったりした。心配したテレビの視聴者たちは、クリントンに対して、「後ろに気をつけて!」といった警告を放送中にツイートした。彼女自身ものちに、トランプの荒い鼻息を文字どおりうなじに感じたときは「ぞっとした」と述べた。

彼の物腰からは怒りが滲《にじ》み出ており、本物の脅し文句のおまけまでついていた。自分が大統領になったら、特別検察官がクリントンを刑務所送りにすると言ったのだ。彼がオスのチンパンジーだったら、握り締めた椅子を宙に放り投げるか、罪もない聴衆に躍りかかり、自分のほうが強いことを誇示するかしただろう。彼は次善の策に出た。自分の副大統領候補を犠牲にし（ある外交政策の問題でこの候補を見捨てた）、オバマ大統領だけでなく、クリントンの夫も批判した（彼が男性を標的にするほうが楽だと感じたのは明らかだ）。そればかりか、彼はこの討論会が始まる前に記者会見を開き、ビル・クリントンを告訴した数人の女性を紹介していた。だがこうした策はどれも、異性の政敵を相手にするという彼のジレンマの解決にはつながらなかった。

おおかたの解説者がトランプの負けと見たこの討論会の直後、イギリスの政治家ナイジェル・ファラージは、ゴリラを真似て胸を（本物に比べれば弱々しく）叩きながら、トランプは「シルバーバック〔成熟したオスのゴリラのこと。背中の白い毛にちなんだ名称〕のように振る舞った」とまくし立てた。その後すぐ、ボディランゲージの専門家たちからも霊長類にたとえる発言があった。ここで前提となっていたのが、アルファになるには、大柄で強くなくてはならず、いつでも競争相手を完全に打ち負かす覚悟が必要だ、という考え方だ。この時期ほどアルファという言葉があちこちで気軽に口にされる（たとえば、トランプの息子エリックは、女性に対する父親の下卑た軽口を「アルファ的な性格の人々」に典型的な会話だったとして詫びた）のを、私は聞いたことがない。アメリカ下院議長だったニュート・ギングリッチが以前、拙著『チンパンジーの政治学』を新人議員に推薦してから、「アルファオス」という言葉が急に人気を博したことを思えば、私は、アルファであるとは厳密にはどういう意味なのかを説明する必要があるだろう。

　動物の研究では、アルファオスとは単に群れの最高位のオスのことをいう。この言葉は、スイスの動物行動学者ルドルフ・シェンケルが行なった、一九四〇年代のオオカミ研究にさかのぼり、今でも使われている。ところが政治用語としては、この言葉はある種の性格を意味するようになった。アルファになる方法を教えるビジネス指南書はしだいに増えており、その中では自信や威張った態度や強い意志が強調されている。アルファとはただの勝者ではなく、周りの人間をみな徹底的に叩きのめし、彼らに毎日誰が勝者かを思い知らせる者だという。アルファは手を緩めない。真のアルファは誰の助けも借りず、羊の群れの中のライオンさながら、競争相手を打ちのめすものだ、と。とはいえこうした指南書は、人間の社会に限らずオオカミやチンパンジーに関しても、アルファという概念全体の上っ面だけを推奨しているにすぎない。アルファオスはアルファに生まれつくのではないし、単に体の大きさや気質でその地位を得るのではない。霊長類のアルファオスは、ただの威張り屋よりもはるかに複雑で責任のある存在だ。

チンパンジーのコミュニティでは、たしかに無慈悲な暴君がトップの座に就くこともあるが、私が知っているもっと典型的なアルファたちはそれとは正反対だった。この地位にあるオスたちは、必ずしも群れで最も大きく、最も強く、最も意地の悪い者というわけではない。他者の助けを借りて頂点に昇り詰めることが多いからだ。それどころか、最も小さなオスでも、適切な支持者がいればアルファになることがある。たいていのアルファオスは、弱い者を守り、平和を保ち、苦しむ者を元気づける。ある個体が喧嘩に負けた者を抱き締める例をすべて分析すると、メスは一般に、オスより頻繁に他者を慰めるものの、一頭だけ際立った例外がいることに私たちは気づいた。アルファオスだ。このオスは癒しの最高責任者であるかのように、苦悶する者をコミュニティの他の誰よりもいたわる。仲間内で争いが起こると、誰もがたちまち彼に目を向け、その争いをどう収めるかを見守る。彼は最終的な仲裁者で

「アルファオス」という言葉はオオカミの研究に由来する。その研究では、それは単に最上位のオスを意味する。ダーウィンの「正反対の原理〔人間や動物が親しみや愛情を示すときと、怒りや敵意を示すときとでは、動作が正反対になるという原理〕」にあるように、上位のオオカミ（右）と下位のオオカミ（左）は正反対の姿勢をとる。上位者は毛を逆立て、耳を前に傾け、体を高く上げて歩きながら、下位者に向かって唸るが、下位者は進んで仰向けになって腹を見せ、耳を後ろに倒し、甲高い声を上げる。

あり、調和を取り戻すことに余念がない。そして、金切り声を上げる二頭の間に入り、事が鎮まるまで両腕を上げていかめしく立ち尽くす。

トランプが真のアルファオスと著しく異なるのはこの点だ。彼はなかなか他者に共感できず、苦労した。国を団結させ、安定させたり、抑圧された人や苦しむ人に思いやりを示したりするのではなく、むしろ不和の火を煽った。彼は手始めに、障害を持つあるジャーナリストを茶化し、続いて、暗に白人優越論者を支持した。したがって、霊長類学者としてみれば、トランプの行動と霊長類のアルファオスの行動の類似性は限られており、彼がどうリーダーシップを発揮してきたかよりも、どう最上位に昇り詰めたかのほうに共通点が多い。

その後も、トランプは世界のさまざまな指導者と力を込めた握手を交わすことで、肉体的な威圧を続けた。なかには（フランスのエマニュエル・マクロンのような）若い指導者もおり、当然、彼のような老人よりも握力が強かった。そうした無骨な小競り合いを見るにつけ、私はときどき、元ボディビルダーで政治家となったアーノルド・シュワルツェネッガーが立候補を許されていたらよかったのにと思った。トランプに嘲られたら、彼に匹敵する肉体的な活力をもってすぐに嘲り返せただろうと思えるのは、シュワルツェネッガーただ一人だからだ――お気に入りの「女々しい男」という侮辱の言葉でも撒き散らしながら。彼なら、政治を今よりなおさら原始的な見世物に変えられたかもしれない。

政治家の痼癖

アリストテレスは、私たちの種を「ゾーン・ポリティコン（政治的動物）」と呼んだとき、この考え方を人間の心的能力と結びつけていた。彼は（ミツバチやツルを引き合いに出して）、私たちが社会的動物なのはそう特別なことではないが、人間には合理性や善悪の判断能力があるおかげで、私たちのコミュニティの生活は他の動物のものとは異なっている、と言った。このギリシアの哲学者は部分的に正しかったが、人間の政治が持つ強烈に情動的な面を見落としていたかもしれない。政治には合理性は見出し難いことが多く、事実は私たちが思うよりはるかに重要性が低い。政治で物を言うのは、恐れと期待、指導者の性格、そして指導者が呼び起こす感情だ。不安を煽るのは、差し迫った問題から人々の目を逸らす効果的な方法だ。きわめて重大な民主的決断でさえ、データを慎重に比較検討するよりも、情動任せになることが多い。二〇一六年にイギリスが国民投票でＥＵ（欧州連合）離脱を決めたときがそうだ。この決定をすれば経済が破綻しかねないと経済学者たちが説明し、警告を発したにもかかわらず、反移民感情や国家の威信に軍配が上がった。翌日、イギリスのポンドは未曽《みぞう》有の下げ幅を記録した。

　何より驚くのは、指導者の権力欲と追随者の指導力渇望という、人間の政治の背後にある双子の推進力を、私たちが婉曲表現で包み隠している点だ。私たちはほとんどの霊長類と同じで階層制を持つ種なのに、なぜそれを自分から隠そうとするのか？　階層がある証拠は至る所に見られる。幼児の間に早くから上下関係が現れるのも（保育園の初日は戦場のように見えるかもしれない）、大人が収入や地位にこだわるのも、小さな組織で大仰な肩書をつけ合うのも、大の男がトップの座から転落すると幼児のように打ちひしがれるのもそうだ。それなのに、この話題は今もタブーになっている。私は仕事柄、社会心理学の教科書を数多く見る。新しいものが届くたびに、索引で「権力」や「支配」という言葉を探すのだが、めったに見つからない。どうやら、重要ではないらしい。あるとき、心理学の会議で私が人間の権力欲求を大きく取り上げると、非難の声をさんざん浴びせられて唖然とした。私がポルノ画像でも見せたのかと、勘違いしそうなほどだった！　権力欲という動機を隠そうとする試みは、オランダのある研究でも浮上した。支配したいという欲求について企業経営者に尋ねると、彼らはみな、権力への渇望というものが存在することは認めたものの、その見識を自らに当てはめる者は一人もいなかった。彼らは、自社における自分の役割を、責任や信望や権威の観点から説明した。権力をつかもうとするのは、きまって他の人間だった。[2]

　政治家候補もやはりそれを認めたがらない。彼らは、ただ経済を立て直したり、教育を向上させたりするためにだけ現代の民主政治に参加する公僕として自らを売り込む。この「公僕」というのは、明らかにまやかしだ。彼らが政界の泥仕合に加わるのは、私たちのためだなどと、誰が本気で信じるだろうか？　だからこそ、チンパンジーを相手にしていると爽快な気分になるのだ。彼らは、私たちの誰もが切望する正直な政治家だ。彼らが地位を求めて争うのを観察するときに、隠れた動機や偽りの約束を見つけ出そうとしても徒労に終わる。彼らが求めるものは一目瞭然なのだ。

　私たちの種が抱く権力への渇望と率直に向き合ってきたのは、哲学者だけだ。真っ先に頭に浮かぶのはニッコロ・マキアヴェリだが、抑え難い権力欲求の存在を自明のことと見なしたトマス・ホッブズもいれば、人間の「権力への意志」について語ったフリードリヒ・ニーチェもいる。私は学生のとき、生物学の教科書はチンパンジーの行動を説明するのにろくに役立たないことに気づき、マキアヴェリの『君主論』を手に取った。この本は、ボルジア家やメディチ家やローマ教皇たちの実際の観察に基づき、人間の行動の、洞察力に満ちた赤裸々な説明を提供してくれた。そのおかげで、私は動物園における類人猿の政治について、適切な心構えで執筆することができた。ところが、人々は今日に至るまで、このフィレンツェの哲学者について論じるときにはいかにも忌まわしそうな態度を見せる。彼から狡猾で破廉恥な政治を連想しているからだ。自分たちはそんな政治をするほど不道徳ではない、と言っているように見える——その正反対を示す証拠を無視しながら。

チンパンジーのオスは、最高位に昇り詰めるように猛烈に駆り立てられる。アルファオス（左）は、競争相手（右）と実際の体格は同じであるにもかかわらず、2倍の大きさに見える。相手を威圧しようと、毛を逆立て、肩を怒らせた二足歩行するからだ。

権力を失ったときの反応ほど、人間の権力欲の深さを明らかにしてくれるものはない。いい大人が、抑えきれなくなった怒りを爆発させることがある。大人よりもむしろ、思いどおりにならなかった幼児に付き物と見なされることが多い、癇癪だ。幼い霊長類や人間の子供は、自分の望みがすべてかなうわけではないことに初めて気づくと、騒々しい癇癪を起こす。こんなはずではなかった、とばかりに。喉を振り絞るようにしてありったけの声を出し、この重大な不正をご近所中に気づかせる。幼児は金切り声を上げながら転げ回り、自分の頭を叩き、立ち上がることもできず、吐くこともあるから、せっかくお腹に入れたばかりの栄養も無駄になりかねない。癇癪は乳離れ（weaning）の時期によく見られ、それは類人猿では四歳頃、人間では二歳頃にあたる。政治指導者が権力を失ったときの反応も、これにそっくりなので、英語では、指導者が「権力から引き離される（weaned from power）」と表現する。リチャード・ニクソンは、明日は辞任しなければならないと気づいた日、膝をついて涙にむせび、カーペットを拳で叩き、「私が何をした？　何が起こったのだ？」と叫んだ。ボブ・ウッドワードとカール・バーンスタインが一九七六年の著書『最後の日々――続・大統領の陰謀』で書いているように、ニクソン政権の国務長官だったヘンリー・キッシンジャーは、地位を追われたこの指導者を、幼児にするように慰め、文字どおり両腕で抱き締めて、彼の業績の数々を何度も挙げ連ねながら、気持ちを落ち着かせた。

　マイクロソフトの経営者だったスティーヴ・バルマーは、自社の上席エンジニアが退職してライバル社で働くことを知ると、椅子を抱え上げ、部屋の反対側に思いきり投げたという。こんなふうに激昂した後、彼はグーグルの連中をどうやって血祭りに上げるか、延々とまくしたて始めた。[3] 感情は高ぶるほど、体の負担になる。北朝鮮の「親愛なる指導者」だった金正日《キムジョンイル》は、水力発電用のダムの視察に向かう途上で亡くなったと言われる。修理を命じておいたのに漏れが見つかったという報告を受け、激怒していたそうだ。彼は短気と弱った心臓という致命的な組み合わせのせいで倒れたらしい。

　かつてキッシンジャーが言ったように、男性にとって権力は究極の媚薬だ。男性はそれを必死に守り、楯突く者がいると手段を選ばなくなる。同じことがチンパンジーでも起こる。安泰な地位にあったリーダーが面目を失うのを初めて見たとき、私は彼の反応が騒々しく激しいことに驚いた。いつもは威厳があるこのアルファオスは、挑戦者が立ち向かってくると、すっかり自分らしさを失った。挑戦者のオスは、突進して走り過ぎる際に彼の背中を平手で叩いたり、彼に向かって大きな石を次々に投げたりし、アルファが逆に突進してきても、ほとんどよけようともしなかった。次はどうするのか？　アルファはこの対決の最中に、腐ったリンゴが落ちるように木から力なく飛び下り、地面で身悶えし、哀れっぽく金切り声を上げ、群れの仲間が慰めてくれるのを待った。母親の乳房から押しのけられた幼子とよく似たかたちで振る舞ったのだ。そして、騒がしく癇癪を起こす間も、母親が態度を軟化させる気配がないか窺う幼児のように、誰が自分に近づいてくるかに注目していた。集まってくる仲間が十分な数に達すると、彼はたちまち元気を取り戻した。そして、自分の味方を引き連れ、競争相手との対決を再開した。

幼い霊長類は、自分の意のままにならないと派手に癇癪を起こす。これは人の親なら誰もが知っている現象だ。大人の霊長類がこのように振る舞うことはめったにないが、チンパンジーのオスや人間の政治的指導者が権力から引き離されるときは別だ。

だがいったんトップの座を失うと、このアルファオスは喧嘩が終わるたびに、座って遠くを見つめていた。負けることに慣れていなかったのだ。彼は虚ろな表情を浮かべ、周りの社会的営みは目に入らなかった。何週間も食べ物を口にしなかった。かつての堂々たるボスの、ただの抜け殻になっていた。打ちのめされ、気落ちしたこのアルファオスには、この世の光が消えてしまったかのようだった。

　大企業や軍隊といった、きわめて協力的な人間の組織には、明確この上ない階層制がある。果断な行動が必要なときはいつでも、指揮命令系統が民主主義に優る。私たちは状況に応じて、階層制の態勢へと自然に切り替える。初期の研究では、サマーキャンプに参加した一一歳の少年たちが二つのグループに分かれて競い合った。すると、グループ内の団結が強まり、社会規範や主導・追随の行動も同様だった。地位の階層制には集団をまとめる特性があり、協調行動が求められた途端、この特性が強化されることが、この実験で証明された。これが権力構造のパラドックスだ。権力構造は人々を結束させる[4]。

いったん階層構造が確立されると、争う必要はなくなる。当然、序列が低い者はもっと上になりたいと思うかもしれないが、そっとしておいてもらうという次善の策に落ち着く。そして、自分よりもなお下位の者を探し出し、不満のはけ口にする。地位確認のシグナルを頻繁に交換すれば、ボスは安心し、力ずくで自分の地位を誇示しなくて済むから、誰もがほっとできる。人間はチンパンジーより平等主義だと信じている人さえ、広く認知された序列がなければ私たち人間の社会がとうてい機能しえないことを認めなければならない。私たちは階層の透明性を強く求めている。誰も自分の相対的な地位に関する手掛かりをいっさい明かさなければ、どれほどの誤解が生じるかを想像してほしい。それは、大事な決定が下される会合に聖職者を招きながら、全員同じ服装で来てほしいと頼むようなものだ。その結果、司祭と教皇の区別がつかずに、見苦しい騒動になるだろう。高位の「霊長類（霊長類を意味する英語のprimateという単語には、「主席司教」などの高位聖職者の意味もある）」は、ひょっとしたらシャンデリアからぶら下がるなど、派手な威圧のディスプレイをし、色分けによる階級付けがないのを補わざるをえないだろうから。

謀殺

一九八〇年のある日、私はお気に入りだったオスのチンパンジーのレウトが、バーガース動物園で仲間に襲われて重傷を負ったという電話を受けた。その前日、私は彼のことを心配しながらその動物園をあとにしたが、大急ぎで戻ったときに目にした光景にはまったく虚を衝かれた。いつもは誇り高く、とくに人懐こいわけではないレウトが、このときは触れられることを望んだ。彼は血だまりの中に座り、頭を夜間用ケージの格子にもたせかけていた。私が頭をそっと撫でると、彼はとても深い溜め息を漏らした。私たちはついに絆を結んだのだが、それはこの上なく悲しい状況でのことだった。レウトの命が危険な状態にあることは一目瞭然だった。彼はまだ動き回れたが、体中の深い嚙み傷のせいで大量に失血していた。手足の指も何本かなくなっていた。そしてまもなく、もっと大事な部分も失っていることがわかった。

獣医師が到着するとすぐ、私たちはレウトに麻酔をかけ、手術室へ連れていって、文字どおり何百針も縫った。睾丸がないことに気づいたのは、この必死の手術の間だった。皮膚に開いた穴は睾丸そのものより小さく見えたものの、睾丸は陰嚢《いんのう》からは消えていた。飼育係たちは、それが夜間用ケージの床に敷いた藁の中に落ちているのを見つけていた。

「搾り出されましたね」と、獣医師は淡々と結論を言った。

レウトは二度と麻酔から覚めなかった。彼が突然アルファに収まったことに不満を持った他の二頭のオスに立ち向かい、大きな代償を払ったのだった。彼はほんの数か月前、この二頭からトップの座をかすめ取った。それは二頭の連合が崩れたおかげだった。夜間用ケージでの争いは、その連合が突如復活した証で、それが致命的な結果につながった。

その前夜、飼育係たちと私は夜遅くまで残り、これら三頭の大人のオスを引き離そうとした。彼らはみな同じ夜間用ケージにいたがり、彼らを隔てるための落とし戸を下げようとするたび、それを手で阻止したり、互いにしがみついたりしたので、うまくいかなかった。けっきょく私たちは諦め、扉をすべて開けておいたから、複数の区画がつながったまま、彼らは夜を過ごすことになった。

だから、レウトの死を招いた争いは、コロニーの残りの仲間から切り離された状態で起こった。いったい何があったのか、詳細はけっしてわからないだろう。オスどうしの争いの収拾がつかなくなると、メスたちがいっしょになってやめさせることは珍しくないが、レウトが襲われた晩、メスたちは同じ建物の別の夜間用ケージに入っていた。だから、騒ぎを聞きつけても、手の出しようがなかったので、仲裁できなかったに違いない。

翌朝、飼育係たちが見つけた血まみれの光景は、二頭のオスが完全に心を一つにして行動したことを物語っていた。彼らはほとんど無傷だった。二頭のうち、次のアルファになった若いオスには、軽い引っかき傷と噛み傷が数か所あったが、年上のオスには何の傷もなかったから、このオスがレウトを押さえつけ、危害を加えるのはすべて若いオスに任せたことが窺えた。

私が心からその性格を好ましく思い、コロニーにとってはじつに素晴らしいアルファだったオスを失った悲しみは脇に置くとしても、当然ながら、人工的な環境にどれだけ非があるのかという問題をこの事件は提起していた。評論家のなかには、「動物が自由でなければ、どうなると思いますか？　もちろん、殺し合いますよね！」と言う者もいた。まるで、自由であることが、ストレスや争いがないことと同じであるかのような言い草だが、むろん、そうではない。今では、同じような惨劇は野生の世界でも起こることが知られているが、一九八〇年当時は、このような謀殺が起こりうると想定する理由はなかった。チンパンジーの間で致死的な攻撃が起こったという報告はあっても稀であり、どれも異なるコミュニティのオスどうしに関するもので、たいてい、縄張りを巡る攻撃行動と説明された。だからこそ私たちは、このオスたちは互いによく知る仲だと考え、前夜はそこまで深刻に考えてはいなかった。彼らには、いっしょに閉じ込められたくなければ、引き離してもらえる機会がいくらでもあったのだ。

あとから考えれば、彼らが必死に身を寄せ合ったのは、緊張関係にあったにもかかわらずではなく、緊張関係にあったからこそだった。これは直感に反するように聞こえるが、権力が連合に由来するのであれば、どんなオスであれ、単独で眠る者は危険を冒すことになる。他の二頭がグルーミングし合い、いっしょに遊び、親密になるだろうから、それはまさに避けなければならないことだ。チンパンジーは、自分と他者の間だけでなく、他者どうしの間にも、連合があるかないかをよく知っている。そして、敵対的な連合ができないようにするためなら、何でもする。だから、この三頭のどのオスも、自分を抜きにして他の二頭に夜を過ごさせたら、何の得にもならなかった。それにレウトは、残る二頭のオスからそれまでの高位を奪っていたとはいえ、けっきょくは、この二頭からも支持が必要になることを自覚していたのかもしれない。そして、支持を得るには、彼らとの関係作りに努める必要があったわけだ。

私はこの衝撃的な事件から、はるか将来にまで及ぶ影響を受けた。それから幾晩も、あの朝の恐ろしい光景を夢に見た。ちょうど同じ頃、アメリカに移住する計画を立てていた。どういうわけかこの二つは、まるでレウトが私の将来についてメッセージを送ってくれたかのように、頭の中で一つになった。私はその後数年間の研究課題の策定に忙しく、ありとあらゆるテーマの探究を比較検討していた。他の研究者のほぼ全員のように、攻撃的行動を研究しようか、それとも、配偶者選択か、母親による養育、知能、コミュニケーションなどにしようか？

　私はちょうど仲直り行動に興味を持ち始めたところで、この行動はなくても済ませられる贅沢だとか、一部の同業者が呼んだように「偶然の出来事」だとか見るのではなく、絶対に不可欠だと気づいたのがこの頃だった。レウトの死は、争い事の通常の解決手段が功を奏さなければ、事態はじつに不快な結果になることを教えてくれた。私はこれをこの先の研究テーマにしようと決心した。そして、最初は行動観察、のちには向社会的行動や協力や公平さに関する実験を行なうなど、何かしらのかたちでこのテーマに自分の研究者人生をそっくり捧げてきた。この道に進む決定は、情動には広範ではるか先まで及ぶ影響があることの証だった。レウトの死があったから、私は答えを教えてくれると思えたこのテーマを研究することにしたが、当時、仲直りは多くの人に感傷的で些末なものと考えられていた。

　何年もたってようやく、私はあの動物園での出来事が、私たちが思っていたほど異常なものではなかったことを知った。たとえあの襲撃の仕方に飼育下という環境がひと役買っていたとしても、それが原因だとはとうてい言えなかった。野生の世界にも似たような行動があるという最初の報告は、タンザニアのゴンベ国立公園にいたゴブリンに関するものだった。彼はまったくの卑劣漢のように振る舞う、例外的なアルファオスだった。ジェーン・グドールの一九九〇年の著書『心の窓』では、彼は幼い頃からの問題児とされ、たとえば、早朝に何の理由もないのに他のチンパンジーを寝床から蹴り出したと書かれている。彼は他者と仲良くやることはせず、誰をも恐怖で服従させていた。だがある日、彼は当然の報いを受けた。一頭の挑戦者との喧嘩に負けたあと、怒ったチンパンジーたちに集団で襲われたのだ。実際の襲撃の模様は、びっしり茂った下草のせいでよく見えなかったが、彼はパニック状態で金切り声を上げながら姿を現した。手首や両手両足、そして何より重大なことに、陰嚢にも傷を負い、逃げ出したのだ。その傷は驚くほどレウトの傷に似ていた。

ゴブリンは陰嚢が化膿し、腫れ始め、高熱が出たから、そのままでは十中八九は死んだだろう。数日後も、彼はのろのろと動き、頻繁に休み、ほとんど何も食べなかった。だが、獣医師が麻酔をかけ、抗生物質を与えた。彼は恢復するまで、自分のコミュニティからは見えない場所にいた。その後、新しいアルファオスにはったりの攻撃をかけて、再起を図った。これが重大な判断ミスだった。そのせいで、群れの他のオスたちを怒らせ、追いかけられたからだ。彼はまた重傷を負い、フィールド研究に同行していた獣医師に再び命を救われることになった。[5]

そのような暴力の報告は、マハレ山塊からも届いている。そこでは日本の霊長類学者のチームが、数十年もの間、野生のチンパンジーを追跡していた。私は以前、タンザニアのタンガニーカ湖に面したこのマハレに行き、そこの調査基地を創設した友人の西田利貞を訪ねたことがある。野生の世界でのチンパンジーの政治をわが目で確かめるためだ。西田は、一二年という前代未聞の長期間にわたって権力の座にあったントロギという非凡なアルファオスに心から敬服していた。ントロギは分割支配戦略の達人で、賄賂《わいろ》の使い方にとりわけ長けていた。たとえば、自分でサルを狩らなかったとしても、誰かの肉を横取りしては、支持者には分け与える一方、競争相手たちにはくれてやらなかった。肉の流れを制御し、強力な政治的道具として使ったのだ。だがけっきょく、この伝説的なオスは攻撃を受けて追放され、足を引きずり、ろくに歩けず、傷を癒しながら、群れの縄張りの周辺部で孤独に生きることを余儀なくされた。

近隣のチンパンジーたちの敵意や、孤立したオスの無力さを考えれば、ントロギの状況は危機的だった。彼が自分のコミュニティに顔を見せたのは、ようやくそこそこ歩けるようになってからだった。そして、姿を現しては、強さと活力を派手に誇示して見せた。だが、そのあと仲間から見えない所まで来ると、途端に、足を引きずり、傷を舐める暮らしに戻るのだった。それはまるで、公の場で束の間の演技をすることによって、自分が弱っているなどと競争相手たちにはいっさい考えさせないためであるかのようだった。かつてのソ連政府が、衰えゆく指導者たちをテレビに登場させ、彼らが巷の噂ほど悪い状態にはないことを示そうとしたのと少しばかり似ている。

ントロギは何度か返り咲きを試み、その都度追放された。やがてある日、打ちひしがれて戻ってきて、階層の低位のなかでも最低位に収まることを強いられ、それに甘んじた。西田がかつて崇敬していたアルファオスは、今や叩かれ役に身を落とし、はるかに若いオスに襲われては金切り声を上げて逃げる羽目になった。威厳はすっかり失っていた。やがて、彼はコミュニティの縄張りの中で殺された。まず間違いなく、同じ群れの仲間が結託したのだろう。彼は体中に深い裂傷を受けて昏睡状態で見つかった。それをチンパンジーたちが取り巻き、ときどき彼に向って突進を繰り返していた。彼はその翌日に死んだ。[6]

こうした事例はさらにいくつか報告されている。私はいつもならここでやめておくのだが（この種の行動を長々と論じるのが嫌なのだ）、数年前にアメリカの霊長類学者ジル・プリーツが報告した、なんとも衝撃的な事件に触れないわけにはいかない。プリーツは、セネガルにあるサバンナの珍しい調査現場でチンパンジーを研究している。その群れのアルファオスであるフォドウコは、盟友が股関節を骨折したあとで反乱に遭った。群れの他のチンパンジーはこの機会に乗じて彼を激しく攻撃し、縄張りの外れに追いやった。彼は五年もの長い間、ほとんど単独で過ごした。群れに戻ろうとするたびに、年下のオスたちに追い返されたのだ。彼らは、フォドウコの苛酷な支配を覚えていたのかもしれない。そんなある日、プリーツは自分の野営地から八〇〇メートルほど離れた所で騒々しい声を聞いた。その声の方に近づいていくと、全身傷だらけで地面に手足を投げ出した、フォドウコの痛ましい死骸が目に入った。彼以外のチンパンジーにはほとんど傷が見られなかったから、彼らの攻撃は緊密に連携して行なわれたに違いない。彼らはフォドウコの死骸を痛め続け、一部を食らっていた。喉と生殖器に噛みつき、少量の肉を食べていたのだ。プリーツと同行者たちが彼を埋葬したあと、他のチンパンジーたちは慰め合い、彼の死骸をまだ恐れているかのように、その墓に向かって夜通し不安そうな声を上げ続けた[7]。

バーガース動物園での一件以来、私はイェルーンという高齢のオスを謀殺者として見てきた。彼は、私の知っているかぎりで最も計算高いチンパンジーであり、真にマキアヴェリ的な策士だった。しっかり権力を握っているかぎりは優れたリーダーだったが、邪魔者が現れると、情け容赦がなくなった。彼は若いオスを手先に使ってレウトを攻撃した黒幕だったと、私は確信している。とはいえ、もちろん私たちは普通、動物を「謀殺者」と呼んだりはしない。この言葉には、あらかじめ計画したという意味があるからだ。

争いの真っ最中に殺し合う動物は多い。たとえば、角を絡み合わせて闘うオスのシカや、長い犬歯で競争相手に深い傷を負わせ、失血と感染で死に至らしめることもあるオスのヒヒがそうだ。とはいえ、ほとんどの場合、彼らが相手を殺そうと思っているかどうかははっきりしない。だがチンパンジーに関しては、同類への攻撃を目撃した人々から最も頻繁に聞かれるのは、彼らの行動がどれほど「意図的」に見えたかという言葉だ。目撃者たちは、いかにも大きな衝撃を受けたという声の調子で、残虐極まりない行為について語る。たとえば、攻撃者たちは犠牲者の血をすすったとか、脚をねじってもぎ取ろうとしたとかいった具合だ。チンパンジーは相手の息の根を止める決意でいるように見え、この目的を遂げるまで手を緩めない。報告によれば、彼らは数日後、血なまぐさい「犯罪」現場に戻ってくることがよくあるそうだ。自らの手並みがどれほど効果的だったかを見届け、競争相手の死亡を確認するためかもしれない。犠牲者の死骸が放置しておいた場所にあるのを見つけても、彼らは驚きや警戒の色は見せない。したがって、彼らは死骸を目にすることを予期していたとしか思えない。

私たちは、意図的な殺害にそれほど驚くべきではない。捕食者は自分以外の種を日頃から殺害しているわけだし、だからこそそれを、「謀殺」とは呼ばない。捕食者は被食者が死ぬまで攻撃をやめないことが多い。トラが巨大なガウル（インドヤギュウ）の喉元に嚙みついて窒息させたり、ワシが転落死させるためにヤギを崖から引きずり落としたり、ワニが強力な「デスロール〔獲物に嚙みついて水中に引きずり込み、自分の体を回転させながら、相手の体を食いちぎったり、相手を溺れさせたりする行為〕」でシマウマを川で溺れさせたりするときがそうで、彼らは故意に被食者を殺す。被食者が生きている様子をわずかでも見せると、捕食者は攻撃を再開する。チンパンジーは、それと同じ種類の意図的攻撃を、自分と同じ種の個体に対しても行なう。だから私は、「謀殺」という言葉を場違いには感じない。

私の経験では、優れたリーダーほど支配が長続きし、残忍なかたちでその支配が終わる可能性が低い。これについては信頼できる統計がなく、例外があることは私も承知しているが、他の者たちをみな恐怖に陥れることによってトップの座にとどまるオスは一般に、二年ぐらいしか君臨せず、ベニート・ムッソリーニと同じような悲惨な結末を迎える。威張り屋をリーダーに戴く群れは、挑戦者を待望し、見込みのあるオスが出てくれば熱心に支援する。野生の世界では、威張り屋のオスは、ゴブリンやフォドウコのように追い出されたり殺されたりするが、飼育下では、身の安全のためにコロニーから隔離せざるをえないこともある。一方、人気のあるリーダーは、並外れて長い間権力を保持することが多い。この種のアルファに年下のオスが挑戦すると、群れはアルファの応援に回る。メスたちにとっては、自分たちを守り、仲睦まじい群れの生活を保障してくれるアルファオスの安定したリーダーシップほど望ましいものはない。そうした生活は子育てにふさわしい環境であり、したがって、メスたちは一般に、そのようなオスを権力の座に就かせておきたがる。

良いリーダーは、その地位を失っても群れから追い出されることはめったにない。序列がいくつか下がるだけで、その後、群れの中で優雅に歳を重ねていくことができる。舞台裏でかなりの影響力を振るい続けることもある。私は、フィニアスというそのようなオスを長年知っていた。アルファの地位を奪われたあと、彼は第三位に落ち着き、幼い子供たちに慕われ、まるで優しいおじいさんのように彼らとはしゃぎ回るとともに、メスたち全員のお気に入りのグルーミング相手となった。新しいアルファは、フィニアスがコロニー内の紛争を解決するのを許し、自らわざわざ手を下すことはなかった。なぜなら、年老いたフィニアスは、紛争解決に抜群に長けていたからだ。このような暮らしをしている間、彼は私がそれまで見たこともないほどくつろいでいた。無理もないことかもしれない。アルファでいるのは素晴らしいことに違いないと誰もが思っているとはいえ、それは実際にはストレスに満ちた地位なのだから。

アルファオスでいればすべてバラ色というわけではないことを生理学的に裏づけているのが、ケニアの平原で採集されたヒヒの糞だ。排泄物からストレスホルモンを抽出すると、低位のオスは高位のオスよりもはるかに大きなストレスを抱えていることがわかる。これは理に適っているように思われる。下位者は追い回され、メスに接触させてもらえないからだ。ところが、意外なことに、トップのオスも階層制の底辺のオスたちとまさに同じぐらい大きなストレスを抱えている。これは最上位のオスにしか当てはまらない。彼は、誰かが逆らったり共謀したりして自分をアルファの座から追い落とそうとしている気配がないかと、絶えず目を光らせていなければならないからだ。[8]「王冠を戴く者は、安穏と頭を横たえることができない」と、シェイクスピアはイングランド王ヘンリー四世について書いている。これは、ヒヒやチンパンジーのアルファオスにも等しく当てはまるかもしれない。

闘いの太鼓

私たちは他の種と多くの情動を共有しているとはいえ、論じるのはきまってその一部の、「良い」

情動に限られる。動物をもっと高く評価するべき理由として情動を提示しているときには、なおさらだ。動物は敵に狂暴な攻撃を加えたり、獲物を貪り食ったりするからという理由で、彼らを大切にするように言う人はいない。動物への関心を高めるための主張は、いつも愛着や相互扶助、犠牲的行為、子供の世話、悲嘆などを取り上げる。現代では、こうした能力を強調する先駆けとなった本の一冊に、ジェフリー・ムサイエフ・マッソンとスーザン・マッカーシーが一九九四年に刊行した『ゾウがすすり泣くとき』がある。エリザベス・マーシャル・トーマス、テンプル・グランディン、バーバラ・J・キング、マーク・ベコフ、カール・サフィナらの優れた著作も、それらの能力に気づかせてくれる。霊長類の仲直りや共感についての拙著も同じ部類に入る。だが、動物の情動には、性的嫉妬に起因する競争相手への攻撃や、序列を巡る争い、他者を犠牲にしての縄張り拡張、嬰児《えいじ》殺しなどへと彼らを導くものも含まれていることは否定のしようがない。情動に導かれる動物の生活は、きれい事では済まされないのだ。

さまざまな行動をすべて考慮に入れたなら、情動についての議論はもっと現実的なものになるだろう。動物の情動で最初に研究されたのは、一九六〇年代と七〇年代の生物学者が唯一関心を持っていたもの、すなわち、攻撃性だった。当時、人間の進化にまつわる議論を煎じ詰めると、すべて攻撃本能に行き着いた。生物学者たちは、情動そのものには触れることなく、「攻撃行動」を、同じ種の成員を害したり、害することを意図したりする行動と定義した。いつもながら、結果に焦点が当てられていたのだ。だが、攻撃性の背後には、人間では怒りや憤激として知られている明白な情動があり、それが動物の敵愾心も煽っていた。この情動の身体的な表れはどの種でも同じで、たとえば、相手を脅すような低い声（うめいたり、吠えたり、唸ったりする声）がそれにあたる。こうした声は体の大きさと結びついている。動物の喉頭が長いほど、声は低くなる。吠えている犬は、姿を見なくてもロットワイラーかチワワかわかる。同様に、オスのゴリラが胸を叩く音は、その胸回りの手掛かりとなる。動物は相手を威嚇するとき、肩を怒らせたり、背中を盛り上げたり、翼を広げたり、体毛や羽毛を逆立てたりして、体を大きく見せる。鉤爪や枝角や歯を見せびらかす。

私たち自身の種のオスは、拳を突き上げ、胸を突き出して胸筋を示す。思春期には男子だけ喉頭の甲状軟骨が突出して声が低くなり、大きくて強いという印象を与えるようになる。こうした特徴は、攻撃者が相手を畏縮させ、恐れを感じさせ、自分の思いどおりにするためにある。たいていは効果があるが、もし目的が果たせないと、もちろん事態はエスカレートしかねない。目的が達成できなかったり、自分の地位や縄張りを奪おうとする者が出てきたりすると、たいてい怒りが湧き起こる。怒りを示すのは、望むものを手に入れたり、すでに手にしているものを守ったりするための、ありふれた方法だ。

怒りと攻撃性は、反社会的情動とされることがあるが、実際にはきわめて社会的だ。人が怒鳴ったり、侮辱したり、金切り声を上げたり、ドアを乱暴に閉めたり、陶磁器を投げつけたりする事例の発生場所を都市の地図に記入したとしたら、住宅に圧倒的に集中するだろう。街路やスポーツスタジアム、校庭、ショッピングモールではなく、私たちの家庭内に。警察が殺人事件を解決しようとするときにはいつも、まず疑うのは家族や恋人や親しい同僚だ。攻撃性は社会的関係の条件交渉に役立つから、普通はそうした関係が見られる場所で起こる。

その一方で、緊密な社会的関係はこの上なく恢復力に富んでもいる。人間の家族がまとまりを保てるのは、こうした関係では仲直りもまた、はなはだ一般的だからだ。配偶者や兄弟姉妹や友人は、相手との折り合いをつけるために何度も繰り返される争いと仲直りのサイクルを、絶えず経験している。人は主張を通すために怒りを見せ、それからキスや抱擁の助けを借りて和解する。他の霊長類も、争いの浸蝕作用から絆を守るために同じことをする。彼らも喧嘩のあとにはキスやグルーミングをするのだ。彼らにとっても、仲直りがいちばんしやすいのは、最も近しい相手だ。

ただし、攻撃行動がありふれていて、和解はめったになく、そのために明らかに違った結果を生む領域が一つある。戦争だ。その領域は、一九六六年にコンラート・ローレンツの著書『攻撃』によっておおいに注目された。ローレンツはこの本で、私たちには戦争につながりかねない攻撃衝動があり、したがって戦争は人間の生物学的特質の一部である、と主張したのだ。第二次大戦中にドイツ軍に軍医として配属されていたオーストリア人が提起したこの見方を、多くの人が受け容れ難く感じた。ローレンツの主張がきっかけで起こった激しい議論は、イデオロギーを巡るものとなることも多く、今日まで続いている。私たちは永遠に戦争を行なうよう運命づけられていると言う人もいる一方、戦争を現在の状態に関連した文化的現象と見る人もいる。

だが、近代以降の戦争が、私たちの種の攻撃本能から何段階も離れていることは否定のしようがない。両者は完全な別物だ。戦争を始める決定はたいてい、政治と経済とエゴに基づいて、首都で年長の男性たちが下す一方、若い男性は手を汚すことを命じられる。したがって、私は行進中の軍隊を見ると、攻撃本能が働いているようには、必ずしも思えない。むしろ、そこには集団本能が見える。何千という男女が足並みを揃えて進み、喜んで命令に従う。私はナポレオンの兵士たちがシベリアで怒りに満ちた気分で凍え死んでいく様子は想像できない。また、アメリカのヴェトナム帰還兵が、胸に憤激をたぎらせて戦地に赴いたと語るのも聞いたためしがない。それなのに、悲しいかな、人間の戦争という信じられないほど複雑な問題は、攻撃本能の問題に切り下げられてしまうことが、相変わらずよくある。

　最近の歴史を振り返ると、戦争関連の大虐殺があまりに多く見られるので、戦争は私たちのＤＮＡに書き込まれていると考えるのは自然だろう。イギリスの首相ウィンストン・チャーチルは、間違いなくそう考え、次のように書いている。「人類の物語は戦争である。短く不安定な幕間を除けば、この世に平和などあったためしがない。そして、歴史が始まる以前は、凶悪な争いが普遍的で果てしなく続いていた[9]」あいにく、あるいは、ひょっとすると幸いにも、チャーチルが主張する戦争だらけの自然状態の証拠はほとんど存在しない。個人の殺人の考古学的証拠は数十万年前にまでさかのぼるのに対して、戦争に関する同種の証拠（多くの骨格に武器が食い込んでいる墓場など）は、一万二〇〇〇年前以前には、まったく見られない。生存が定住地と家畜を拠り所とし始める農業革命より前には、戦争の証拠が一つとしてないのだ。戦争の最初期の証拠と考えられ、崩れ落ちたという旧約聖書の記述で有名なエリコの城壁でさえ、土石流を防ぐのがおもな役割だったかもしれない。

　このような聖書時代よりもはるか以前、私たちの祖先は人口密度が低い地球に暮らしており、合計でも二〇〇万人ほどしかいなかった。ミトコンドリアＤＮＡの研究からは、約七万年前に、小さな生活集団を作って分散して暮らしていた私たちの系統が、絶滅の縁に立たされていたことが窺われる。

これは、絶え間ない戦争を促進するような状況とはおよそ言い難い。私たちの祖先がどのように暮らしていたかのモデルとして提示されることが多い、遊牧を行なう狩猟採集民は、友好的な交易や、集団間の結婚、獲物の交換、共同参加の宴会などを頻繁に行なう。近年の分析のうちでもとりわけ目を引くのは、タンザニアのハヅァ族の友好的な関係の調査で、彼らが自分の集団や血縁者の範囲をはるかに超えた、接触の巨大なネットワークを持っていることが明らかになった[10]。たとえ私たちの祖先にとって、戦争がつねに選択肢だったとしても、おそらく彼らはハヅァ族のパターンに従っていただろう。それは、チャーチルが推測したものとは逆のパターンだ。十中八九は、長く続く平和と調和の幕間に、束の間の暴力的な衝突が起こったのだろう。

　類人猿は最初から、この議論で目立っていた。最初、彼らは私たちの平和な祖先のイメージキャラクターと見られていた。彼らがすることと言えば、ルソーの「高貴な野蛮人」の、果実を常食とするバージョンさながら、食べ物を探して木から木へと移動することぐらいだと思われていたからだ。ところが一九七〇年代に、チンパンジーが殺し合いをしたりサルを狩ったり肉を食べたりするといった、フィールド研究現場からの衝撃的な報告が初めて届き始めた。そして、他の種を殺害する行為はまったく問題にされなかったものの、チンパンジー観察の結果は、私たちの祖先が凶悪で極悪非道の生き物だったに違いないと主張するために使われた。すでに紹介したもののような、チンパンジーたちが自らのリーダーを殺害する事件は例外的で、最も残忍な暴力は他の集団の成員に対して向けられる。こうした発見の結果、類人猿の行動は、それまではローレンツの立場に対する反論の役割を果たしていたものが、その立場を擁護するための有力な証拠に変わった。イギリスの霊長類専門家リチャード・ランガムは、デイル・ピーターソンとの共著『男の凶暴性はどこからきたか』で、「チンパンジーのもののような暴力は、人間の戦争に先行し、そのための道を拓き、その結果、現生人類は、五〇〇万年にわたって続いてきた致死的攻撃行動のせいで放心状態にあるサバイバーとなった[11]」と結論している。ランガムは私たちを、戦争は生まれながらのものであるという考え方に真っ直ぐに立ち戻らせた。彼はそれを融通の利く特性、私たちが選ぶことのできる選択肢として描くことに全力を挙げはしたが。だが、先史時代以来ずっと、「絶え間ない」戦争を私たちにもたらした特性は、どれほど融通が利くというのか？

ランガムのもののような主張は事実に基づいているように聞こえるが、考古学的な裏付けを欠いている。戦争が私たちの最初期の祖先にまではるかにさかのぼるかどうかは、まったくわからない。そうした祖先がチンパンジーに少しでも似ていたかどうかも、はっきりしない。熱帯雨林では化石が残りにくいため、私たちの祖先の形態や大きさは知られていない。彼らが類人猿だったというのは見事な推測だが、当時から私たち自身の系統が変化したばかりでなく、他のあらゆる類人猿の系統も変化してきた。今日生きている種のどれ一つとして、私たちの出自を教えてくれない。私たちの知るかぎりでは、失われた環《ミッシング・リンク》として広く知られている、人間と類人猿の最後の共通祖先は、チンパンジー、ボノボ、ゴリラ、オランウータン、あるいは何か別のものに似ていたかもしれない。テナガザルだった可能性に賭ける専門家もいる。テナガザルも類人猿だが、ナックルウォークをする「大型」類人猿ではない。彼らは木の枝にぶら下がり、体を揺すって腕渡りで進む。

これらの選択肢のうち、最も興味をそそるのはボノボかもしれない。平和を好む傾向を持っているからだ。チンパンジーが別のチンパンジーを殺したという、確認済みの報告はたくさんあるものの、これまでのところ、飼育下であれ野生の世界であれ、ボノボがそのようなことをしたという報告は一つもない。[12]それどころか、フィールドワーカーたちは、ボノボのコミュニティどうしが非暴力的に混じり合う様子を記述している。ボノボたちは、出会うと声をかけ合い、最初は攻撃性を見せるかもしれないが、すぐに歩み寄り、セックスとグルーミングをする。母親たちは、子供が思いきって進んでいって、相手の集団の幼い子供や、大人のオスとさえ、遊ぶのを許す。ボノボはおそらく、自分が暮らしているコミュニティの範囲をはるかに超える社会的ネットワークを持っている。異なる群れの成員どうしが出会って喜び、完全にくつろいで振る舞うように見える。フィールド研究現場からの最近のある報告には、縄張りの境界を越えて肉が分かち合われていることさえ記録されている。[13]こんなことは、チンパンジーの間では想像すらできない。彼らは程度の差こそあれ、敵意しか知らないからだ。ボノボの群れが見せるような友好的な態度や信頼はけっして示さないし、群れどうしが出会ったときには、チンパンジーの母親は誰もができるかぎ

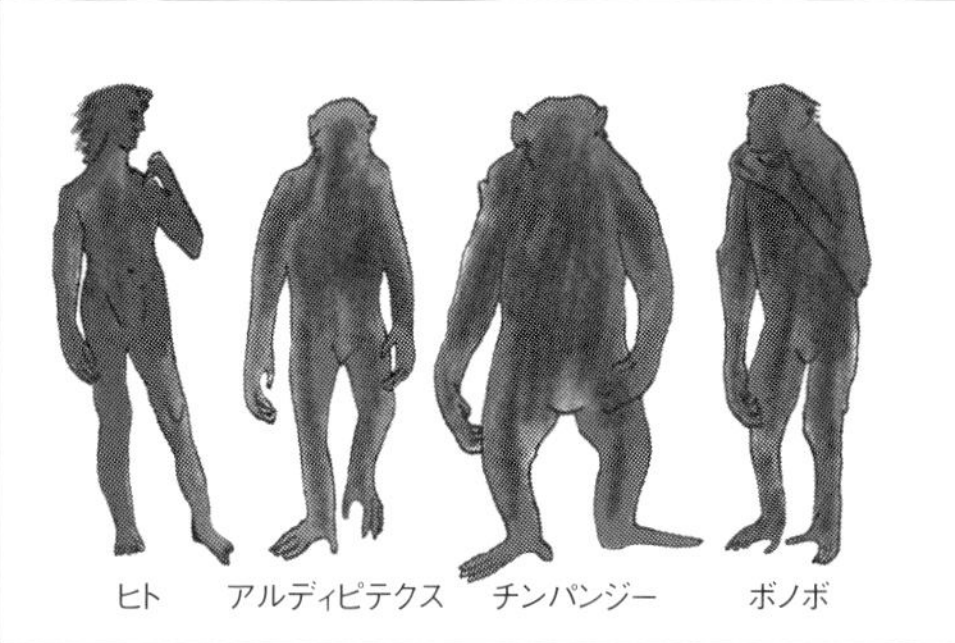

あらゆる大型類人猿のうち、腕と脚の長さの割合は、ボノボが人間に最もよく似ており、私たちの祖先のアルディピテクスに驚くほど近い。この図に描かれた4種類のホミニドのシルエットを見れば、それが見て取れる（この図では、縮尺率がそれぞれ違う）。もし私たちが本当にボノボに似た類人猿に由来するのなら、人間の先史時代は、攻撃性は今ほど強調せず、セックスとメスの権力にもっと重点を置くかたちで書き直す必要がある。

り遠ざかろうとする。わが子が深刻な危険にさらされているからだ。これは、私たちに最も近い二種の霊長類の仲間の間の歴然とした違いだ。森に暮らすチンパンジーのコミュニティが血なまぐさい闘いを行なう一方、ボノボは愉快なピクニックを楽しむ。

コンゴ民主共和国のキンシャサ近くのロラ・ヤ・ボノボ・サンクチュアリ〔「ロラ・ヤ・ボノボ」は、同国で使われる言語の一つであるリンガラ語で「ボノボの楽園」の意〕では、単に社会的な営みを活性化させるという目的で、最近、別々に暮らしていた二つのボノボの群れを合流させることにした。チンパンジーであえてそんなことをしようとする者はいない。大虐殺が起こるとしか思えないからだ。このサンクチュアリのボノボたちは、大虐殺の代わりに乱交パーティを繰り広げた。ボノボは見知らぬ相手が目的を達するのを惜しみなく手助けするので、研究者たちは彼らを「ゼノフィリック（見知らぬ者に惹かれる）」と呼び、その一方で、チンパンジーのことは「ゼノフォビック（見知らぬ者を恐れたり嫌ったりする）」と考えている。[14] ボノボの脳は、この違いを反映している。扁桃体や前部島《ぜんぶとう》といった、他者の苦しみの知覚にかかわる領域は、チンパンジーよりもボノボのほうが大きくなっている。ボノボの脳では、攻撃的な衝動を制御する神経経路もより発達している。ボノボはおそらく、私たちを含めた全ホミニドのうちで最も共感的な脳を持っているようだ。[15]

面白い、とあなたは考えるだろう――だが、科学はボノボを真剣に受け止めることを拒んでいる。あまりに平和で、あまりに母系制が強く、あまりに温和なので、人気の高い人間進化の筋書きに当てはまらないのだ。その筋書きは、征服やオス優位、狩猟、戦争を軸としている。「人間＝狩猟者」説や「殺し屋類人猿」説などがあり、集団間の競争のおかげで私たちは協力的になったという考え方や、女性は賢い男性が好きだったので、私たちの脳はこれほど大きくなったという意見もある。まったく逃れようがない。人間の進化についての私たちの説はいつも、男性と、彼らを成功させるものを中心に展開する。チンパンジーにはこうした筋書きのほとんどが当てはまるのに対して、ボノボはどうしたらいいのか、誰にもわからない。このヒッピーのようなヒトの類縁種は、愉快な動物ときまって称讃され、それからさっさと無視されてしまう。魅力的な種だが、あくまでチンパンジーに目を向け続けることにしようというのが、一般的な反応だ。

二〇〇九年にアルディピテクス・ラミドゥスというホミニン（ヒト族）の四四〇万年前の化石が論文で発表されたとき、「アルディ」という愛称を与えられたこの女性化石人類の歯の状態は、定説には合致しなかった。彼女の犬歯は小さかったので、平和を比較的好む種だったことが窺われた。これは、ボノボに目を向ける絶好の機会だったと思いたくなる。ボノボも平和を好み、歯は小ぶりで、あまり尖っていないからだ。体の全体的なプロポーションや長い脚、物をつかむことができる足、さらには脳の大きさまで、あらゆる類人猿のうちでボノボがアルディに最もよく似ている。ところが人類学者たちは、人類の温和で共感的な素質を、最近縁種の一つのそうした素質とともに強調する新しい視点を提示する代わりに、アルディはあまりに変則的だ、私たちはどうしてこれほど温和な祖先を持ちえたのか、と悩ましそうに首を傾げるばかりだった。彼らはアルディを例外的で謎めいた存在として示すことで、人類はマッチョな生き物であるという支配的な筋書きには手をつけなかった。

その筋書きによると、「自然な状態」（仮にそんな状態が存在したとしたら、だが）にある人間は、絶えず戦争をしているという。スティーブン・ピンカーは、二〇一一年の著書『暴力の人類史』で私たちにとって唯一の頼みの綱は文明だとし、私たちの起源を理解するうえで最善のモデルとしてチンパンジーに肩入れしている。ピンカーは、文化の進歩が私たちのあらゆる問題の解決策となるという見方を示す。私たちは自分の本能を制御する必要がある、そうしなければ、チンパンジーのように振る舞ってしまうだろう、というのだ。この紛れもなくフロイト的なメッセージ（ジークムント・フロイトは文明を、基本的な本能の調教師と見ていた）は、西洋では深く浸透しており、今もなおきわめて人気が高い。ところがその一方で、文化人類学者と人権擁護機関は、文字を持たない人々は慢性的な暴力の中で生きているという、この考え方が必然的に持つ含みを忌み嫌っている。この事実無根の説は、そうした人々の権利を認めない根拠として使われうる（そして、実際に使われてきた）。このように振る舞う部族もわずかにあるかもしれないが、人類学の記録からよほど選り好みをしないかぎり、人間の起源は血にまみれているというピンカーの見方は支えきれないと、批判的な人々は主張してきた。いわゆる「野蛮人」は、しばしば思われているほど野蛮ではないのだ。[16]

　文化が救いの手を差し伸べるという意見に関して最も不可解なのは、中世以降の探検家たちが文字を持たない人々に出会ったときにはいつも、暴力的だったのはきまって前者だったことだ。イギリス人がオーストラリアを発見したときも、ピルグリムファーザーズがニューイングランドに上陸したときも、クリストファー・コロンブスが新世界にやって来たときも、そうだった。現地の人々が外国からの訪問者たちに贈り物を与え、友好的に接したときにさえ、訪問者は歓迎者たちを虐殺することしかできなかった。コロンブスは、剣というものを知りさえしない人々と出会ったとき、わずか五〇人の兵で圧倒できたことに驚いただけだった。文明の持つ啓発的な影響も形無しだ。[17]

私自身の見方は、人間の歴史ではなく、争いを抑える霊長類の自然な能力に的を絞っている。霊長類はほとんどの場合、平和を維持するのがじつにうまい。私たちが自らの進化の背景について議論するときに、ホッブズは言うまでもなく、フロイトやローレンツの説を依然として鵜呑みにしていることが信じられない。私たちは、人間の生物学的特質を抑え込んでようやく、最高の社会性を達成できるという考え方は、完全に時代後れだ。狩猟採集民や、他の霊長類や、現代の神経科学についてわかっていることと、まったく一致しない。また、この考え方は、まず人間の生物学的特質が生まれ、それから文明が発達したという逐次的な見方を助長するが、現実には、生物学的特質と文明はいつも密接な関連を保ってきた。

　文明は何か外部にある力ではなく、私たちそのものだ。非生物の人間などというものは存在したためしがないし、非文化的な人間も一人としていなかった。それならば、なぜ私たちはいつも、自分の生物学的特質をこの上なく暗い観点から眺めるのか？　私たちは、自分のことを善人だと見られるように、自然を悪者に変えてしまったのか？　社会生活は、霊長類としての私たちの背景とは絶対に切り離せないものであり、協力や絆作りや共感についても同じことが言える。これは、集団生活が私たちの主要な生存戦略だからだ。霊長類は社会的であるようにできている。互い配慮し、仲良くやっていくようにできている。そして、それは私たち人間にも当てはまる。文明は、私たちのためにありとあらゆる種類の素晴らしいことをしてくれるかもしれないが、何か新しいものを発明するのではなく、自然の能力を活かすことでそれを成し遂げる。平和的な共存のための昔ながらの能力を含め、私たちが提供できるものを利用するのだ。

アルディは私たちに何かを教えてくれており、たとえ私たちは、彼女の言うことに同意できなくても、もう背景に闘いの太鼓をつねに轟かせることなく、人間の進化を論じ始めていいだろう。たしかに私たちも、機嫌が悪い日などにはチンパンジーに劣らぬほど横柄で暴力的になるが、機嫌が良い日にはボノボに負けないほどの思いやりと感受性を示すものだ。

メスの力

ママはアーネムのチンパンジー・コロニーで最上位のメスだった。身体的には、大人のオスの誰にもかなわなかったにもかかわらず、彼らのほとんど誰よりも強力で影響力が大きかった。自分の地位を保つ術を心得ていて、オスたちを手荒に扱い（彼らの手から食べ物を取ったり、座り心地の良い場所から彼らを軽く押しのけたりする）、群れの生活にとってあまりに重要なので誰もが政治的支援を得ようとする、堂々たるメスのチンパンジーには、私はこれまで他にも出会ってきた。

だが、この点では、真のチャンピオンはチンパンジーではなくボノボだ。野生の世界では、ボノボのアルファメスは大きな枝を後ろに引きずりながら森の中の空き地に大股で入ってきて、ディスプレイをする。他の全員がそれを見守るが、そばには寄りつかない。メスのボノボがオスたちを追い払って、大きな果物を横取りし、自分たちで山分けすることも珍しくない。ジャングルサップの果実は最大で一〇キログラムほどになるし、トレキュリアの果実は約三〇キログラムにも達し、これは大人のボノボの体重に近い。このような巨大な果実が地面に落ちると、ほぼ間違いなくメスが所有権を主張し、分けてくれるように懇願するオスはめったに相手にしない。個々のオスが個々のメス（とくに、歳のいかないメス）を押しのけることはあっても、集団としては、メスたちがオスたちに対して優位に立っている[18]。

　これは野生の世界だけではなく、私が訪れたことのあるどの動物園にも当てはまる。きまって一頭のメスがボノボのコロニーを取り仕切っている。唯一の例外は、オスとメスが一頭ずつしかいない動物園だ。オスのボノボはメスよりも大きくて力が強く、長い犬歯を持っている。だから、一頭ずつの場合にはオスがボスとなる。だが、動物園がメスを一頭増やし、三頭のコロニーになると、途端にオスの優位が崩れる。オスがメスのどちらかを畏縮させようとするたびに、メスたちは結託する。そこへ新たなオスを加えても、ほとんど変化はない。簡単に連合を形成するチンパンジーのオスとは違い、ボノボのオスはあまり協力的ではないからだ。

　当然ながら、ボノボは男女同権論者の間で人気を得た。彼らは書籍の献辞でボノボに敬意を表してきた。ボノボが存在していることを人生に感謝しているアリス・ウォーカーはその一例だ。チンパンジーがセックスの問題を権力で解決するのに対して、ボノボは権力の問題をセックスで解決する。そのうえ、同性どうしを含め、ボノボは考えうるかぎりの組み合わせでセックスをする。とはいえ、科学者やジャーナリストは反発してきた。ボノボの話はあまりにできすぎで、本当のはずがないというのだ。「戦争よりセックス」というこの種が、「非差別的」な作り話、つまり、リベラルな左翼を満足させるための、でっち上げの類人猿という可能性はないのか？　あるジャーナリストは、はるばるコンゴ民主共和国まで出かけ、ボノボは言われているほど平和を好みはしないことを証明しようとした。ところが、一頭のボノボが小型のレイヨウを追いかけていたという話を持ち帰るのが精一杯だった。

レイヨウは無事に逃げおおせたが、そのジャーナリストは、ボノボがレイヨウを捕まえていたら、こんなふうに殺して貪り食ったかもしれないという、身の毛のよだつような話を読者に提供する必要を感じたようだ。もっとも、こうしたことのどれ一つとして、今取り上げている問題とはあまり関係がない。捕食は攻撃行動ではないからだ。動物は、競争ではなく飢えに駆り立てられて捕食を行なう。

　ボノボに馴染みがない科学者たちは、オスのボノボをあえて下位者と呼ぶ人々を非難してきた。彼らは、「礼儀正しい」と見なすほうがいい、なぜなら、メスの力はオスの気立ての良さが頼みであることは明らかだからだ、と言う。そのうえ、これは食べ物だけに限られるから、メスの優位性はそれほど重要なはずがないのだそうだ。これはまた不可解な方向転換ではないか。この地球上のあらゆる動物に当てはめられてきた物差しが一つあるとすれば、それは、もしAという個体がBという個体をBの食べ物から追い払えれば、Aのほうが上位とされる、という序列の基準だからだ。沼沢《しょうたく》地帯の林で二五年にわたってボノボを追ってきた、ボノボ研究の先駆者の加納隆至《かのうたかよし》は、食べ物こそまさに、メスの優位性が発揮される対象であることを指摘している。もしこれがボノボにとって重要であれば、人間の観察者にとっても重要であるべきだ。加納はさらに、次のように指摘している。たとえあたりに食べ物がまったくないときにさえ、立派な大人のオスたちは、最上位のメスが近づいてきただけで服従的な反応を見せる[19]。

　メスによる集団的支配は、ボノボのメスどうしが血縁関係にないことを踏まえると、なおさら意外だ。彼女らは血縁者ではなく、友なのだ。メスは成熟期に入ると、生まれ育ったコミュニティを離れて近隣のコミュニティに移り、そこで年長のメスに面倒を見てもらえる。

メスは、移り棲んだ地域には、たいてい血縁者がいない。私は、そこで生じるメスによる支配を「準姉妹連帯（secondary sisterhood）」と呼んできた。メスたちは、血縁ではなく共通の利益に基づいて、姉妹のように結束して行動する。近年、こうしたネットワークについて、さらに多くがわかってきた。長年、戦争によって中断していた野生のボノボの研究が復活したおかげだ。世界でもとりわけ辺鄙な森の中で野外観察を行なうのは困難そのものだが、日本の研究者の徳山奈帆子は、メスがどう協力するかについてのきわめて重要な情報を首尾良く集めた。ほとんどの場合、メスたちはオスの嫌がらせに対応するために結束する。チンパンジーのメスたちが虐待に耐え、ときには赤ん坊を殺されても我慢するのに対して、ボノボのメスたちは、そうした問題に苦しめられることはまったくない。高位の年長のメスたちは、年下のメスがオスによって厄介な目に遭わされるとすぐ、支援の手を差し伸べる。この助け合いのおかげで、メスのボノボはオスの暴力を抑え込み、比較的気楽に暮らしている[20]。

それに比べると、メスたち自身の間の支配関係についてわかっていることは格段に少ない。たいてい明確なアルファがいて、ボノボの場合には、それが全体のアルファでもあり、全員を支配している。だが、この地位を巡る競争は、チンパンジー社会のオスの間での競争ほど熾烈ではない。その競争にかかっているものが、オスにとってよりもメスにとっては、いつも少ないからだ。進化の観点に立つと、肝心なのは誰が自分の遺伝子を次世代に伝えるかだけだ。この点に関して、オスはどんなメスよりもうまくやってのけられる。トップの座にあれば、大勢のメスを妊娠させることができるからだ。メスにとって、進化のゲームはそれとは根本的に異なる。序列や交尾の相手の数に関係なく、メスは一度に一頭しか子供を産まない。この生殖の仕組みのおかげで、オスの地位にはより大きな特典が伴うのだ。

とはいえ、ボノボのメスには次善策がある。彼女たちは、オスの階層制の中で息子が高い位置を占められるように、猛烈に支援する。ボノボの社会で最悪の争いは、息子の地位争いにメスがかかわったときに起こる。オスのボノボは、母親の力にすがって地位を得ようと張り合う。したがって、高位の母親は、孫の数を増やすことができる。野生のアルファメスのカメを例に取ろう。カメには大人の息子が三頭もおり、いちばん上の子がアルファオスになっていた。カメは年老いて弱ってくると、子供たちを守るのをためらうようになった。アルファに次ぐ地位にあるベータメスの息子は、これを感じ取ったに違いない。なぜなら、カメの息子たちに挑み始めたからだ。彼の母親は息子を応援し、わが子に代わってアルファオスを攻撃することも厭わなかった。軋轢《あつれき》は激しさを増し、ついには母親どうしが殴り合い、取っ組み合って地面を転げ回った。けっきょくベータメスがカメを押さえ込んだ。カメはこの屈辱的な敗北からついに立ち直れず、まもなく彼女の息子たちは中ほどの地位まで転落した。そして、カメの死後はすっかり落ちぶれ、新しいアルファメスの息子がトップの座に就いた。[21]

人間社会でこれに最も近い例は、オスマン帝国のハーレムで奴隷側室たちの間に見られた競争と陰謀であり、彼女たちのなかには、スルタンの妃に匹敵する地位を獲得した者もいた。これらの女性は、次のスルタンにするべく息子を教育した。勝者は王座に就くと、きまって兄弟全員の殺害を命じた。自分だけが子供を残すようにするためだった。私たち人間は、ボノボよりも物事を過激にやらなければ気が済まないようだ。

権力へのこだわりはメスよりもオスのほうがつねに強いとはいえ、権力への意志はオスに限られてはいない。それでも、私たち自身の社会では、政治的野心を持つ女性がとりわけ苦労することは否定できない。たとえば、魅力的で見栄えがすることは、男性には大変有利であるのに対して（ジョン・F・ケネディやジャスティン・トルドーを考えてほしい）、女性の場合には同じようにはいかない。これは、性的競争と、男性と女性が半々の有権者との取り合わせに関係がある。魅力的な女性、とりわけ出産適齢期の女性は、他の女性に競争相手と認識されるので、女性票を獲得しにくい。二〇〇八年にジョン・マケインがバラク・オバマに対抗して立候補したとき、比較的若い女性であるサラ・ペイリンを副大統領候補に選んだ。マスメディアの男性たちは、ペイリンを「ホット」とか「ＭＩＬＦ〔「セクシーな熟女」を意味するスラング〕」とか呼び、見事な作戦と見たが、男性が熱を上げれば女性の間でペイリンの人気がどれほど損なわれかねないかには、誰も気づかなかったようだ。オバマは、男性の得票率ではマケインをかろうじて上回った（四九パーセント対四八パーセント）だけだったが、女性票を巡る争いでは圧勝した（五六パーセント対四三パーセント）。

女性が指導者として魅力を持ち始めるのは、生殖可能期間を過ぎてようやく男性の性的な視線を浴びなくなってからに限られる。ゴルダ・メイアやインディラ・ガンディーやマーガレット・サッチャーといった現代の女性国家元首はみな、閉経後に就任している〔近年は若い女性国家元首も誕生しており、たとえばフィンランドのサンナ・ミレッラ・マリンは三四歳で、ニュージーランドのジャシンダ・アーダーンは三七歳で、それぞれ首相に就任している〕。私たちの時代の最も強力な女性であるドイツのアンゲラ・メルケルは、自分の性別に注意を引くことさえ望まず、できるかぎり中性的な服装をしている。メルケルは抜け目のない熟練の政治家で、相手が男性だからというだけで物おじしたりしない。ロシアのウラジーミル・プーチンは二〇〇七年に、自分の別荘にメルケルを迎えたとき、飼い犬の大型のラブラドル・レトリバーに引き合せた。メルケルが犬を怖がることを百も承知の上でのことだ。メルケルはプーチンとその飼い犬とをはっきり区別していたので、けっきょく、彼の作戦は失敗に終わった。彼女はジャーナリストたちにこう述べた。「なぜ彼がこんなことをしなければならないのか、私にはわかっています。自分が男であることを証明するためです。彼は自分の弱さを恐れているのです[22]」プーチンの作戦は、男性がつねに威圧によって優位に立とうとすることを示していた。

　男性を権力の座から退けると、安心感を得るために手放したがらない毛布を赤ん坊から取り上げたときと同じような反応が起こることから、男性の権力志向がどれほど根深いものか、よくわかる。私たちは、自分たちの生活や制度をまとめ上げている情動を過小評価しがちだが、私たちのすることや何者たるかは、すべてこうした情動を核としている。他者を制御したいという欲望は、多くの社会的プロセスの原動力であり、霊長類の社会に特定の構造を持たせている。国家指導者を目指したトランプとクリントンから、息子のために殴り合いさえするボノボの母親たちまで、権力欲という動機は広く行き渡っており、たやすく見て取れる。そのおかげで私たちは、人を奮い立たせる指導者の下で並外れたことを成し遂げてきたが、その一方で、暴力にまみれた不穏な経歴も残してきた。そこには政治的な暗殺も含まれ、それには私たちの種もおよそ無縁ではない。

　情動は良いものにも悪いものにも醜いものにもなりうる。そしてそれは、動物たちと同様、私たちにも当てはまるのだ。

EMOTIONAL INTELLIGENCE On Fairness and Free Will

第6章 情動的知能

公平さと自由意志について

サバンナの穏やかな景色が写った写真の中で、一頭のシマウマが、見る者に尻を向けて立っている。彼は彼方の、焦点の合っていない二頭のライオンをもっとよく見ようと、頭を高く持ち上げている。ライオンたちは交尾の真っ最中だ。私のフェイスブックの友達は、あれこれキャプションを提案してくれた。いちばん良かったのは、メスライオンに次のように叫ばせるものだった。「急いで、アーサー！　今、私たちの夕食を見つけたから！」

だが、交尾中のライオンは夕食を始める気分にはない。シマウマはそれを知っている。だから、あわてて駆け去ったりしない。彼は何の恐れも感じていない。少なくとも、この瞬間には。恐れは自己防衛的な情動で、そのため、生存価のリストの上位を占める。だが、恐れでさえ、状況を注意深く判断したあとでしか起こらない。ライオンが目に入っただけでは恐れは生じない。レイヨウやシマウマやヌーは、寝そべったり遊んだり交尾したりしているライオンの周りでは、とてもくつろいだ振る舞いを見せる。彼らはライオンの行動には慣れ親しんでいて、自分の敵がいつ狩りをする気分になるか、熟知している。そしてそのときに恐れを抱く——気づくのが間に合えば、だが。

心の讃歌

情動に基づく反応は、反射のような行動よりもはるかに有利で、それは、「評価」として知られる経験と学習のフィルターにかけられるからだ。初期の動物行動学者たちが、本能という概念にしがみつく代わりに、これに思いが至っていたならと私は残念に思う。本能の概念は、今ではおおむね時代後れになってしまった。本能は反射的な反応で、果てしなく変わり続ける世界ではほとんど役に立たない。それに比べると、情動はずっと融通が利く。知能が高い本能のように作動するからだ。情動もまた望ましい行動の変化を生み出すが、それは状況を念入りに評価してからのことだ。この評価には、ほんの一瞬しかかからないかもしれないが、サバンナのシマウマがやっているように、現在の状況と過去の経験との比較を拠り所にしている。たとえば、もし私がピクニックを計画していたら、雨の光景が目に入ったときにはがっかりするだろうが、もし家にいるつもりだったら、雨の多いオランダで育った経歴が物を言う。私は窓の外の雨を眺めるのが大好きなのだ。戦闘を生き抜いてきた人は、自動車のマフラーが爆発音を立てるとパニックを起こしかねないが、ろくに気づきもしない人もいる。犬が吠えているのが聞こえると、私たちは怖いと思うが、鎖につながれているのがわかると、もう怖くなくなる。情動は、いつも評価のフィルターにかけられる。同じ状況下でも人によって反応が異なることも、これで説明がつく。

私たちは自分の情動を完全には制御できないかもしれないが、情動の奴隷というわけでもない。だから、何か馬鹿なことをしたときに、「情動に舵を奪われた」などという言い訳は、けっしてするべきではない。本人がそれを許したのだから。情動に駆られるときには、自発的な側面がある。人は自分が間違った相手と恋に落ちたり、特定の人を憎んだり、強欲に判断を誤らせたり、想像をたくましくして嫉妬を募らせたりするのを許す。情動はけっして「ただの」情動ではなく、徹底的に自動化されることもない。情動に関する最大の誤解は、情動は認知機能の対極にあるというものかもしれない。私たちは体と心という二元論を、情動と知能の間にも持ち込んでしまったが、じつは両者は二つでひと組になっており、一方がなければもう一方も作動できないのだ。

　ポルトガル系アメリカ人で神経科学者のアントニオ・ダマシオは、前頭葉の腹内側《ふくないそく》部を損傷したエリオットという患者について報告している。エリオットは明瞭に考えを述べることができ、知的能力に支障がなく、ウィットに富んでさえいたが、情動を失ってしまい、何時間も会話を交わしても、情動の気配さえ示さなかった。エリオットは、悲しむことも、もどかしがることも、怒ることも、苛立つこともけっしてなかった。そして、情動の欠如のせいで、意思決定能力が麻痺しているように見えた。どこで何を食べるかを決めるのに午後いっぱいかかることもあれば、予約の日時やペンの色を決めるのに三〇分かかることもあった。ダマシオのチームは、エリオットにさまざまな種類の検査を行なった。彼は、論理的思考能力には何の問題もないようだったにもかかわらず、課題に取り組み続けることが苦手で、結論に至るのにとりわけ苦労した。ダマシオは次のように要約している。「問題が起こるのは、論理的思考の終わりのほうの段階、すなわち、選択を行なったり、対応を選んだりしなくてはならない時点、あるいはその近くのようだった」エリオット自身も、あらゆる選択肢を念入りに検討したあと、こう言っている。「これだけやったのに、まだどうするべきかわからなかった！」[1]

　ダマシオの見識や、その後行なわれた他の研究の結果、現代の神経科学は、情動と合理性は、水と油のように、けっして一つにはならない、拮抗する力であるという考え方をそっくり捨てた。情動は私たちの知性の不可欠な部分なのだ。ところが、両者は別個のものだという考え方はしっかりと根づいているので、多くの領域で無傷で生き残っている。人々は相変わらず情動を見下し、健全な意思決定を行なうためには、頭脳明晰で情動に駆られていない状態でなくてはならないと考えている。結婚するべき理由と、するべきでない理由を挙げていった、ダーウィンのまがいものの決定プロセスに倣わなくてはいけない、と。この錯覚は、古代ギリシアの哲学者たちにまでさかのぼる。彼らは自分たちのような男性の論理的推論をおおいに称讃していたが、女性にはこの能力をあまり認めず、動物にはなおさら認めることが少なかった。女性は感情的・直感的で、体とより同調しており、したがって、男性ほど知的ではないと考えられていた。男性は毎月の気分の変動には無縁だし、そのうえ、彼らだけが自分の激しい感情を抑え込めるというのだ。

　だが、哲学者を悩ませる問題が一つだけあった。それは今なお、多くの哲学者を苦しめているようで、その問題とは、人間の心が物質的な器を必要とすることだ。心は肉体なしでは存在しえない。体に縛りつけられた心の状態はこの上なく不都合で、それはなぜかと言えば、体は抑え難い衝動や感情で私たちを困らせ、考えたくないことを考えさせるからばかりか、死を免れられないからでもある。トマスによる福音書も、人間の心について、次のように嘆いている。「この莫大な富が、この貧困に居を定めたことに、私は驚きを禁じえない(2)」

このように体を蔑んでいたから、中世の隠者（その圧倒的多数が男性）は肉体を否定しようとしたのだろう。彼らは荒野か近くの洞窟に身を引き、肉体の誘惑をいっさい捨て去ろうとするのだが、けっきょく、豪勢な食事や豊満な女性の幻影に苦しめられるのだった。また、裕福な人々（これまた、大多数が男性）がこぞって死後、頭部を冷凍保存することにしている理由も、これで説明がつく。彼らは自分の脳が「アップロード」できるようになる段階までテクノロジーが進歩する日に備えているのだ。彼らは、心は体を必要としないと信じているので、現在自分の頭に入っているもののいっさいを機械に移し、デジタル形式で不滅を達成できる未来のために、大枚をはたく。つまるところ、心はただのソフトウェアであり、肉体というプラットフォームで作動している、だから、コンピューター上でも同じようにうまく作動できるだろう、というわけだ。体を持たない心がどのようなものになるのか、科学ではほとんどわかっていないことなど、気にもしないらしい。脳は数えきれないほど多くのかたちで体とつながっており、体と一体化していることを考えると、脳をコンピューターになぞらえれば大変な誤解を招くことになる。人間の心は体と脳を区別せず、その両方を表している。したがって私は、デジタル形式で目覚めるのが幸せな瞬間になるとは、とうてい思えない。幸福は腹の底から湧き上がってくるものであり、体から切り離された脳は、おそらく何も感じないだろう(3)。

動物の情動についてのどんな議論でも直面するのが、この問題だ。生物学的特質とはほとんど結びつきがなく、女性よりも男性で顕著で、それ以前に存在していたものとはかけ離れた、自由に動き回る人間の心という、この幻想を私たちは持っている。私たちは心を称讃し、「純粋理性」なるものの存在を信じ、情動と体と、私たち自身のもの以外の種を低く評価する。こうした文化的・宗教的偏見は、何千年にもわたって私たちにつきまとっており、したがって、簡単には消し去れない。それでも私たちは、そうした偏見から自分を遠ざける必要がある。そうして初めて、動物の情動を知能の表れとして真剣に考えることができる。それではこれから、動物の情動がどうして知能の表れであるかを説明していこう。

人間と同じで、動物にも情動的知能がある。情動的知能とは通俗《ポピュラー》心理学の概念で、他者の情動を読んだり、情動についての情報を使ったり、自分自身の情動を制御したりして目的を達成する能力のことをいう[4]。私はここでこの言葉を緩やかな意味合いで使い、情動と認知機能の間の相互作用を指すことにする。私たちはたいてい、人間の情動的知能を個人の特性として研究する。情動の激しい変動を管理するのが得意な人や、自分が感じているものをうまく利用できる人と、そうでない人がいる。それは各自の育ちや技能や性格で決まるとされる。ところが、動物の話になると、私たちは情動と認知機能が連携して、社会的階層から家族生活、捕食者に対する防御から争い事の解決まで、私たちが目にする結果を生み出すと考える。

恰好の例が公平さの感覚だ。公平さの感覚は、理性と論理の産物で、人間ならではの道徳的価値観だと考えられることが多いが、私たちが他の霊長類やイヌ科の動物や鳥類と共有している基本的な情動なしでは、けっして生じることはなかっただろう。私たちの公平さの感覚は、この共通の情動が知的に変化したものだ。

キュウリとブドウをサルに与えると

私は二〇年以上にわたって、ヤーキーズ国立霊長類研究センターでオマキザルのコロニーを飼育した。約三〇頭の容姿端麗な茶色いサルたちがいっしょに暮らしていた屋外の区画は、私たちの研究室に隣接しており、この研究室で毎日彼らの社会的知能をテストした。彼らがいっしょに作業したり、食べ物を分かち合ったり、トークン（代用通貨）を交換したり、顔を認識したりといった、さまざまな状況を私たちは設定した。サルたちはこうした課題をすべてじつに熱心にこなした。オマキザルは忙しいときがいちばん機嫌が良い。彼らは諦めるということを知らない。野生の世界では、牡蠣《かき》を長い時間叩き続け、とうとう牡蠣が筋肉を弛緩させたところをこじ開ける。研究室では、群れの仲間と見知らぬサルの顔を区別できるようになるまで、タッチスクリーンで選び続ける。どんな課題を与えても、この粘り強さを発揮する。私たちは研究室に強制的に入れさせることはけっしてせず、その代わり、熱心に取り組んでもらえるように、実験セッションは短く（文字どおり）甘いものにするよう努めた。

オマキザルに関して私が最も気に入っていたのは、彼らが立てる背景雑音だったかもしれない。彼らは何か作業をしているときには、群れの仲間たちに「話しかける」のをやめられなかった。野生の世界では、オマキザルは森に棲んでいるので、葉や木のせいでお互いの姿が見えないことが多い。だから、発声は群れにとってライフラインの役割を果たす。研究室では、各個体を群れから離して検査したが、いつも互いの声が聞こえる範囲にとどめておくようにした。彼らはひっきりなしに家族や友に声をかけ、返事をもらうのだった。

私は、オマキザルという種と、一頭ずつ名前で覚えた彼らの性格が大好きになったので、彼らが自然界でどう振る舞うか、感じをつかむために、ブラジルとコスタリカまで見に行ったほどだ。彼らはただのサルにすぎないとはいえ、その心的能力のほぼすべてが、私たち人間にもじつに簡単に見て取れる。「ただの」サルというのは、ふざけて言ったまでで、それは、類人猿の行動の専門家は、他の霊長類について、相手を見下すようなこうした物言いをすることがあるからだ。古生物学者は、新たに発見された化石が「ただの」類人猿にすぎないかもしれないという考えに耐えられず、きまってそれをヒト属という人工的な枠組みに無理やり押し込もうとするが、それと似たようなものだ。

もっとも、オマキザルは非凡なサルで、それが明らかになったのは、彼らが森の中で石を使って木の実を割ることが発見されたからだ。彼らはハンマー代わりの石と木の実を、台になる岩石の露出部まで、遠くからはるばる運んでくる。石器テクノロジーは、ホミニドの途方もない業績として讃えられ、これを獲得したのは、人間以外にはチンパンジーしかいないとされていた。ところが今では、この石器クラブに、物をつかむことができる尾を持ったこの小さなサルも、入会を認めざるをえなくなった。とはいえ、オマキザルが猫ほどの体しか持たないことを考えると、脳の相対的な大きさはチンパンジーの脳の大きさに匹敵する。そして、彼らは並外れて長寿だ。私のコロニーで最年長のメスのマンゴーは、今もなお生きており、五〇歳と推定されている。

私は教え子のサラ・ブロスナンとオマキザルの行動を観察しているうちに、偶然、人間の公平さの伝統的な概念を揺るがす発見をした。人間の公平さは生物学的現象ではなく文化的現象だと広く考えられていた。公平さは進化してきた特性であることを私たちが想像しづらいのは、一つには、私たちが描く自然像のせいだ。「適者生存」や「牙と鉤爪で朱《あけ》に染まった自然」といった生々しい露骨な言葉を使うことで、私たちは自然の残酷さを強調し、公平さの余地はまったく残さず、最強者の権利だけを認める。その一方で、動物たちがしばしば互いに頼り合い、協力を通して生き延びることを忘れてしまう。実際、動物たちはお互いよりも、環境や飢えや病気と闘うことのほうがはるかに多い。だからこそ、博物学者で無政府主義者のピョートル・クロポトキンは一九〇二年に、こう尋ねたのだ。「適者とは誰か？　絶えず互いに争っている者たちか、それとも、互いに支え合う者たちか[5]？」このロシア貴族は、シベリアで馬やジャコウウシが凍てつくような吹雪の中で身を寄せ合ったり、オオカミを近づけないために子供たちの周りに輪を作って守ったりするのを目にし、相互扶助のほうを優れた戦略として選んだ。彼は時代のはるか先を行っていたのだ[6]。

　さて、サラと私は研究室で戸惑っていた。私たちのオマキザルは、与えられたご褒美をただ食べるだけでなく、仲間がもらうご褒美にも目を光らせていたからだ。こんなことには、それまで誰も気づかなかった。原因は、動物たちをテストする通常の方法にある。たとえば、ラットを一匹だけ箱に入れ、レバーを押すとご褒美がもらえるようにする。そのラットにとって大事なのは、課題がどれほど難しいかや、ご褒美がどれほど魅力的か、どんなスケジュールでご褒美が与えられるかだけだ。ところが、社会的行動に関心がある私の研究室は違っていた。サルたちはテストの間、一頭だけになることは稀だった。だから、彼らが他者に与えられる食べ物を毎回注視していることに、私たちは気づいたのだ。彼らは自分のご褒美の価値を、他者がもらうご褒美との比較で評価しているかのようだった。これは馬鹿げた話に思えた。自分がどう課題をこなし、どんなご褒美をもらえるかだけに注意を向けるのが当然ではないのか？

だが、人間の行動についてわかっていることに照らせば、彼らが他者に関心を抱くのは、完全に筋が通っていた。いわゆる「イースタリンのパラドックス」は、アメリカの経済学者リチャード・イースタリンの名にちなんでいる。イースタリンは、どの社会でも豊かな人のほうが貧しい人よりも幸せであることに気づいた。これは特別意外ではないが、社会全体が豊かになっても、平均的な幸福感が向上しないことにもイースタリンは気づいた。言い換えれば、豊かな国の人々は、貧しい国の人よりも気分が良いわけではないのだ。もし私たちが富で幸せになれるのなら、こんなことがどうしてありうるのか？　その答えは、幸福感を増すのは富そのものではなく、相対的な富だから、となる。幸福感は、自分の所得が他者の所得と比べてどうかにかかっているのだった。[7]

ところが当時、サラも私も、イースタリンのパラドックスを知らなかった。ご褒美が不十分なときには毎回サルたちが腹を立てるのに気づいた私たちは、もっと詳しく調べることにした。そして行き着いたのが、物々交換ができるというオマキザルの才能を活かした単純な実験だ。オマキザルは自発的に物々交換をする。もし彼らのケージにねじ回しを置き忘れたら、そのねじ回しを指差し、ピーナッツをひと粒掲げて見せるだけでいい。金網の隙間から手渡してくれる。彼らは物々交換が大好きなので、小石と交換で干からびたオレンジの皮でさえ持ってくる。どちらも、まったく価値がないのにもかかわらず、だ。なおさら驚くべきなのだが、彼らは人間の掌に品物を載せたあと、小さな手で人間の指をつかんで内側に曲げ、人間の手がその品物を包み込むようにする。まるで、「ほら、しっかりつかんで！」とでも言っているかのように。

おそらく食べ物の分かち合いに関係していると思われるこの自然の才能を利用して、私たちはオマキザルたちに課題に取り組ませた。不公平に対する反応は、仕事をしたときにしか起こらないことに、私たちはすでに気づいていた。二頭のサルに異なる食べ物をただ与えるだけでは、彼らはその違いにほとんど気づきもしないが、二頭ともその食べ物を得るために仕事をしたときには、突然、自分がもらうものともう一頭がもらうものの違いが重要になる。不公平が問題となるためには、食べ物がいわば報酬の役割を果たしていなければならないのだ。

私たちは公平さの感覚を調べるため、フサオマキザルを対象に、キュウリとブドウを使った実験を行なった。穴の開いたプレキシガラス〔透明度が高く、丈夫で加工性に優れたアクリル樹脂の商標名〕を前面に張った実験用ケージに、2頭のサルを隣り合わせで入れた。両方ともキュウリをもらえたときは、単純な課題をほぼ100パーセントこなした。そのあと、彼らがキュウリよりもずっと好きなブドウを1頭に与え、もう1頭にはキュウリを与え続けることで、不公平を生み出した。キュウリをもらったサルは、自分のご褒美には変化がなかったのに、おおいに腹を立てた。そして、課題に取り組むのを拒否し、キュウリのスライスを試験用ケージの外に投げ捨てた。

私たちの実験では、仕切りのある試験用ケージの左右の区画にオマキザルを一頭ずつ入れた[8]。一方の区画に小さな石を入れ、それから片手を広げ、石を取ってくれるように頼む。一頭ずつ交互に、二五回連続でこれを繰り返す。二頭とも、石と交換でキュウリのスライスを一枚与えられているときには、毎回交換をし、満足そうにキュウリを食べ続ける。だが、一頭には交換でブドウをひと粒与え、もう一頭には相変わらずキュウリのスライスを一枚与えると、本格的なジレンマを引き起こすことになる。オマキザルの食べ物の好みは、スーパーマーケットでの価格とたいてい呼応しているから、ブドウのほうがキュウリよりもずっと優る。サルたちは、それまではキュウリとの交換の仕事にすっかり満足していたのに、隣の相棒の「給料」が上がったのに気づいた途端、ストライキを起こした。仕事を嫌々やるだけではなく、興奮して試験用ケージから石を放り出したり、キュウリのスライスさえも投げ捨てたりする。普通ならけっして拒むことのない食べ物が、魅力を失ったばかりか、忌まわしいものに変わってしまったのだ！[9]

サルたちの苛立ちは凄まじかったので、群れに戻す前に美味しい食べ物をたっぷり与え、実験に嫌な連想を抱かせないようにした。当然ながら私たちは、二頭のサルを使うだけではなく、多くのサルをさまざまな組み合わせで試してから、ようやく結論に至った。

非の打ち所のない食べ物を投げ捨てるのは、経済学者が「不合理な」行動と呼ぶものだ。合理的な行為者はみな、利益を最大化するために、手に入れられるものは何でも受け取るはずだ。もし私があなたに一ドル、あなたの友人に一〇〇〇ドル与えたとしたら、あなたは頭にくるかもしれないが、それでもその一ドルを受け取るべきだ。何ももらえないよりはましだから。とはいえ、人間は合理的に利益を最大化するわけではない。今日ではこの結論は称讃され、ホモ・エコノミクスの終焉が劇的に宣言されている。ホモ・エコノミクスというのは、経済学の教科書が提示した私たちの種のイメージであり、自分の強欲を満たすために完璧に合理的な決定を下す人間を意味する。この思い込みは人気があったが、情動的なバイアスのせいで私たちはしばしば、まったく合理的ではない選択をすることを示す研究の数々によって、突き崩された。私たちは世間で思われているほど合理的でも利己的でもなく、私たちの欲望はすべて物質的とはかぎらないのだ。

ところが、同じことが他の種にも当てはまるという事実は、いつも認められているわけではない。アメリカの人類学者ジョセフ・ヘンリックは、ホモ・エコノミクスを見つけるための長い探求の末、気取って結論している。「ついに我々は彼を見つけた。じつは、チンパンジーだったのだ[10]」なんとも面白いが、彼の発言は、チンパンジーが他者の福利への気遣いを見せられなかった、およそ一五年前のさまざまな研究に基づいていた。（「証拠の不在は不在の証拠にあらず」という決まり文句に従うと）気遣いの欠如を示す証拠は、疑ってかかるべき有力な理由があるのにもかかわらず、これらの初期の研究結果はおおいに支持された。とはいえ、そうした結果につながった類人猿研究は、今では他の多くの研究の後塵を拝す羽目になっている。新しい研究によって、共感と向社会的傾向が説得力あるかたちで実証されているからだ。それどころか、ほとんどの霊長類がもともと持っている傾向は、利己的ではなく協力的なものなので、ホモ・エコノミクスはヒトの直系の系統でも、他のどの霊長類の系統でも、進化したためしがないと、私たちは安心して結論できる。彼は終焉を迎えたどころか、そもそも存在してさえいなかったのだ。

最初、サラと私はサルにおける「公平さ」について述べるのをいっさい避け、「不公平嫌悪」という慎重な言葉遣いで語った。だが、私たちの研究が発表されると（それはたまたま、二〇〇三年に、ニューヨーク証券取引所会長のリチャード・グラッソが途方もなく高額な報酬パッケージで国民を怒らせたために、辞任に追い込まれたのとまさに同じ日だった）、マスメディアは公平性の進化上の起源に気づき、もしサルにも公平性があるのなら、それは良いものに違いないと書いた。

このニュースにはかなりの数の人が気分を害し、私たちのもとには怒りの電子メールが届いた。公平性が自然なものであることを立証しようとするとは、私たちはマルクス主義者に違いないとか、サルが私たちと同じ感覚を持っていることなどありえない、なぜなら公平性はフランス革命のときに発明されたのだから、といった苦情が述べられていた。私にしてみれば、これらは狂気じみた苦情だった。なぜなら私は実験に使ったサルたちをミニ資本主義者と見ており（彼らは食べ物のために働き、収入を比較する）、パリで大勢の老人たちが道徳原理を発明したなどとは信じていないからだ。道徳はそれよりもはるかに根深いものだ。

　公平性の感覚は、スコットランドの哲学者デイヴィッド・ヒュームが「道徳感情」と呼んだものから本格的な道徳原理へと私たちが進む素晴らしい例だ。出発点にはいつも情動がある。私たちの実験の場合、その情動は嫉妬だ。オマキザルたちは、相棒が自分よりも良いご褒美をもらっているのを羨んだ。価値の高い食べ物を目にしただけで怒ったわけではない。ブドウを相棒には与えず、ただ器に入れて見えるようにしておいたり、ケージの隣の区画を空にしておいて、そこにブドウを投げ込んだりする実験も行なって確認したからわかる。こういう状況では、サルたちの応答ははるかに少なかった。これは、彼らがキュウリを拒んだのは、社会的な比較と関連していたことを意味する。誰か別のサルが自分よりも良いものをもらうのを目にしたからこそ、彼らはキュウリを拒絶したのだ。

　これはまだ、公平さの感覚には相当しない、なぜなら腹を立てたのは一頭だけで、運が良かったほうのサルは気にしている様子がなかったから、と言う人もいるかもしれない。これは正しいが、それでも、キュウリしかもらえなかったサルの羨ましそうな反応は、公平さの感覚の核心にあり、それについてはこれから説明する。ここで言い添えておくが、同じような反応は他の種でも起こる。人間の幼い子供も、自分がもらったピザのひと切れが兄弟姉妹の分よりも小さかったときに、よくそういう反応を見せる（「そんなの、ずるい！」と子供たちはわめき立てる）。私はこれまで大勢の犬の飼い主たちから、飼い犬の一方のほうが良い食べ物をもらったときにもう一方が見せる反応について、聞かされてきた。実際、ウィーン大学の「賢い犬の研究所」による、次のような実験がある。犬たちは、たとえご褒美をもらえなくても、何度も続けて進んでお手をした。だが、一頭がお手をしたときにご褒美をもらった途端、もう一頭はやる気をなくし、それ以上お手をすることを拒んだ。人間の家庭で育てられたオオカミも、同じように振る舞った(11)。

　他者の成功に憤りを感じるのは狭量に思えるかもしれないが、長い目で見れば、かもにされるのを防ぐことができる。この反応を「不合理」と呼ぶのは見当違いだ。もしあなたと私が頻繁に狩りに行き、あなたがいつも肉のいちばん良い部分を取っていたら、私はあなたのやり方に声高に抗議するか、あるいは新しい猟の相棒を探し始めるかする必要がある。そんな扱いに甘んじているより、きっとましだ。報酬の分配に敏感であれば、当事者双方が確実に分け前にありつきやす

ウィーンの「賢い犬の研究所」は、人間の実験者にお手をするよう、2頭の犬に言って、不公平に対する感受性を試した。ご褒美をもらえないときには、どちらの犬も、何度も続けてお手をした。だが、1頭はご褒美にパンを1かけら与えられ、もう1頭は何ももらえないと、後者（左）はお手をするのをやめるのだった。

くなり、協力を続けるにはそれが欠かせない。不公平に最も敏感な動物（チンパンジー、オマキザル、イヌ科の動物）が、集団で狩りをし、肉を分かち合うのは、けっして偶然ではないだろう。

もっとも、憤慨の反応はこれらの動物に限られていないかもしれない。アメリカの心理学者アイリーン・ペパーバーグは、口うるさい二羽のヨウム〔アフリカ産の灰色のオウム〕との食卓での典型的な会話を記述している。その二羽とは、今は亡きオウム科の天才鳥のアレックスと、年下の同僚のグリフィンだ。

> 私はアレックスとグリフィンといっしょに夕食をとった。文字どおり、いっしょに食べた。二羽はどうしてもお相伴《しょうばん》に与らないと気が済まなかったからだ。どちらもさや豆とブロッコリーが大好きだった。同じだけ与えるのが私の仕事で、差があると、やかましい苦情が出た。アレックスは、グリフィンが一つでも多くもらったと思うと、「サヤマメ」と叫ぶ。グリフィンもそうだった。[12]

だが相変わらず、このどれ一つとして自己中心的な反応以上のものではない。他者に比べて自分の取り分が少なかったことに対する苛立ちを特徴とするこの反応を、私たちは「一次の公平さ」と呼んでいる。類人猿の研究を始めてようやく、私たちは「二次の公平さ」の表れを見つけた。この公平さは、公平性全般にかかわるものだ。人間は、自分の取り分が他者の取り分より少ないときだけではなく、多いときにも受け取るのをためらうことがある。自分のほうが多いことに、気まずさを感じる場合があるのだ。グラッソがこのような感受性を少しでも見せたというわけではない（私たちの種では、この感受性は情けないほどしか発達していない）が、原則として、貧しい人だけではなく豊かな人も公平な結果を求める。

二次の公平さは、類人猿の自然な行動に見ることができる。自分のものではない食べ物を巡る争いを解決するときがそうだ。私はかつて、葉がたっぷりついた枝を二頭の幼いチンパンジーの子供が取り合っているところを目にしたことがある。そこへ、思春期のメスが割って入って喧嘩をやめさせ、二頭から枝を取り上げ、二つに折ると、それぞれに渡した。そのメスは、ただ喧嘩を止めたかったのだろうか？　それとも、分配について何か理解していたのだろうか？　高位のオスたちもたびたび、喧嘩の引き金となった食べ物に自分は少しも手をつけずに争いをやめさせる。彼らはただ紛争を解決するだけで、そのおかげで当事者全員が食べ物にありつける。パンバニーシャというボノボは、認知能力の研究室でテストを受け、課題を行なった見返りとして、ミルクとレーズンをたっぷり与えられた。だが、仲間や家族が離れた所から一部始終を見守っていたので、パンバニーシャは羨むような視線が自分に注がれるのを感じていた。しばらくすると彼女は、ご褒美を拒み始めた。自分だけが特別扱いをされることを心配していたかのようだ。彼女は実験者を見遣り、他のボノボの方を身振りで指し示し続け、彼らもご馳走がもらえるまでそれをやめなかった。それからようやく自分の分を食べた[13]。

類人猿は先のことを考えられる。パンバニーシャは、みなの前で思う存分食べたなら、あとで仲間たちのもとに戻ったときに不快な結果になっていたかもしれない。

最後通牒ゲーム

裕福な人々は、家具やキッチン用具その他の高価な品物を自宅に持ち込むときに、そっと値札を取り除くことが知られている。ベビーシッターや使用人の気分を害さないためだ。彼らは富を誇示するのを控える。社会学者のレイチェル・シャーマンは富裕なニューヨーカーに面接し、彼らが所得格差に不快感を抱き、そうした格差を縮めようとしていることを発見した。彼らは自らを「金持ち」とか「上層階級」とか呼ぶことを避け、「幸運な」人と思われたがっていた。自分たちの境遇が憤慨を招きかねないことを承知しているようで、それを避けたがっていた[14]。

これは出だしとしては良いが、値札を取り除くのは小手先の対応にすぎず、誰の目もごまかせない。嫉妬を避ける唯一の効果的な方法は、パンバニーシャが選んだもの、すなわち自分の富を分け与えることだ。これは小規模な人間社会ではありふれている。狩猟採集民は極端な分配精神を持っており、狩猟の名手が腕前を自慢することさえ許さない。チンパンジーにも同じことが言える。サラ・ブロスナンがある大規模な研究を行なったときに、私たちは初めてそれに気づいた。彼女は類人猿に単純な課題をやらせて、ニンジンの小片をご褒美として与えた。ところが、彼らのお気に入りのご褒美であるブドウをときどき与えることもあった。

サルの場合と同じで、ニンジンをもらった者は、相棒がブドウをもらうと、課題をやるのを拒んだり、ニンジンを投げ捨てたりした。だが、ブドウをもらった者まで困るだろうとは、誰も予想していなかった。相棒がニンジンしかもらえないときには、ブドウを受け取るのを拒むことがあったが、相棒もブドウを与えられたときにはそうしなかった。これは人間の公平さの感覚になおさら近いので、私たちはチンパンジーを対象に、最後通牒ゲームをするという大胆な計画を立てた。人間の公平さの評価法として定評のあるこのゲームは、人間を対象に、世界中で行なわれてきた。

このゲームでは、最初に一人が、たとえば一〇〇ドル渡されて、もう一人と分け合うように言われる。どう分配するかは、その人が決める。半分ずつでもいいし、九〇ドルと一〇ドルなど、その他のどんな割合でもかまわない。相手はそれを受け容れることができ、その場合には二人ともお金を受け取る。だが、相手はその申し出を断ってもよく、そのときは二人とも一ドルももらえない。相手に拒否権があるため、お金を分配する側は注意したほうがいい。不当に少ない申し出は、気に入ってもらえないかもしれないからだ。

当然ながら、もし人間が合理的な最大化追求者だったなら、相手は申し出を拒むことはまったくなく、どんな額も受け容れるだろう。だが、フランス革命のことなど一度も聞いたことがない人々でさえ、極端に少ない額の申し出は拒絶する。協力に依存する度合いが高い文化ほど、その成員は少ない額の申し出を拒む可能性が高い。たとえば、インドネシアのラマレラのクジラ漁師たちだ。彼らは、一〇人余り乗れる大型のカヌーを何艘も出して大海原を巡る。クジラの背中に飛び乗って、手にした銛《もり》を突き立てて捕らえる。何世帯もの暮らしが、このはなはだ危険な活動の成功にかかっているので、漁師たちがクジラを持ち帰ると、巨大な獲物の分配のことで誰もが頭がいっぱいになる。驚くまでもないが、彼らは、どの世帯も自分の土地で作物を栽培する農耕文化の人を含め、他のほとんどの文化の人よりも公平さに敏感だ。人間の公平さの感覚は、協力と緊密に結びついているのだ。[15]

チンパンジーも、政治的な同盟関係を結ぶことは言うまでもなく、狩りや縄張りの防衛でも協力する。だが、やり方を説明してやれないのに、どうやって他の種に最後通牒ゲームをやらせることができるだろうか？　私たちは、二つの異なる色のどちらかを塗ったトークンを使うという解決策を思いついた。どちらのトークンも食べ物と交換できるが、得られる量が違う。共同研究者のダービー・プロクターは、二頭のチンパンジーを招き入れて、格子を隔てて隣り合わせに座らせ、一頭に異なる色のトークンの一方を選ばせた。一方の色を選ぶと、ダービーはバナナのスライスを五枚与え、相棒には一枚しか与えなかった。もう一方の色を選ぶと、二頭にそれぞれ三枚与えた。というわけで、選ぶ者は、自分が相手より多くの利益を得る結果と、相手と自分が同じ利益を得る結果のどちらかをとるという、単純な決定を下すことを求められた。最後通牒ゲームの場合と同じで、重要なのは、選ぶ者の決定に相棒が「同意」しなくてはならない点だ。選ぶ者は、トークンを直接ダービーに返すことができない。返すのは相棒の役だ。だから、選ぶ者は、格子の間からトークンを相棒に渡し、相棒はその選択を受け容れたときには、トークンをダービーに返す。

　チンパンジーたちは、二色のトークンの意味をすぐに学習した。選ぶ者が五倍もらえる利己的なトークンを選んだときの相棒の反応から、それは明らかだった。相棒は二頭を隔てる格子を強打したり、口に水をいっぱい含んで、それを相手に吐きかけたりして、不満を表すのだった。

　ダービーが就学前の人間の子供と同じゲームをやると（バナナのスライスではなくシールをご褒美として与えた）、よく似た反応が見られたが、子供たちは言葉で表現した。望ましくないほうのトークンを渡されると、「欲張り！」とか「私ももっとシールがほしい！」とか言うのだった。この表現の仕方の違いを別とすれば、チンパンジーも人間の子供も同じように振る舞った。ほとんどの場合、選ぶ者は相棒も同じ量のご褒美がもらえるトークンを好んだのだ。一見すると、この決定は犠牲を伴うように思えるが、社会的関係の価値を考慮に入れると、そうではなくなる。あまりに利己的だと、友好的な関係が失われてしまうからだ[16]。

今では私は、人間の公平さの感覚とチンパンジーの公平さの感覚に何か違いがあるのかどうか訊かれたら、本当に困ってしまう。おそらく、いくつか違いは残っているのだろうが、全体的に見ると、どちらの種も結果が平等になることを積極的に求める。サルや犬、カラス、オウム、その他数種の一次の公平さと比べると、私たちホミニドは未来を予想するのが得意である点で、ずっと上を行っている。人間と類人猿は、すべてを独り占めすると悪感情を生み出すことを承知している。だから、二次の公平さは、純粋に功利主義的な観点から説明できる。私たちが公平なのは、互いを愛しているからでも、とても思いやりがあるからでもなく、うまく協力し続ける必要があるからだ。それが、全員をチームの中にとどめておくための、私たちのやり方なのだ。

これこそ私が情動的知能という言葉で意味するものだ。人間と類人猿の公平さの感覚は、不快な情動から始まるが、そのあと、それが及ぼす有害な影響の認識と組み合わさり、好ましいものに変わる。「汝《なんじ》、隣人の財産を欲する無かれ」というのは素晴らしい助言だが、隣人の財産を欲する理由を取り除くほうがなおさら素晴らしい。この点についての私の見方は、アメリカの道徳哲学者ジョン・ロールズが、一九七一年刊の有名な論考の『正義論』でこのテーマに関して擁護した見方と正反対だ。正義が不正義に優る理由を示すロールズの高尚な論説には敬服するが、彼の哲学的思索は私たちの種の情動的核心を無視している。彼は、自分が承認する情動だけを考察し、巻末近くで、「簡潔さと道徳

理論という両方の理由から、私は嫉妬は存在しないものとしてきた」と言い放っている。(17)

これには仰天してしまう。私たちはいったいいつ以来、人間の行動の分析から情動をあっさり除外できるようになったのか？　正気の人間なら、いったい誰がそんなことをするだろう？　嫉妬は普遍的なので、どの言語でも知られている情動なのだから、なおさらだ。嫉妬には色さえある。シェイクスピアはそれを『オセロ』の中で、「緑色の目をした怪物」と呼んでいる。ロールズは、正義の原理は嫉妬とは無縁の人々によって慎重に選ばれるべきだと信じている。だが、そんな人はどこで見つかるだろう？　そして、もしロールズが言うように嫉妬が「悪徳」ならば、仮に私たちが嫉妬のない世界に暮らしていたら、公平さや正義に配慮する理由は断じてないだろうから皮肉なものだ。公平さや正義が欠けていても、それに対して意味のある反応は何一つないはずだから、心配する必要などあるだろうか？　ロールズの正義の原理はきわめて妥当に聞こえるし、嫉妬を減らすのに役立つだろうが、それこそがまさに肝心な点なのではないのか？　一九八七年にドイツの社会学者ヘルムート・シェックは嫉妬についてまる一冊本を書き、私たちの種を「嫉妬する者、ヒト」と呼んだ。嫉妬と、それを未然に防ぐ試みがなければ、私たちは今日暮らしているような社会を、とうてい築きえなかっただろうと彼は主張する。私たちは、この情動の存在を否定したり、秩序立った社会への脅威と見なしたりする代わりに、それを受け容れ、特定の方向に導くべきだ。シェックは、私たちの生活の中で嫉妬が果たす役割を「暴露」するように催促する。精神分析がセックスの役割を暴いたように。(18)

合理性に基づく議論は、道徳原理に行き着くには嘆かわしいほど不十分であり、それは道徳原理が情動から力を得ているからだ。不公平と不正を正すために人間がどれほど莫大な投資をするか（声を嗄《か》らして抗議行動をし、デモ行進を行ない、暴力に訴え、警察官による殴打や放水に耐え、フェイスブックで「荒らし《トロール》」をしたり、威張り散らしたり、といった行為）を考えれば、私たちが何かしら血の通わない観念的所産に取り組んでいるのではないことを思い知らされる。公平さと正義が失われたときには、私たちは心底まで揺るがされる。精緻な抽象的推論をどれほど行なっても、これはけっして達成できないことだ。

　チンパンジーは、自分が予期していたとおりの扱いを受けないと、耳をつんざくような声を上げて癇癪を爆発させ、どうしていいかわからずに地面を転げ回る。やたらに大げさだが、他者に自分の願いをかなえさせるうえで抜群の効果がある。だから、コートジヴォアールのタイの森では、チンパンジーは肉を分け合うときに、狩りへのお互いの貢献度を認める。最高位のオスでさえ、遅れてパーティにやって来たときには、懇願して、分けてもらえるのを辛抱強く待たざるをえない。狩りに参加した者たちは、肉の所有者の周りに群がり、優先的に分け前にありつける。[19] これは理に適っている。骨折りと報酬が結びついていなかったなら、誰がわざわざ手を貸すだろうか？　獲物を捕まえるのを手伝ってくれた狩猟者に肉を分け与えないのは、明らかに不公平だ。不正に対する反応の情動的な激しさは、私たち自身の種でもよく知られており、緊密な人間社会では勝者総取りという考え方が非難される理由も、これで説明できる。狩猟採集民は、この考え方が存在することを十分承知しているようで、積極的にそれを阻止するが、現代社会は、各自がこの考え方をこれ見よがしに実行する機会をあまりに多く提供し過ぎる。とはいえ、不釣り合いな分け前を要求する傾向はきわめて有害で、健康にさえ差し障りがある。

人間社会が不平等なほど、その社会に暮らす人が短命であることを、疫学のデータが示している。所得格差が大きいと、相互の信頼が損なわれ、社会の緊張が高まり、不安が生まれて豊かな人も貧しい人も免疫系が弱まり、社会的な結びつきがずたずたになる。[20] 豊かな人はゲート付きコミュニティ〔ゲートや塀などによって囲み、出入りを制限して、防犯性を高めた住宅地〕に引っ込むが、それで彼らが緊張を免れられるわけではない。もし不平等が極端な水準に達すると、社会は一触即発の状況に直面する可能性がある。これに限っては、フランス革命が重要な教訓となる。人間は、誰もが平等な立場に立てるようにしようとする。そして、もしそれを達成するための努力があまりに長期にわたって妨げられると、ギロチンが持ち込まれかねない。

私は今でも心底驚いている。オマキザルを使った単純な実験に導かれて、人類の道徳原理のうちでもとりわけもてはやされているものの一つである公平さについて、自分がこのような推論の道筋をたどるようになったのだから。そうするつもりはさらさらなかったのだが、人は予期しない行動に対してつねに大きく目を見開いているべきであることを、これは教えてくれる。サラと私が行なったキュウリとブドウの実験の、一分ほどの動画がたちまち大評判になったのは、キュウリを与えられてケージをがたつかせながら抗議するオマキザルの姿に、人々が自分を重ねたからだ。私のもとに届いた便りのなかには、自分たちが給料についてどう感じているかを知ってもらうために、その動画を上司に転送したというものもあった。新規に契約した隣人のほうが条件が良かったと聞いたケーブルテレビの顧客が同じような反応を見せたという便りもあった。サルたち自身は、有名になってもまったく気にしていなかったが。

数年前、私は自分の研究室を閉じたとき、サルたちが去っていくのを見るのは悲しかったものの、彼ら全員に良い落ち着き先が見つかってすこぶる嬉しくもあった。コロニーの半分はサンディエゴ動物園に引き取られ、登ることができる高い木々が生えた、鳥類の飼育場のような素晴らしい区画で暮らしながら、大勢の来園者を惹きつけている。最近訪ねてみると、とても健康でくつろいでいたので、心温まる思いだった。愛情たっぷりの飼育係たちは一頭一頭名前を覚えており、あちこちに食べ物を置いたり、道具を使った課題を与えたりして、サルたちが退屈しないようにし、至れり尽くせりの世話をしていた。動画の中でキュウリを投げ捨てたランスは、相変わらず短気だとのことだった。

　コロニーの残り半分は科学の世界にとどまり、アトランタ都市圏にある森林に覆われた施設に移された。そこでは、今はジョージア州立大学教授となったサラが、私たちの種だけではなく霊長類全般にとっての、ホモ・エコノミクス・モデルの限界を引き続き調べている。私が最後に訪れたときには、彼らの屋外放飼場に歩み寄っても、全員が地面にとどまっていた。これは注目に値する。オマキザルは私たちのはるか頭上にいるほうが安全に感じるからだ。「先生だって、わかったんですよ！」とサラが声を上げた。しかも、そのあと、私のお気に入りのメスのバイアスが色目を使いだした。親しげに眉を吊り上げ、首を傾げて背後の方向を指し示す。静かな場所を知っている、ということだ。

自由意志とB.S.

　一七世紀のイギリスの詩人ジョン・ミルトンは、『失楽園』の中で、堕天使たちが暇を持て余していると感じたので、議論のテーマを与えて忙しくさせようとした。彼が選んだテーマは自由意志だった。私たちはみな、自分には自由意志があるという印象を持っているが、自由意志は明確な定義を欠いているし、まったくの幻想にすぎないかもしれない。かつてアイザック・バシェヴィス・シンガーが述べたように、「私たちは自由意志の存在を信じなくてはならない。そうするより他にない」。永遠の議論にはもってこいのテーマだ。

この議論には情動がかかわっている。自由意志は情動の対極にあるとされることが多いからだ。自由で合理的な選択をするには、最初に湧いてくる衝動を否定したり抑え込んだりする必要がある、というわけだ。そもそもこの考え方全体が、心はどれだけ体によって形作られているかという議論にさかのぼる。自由意志の存在を信じる人は、体と、意志の作用によらない体の欲望や情動は、あっさり脇に押しやって、それらを超越することができると主張する。人間は、いや、人間だけが、自分の選択と運命を完全に意のままにできる、と。その正反対が自制を欠く人で、そういう人を哲学者は「ウォントン〔英語の wanton は「抑制ができない勝手気ままな人」の意〕」と呼んできた。ウォントンは、何であれ最初に湧いてきた衝動や、何であれ最も切迫し、最も大きな満足感が得られる衝動に従い、けっして過去を振り返らない。ウォントンのどこを探しても、後悔は見つからないだろう。人間の幼い子供とあらゆる動物は、このカテゴリーに入ると言われている。

人間の責任と道徳と法律の中核を成すこれほど重要な概念への敬意を表すために、Free Will〔自由意志〕というふうに語頭を大文字化して特別扱いすることもできるが、もし自由意志が測定不可能ならば、どうやってそれについて合意に至れるだろうか？　自由意志は、煎じ詰めれば選択をすることだと言う人もいるが、細菌でさえ選択をするし、脳のある動物はすべて、接近するか回避するか、獲物の群れのうちのどれに狙いを絞るか、北に向かうかそれとも南に向かうかなどを選ばなければならないことに疑問の余地はない。私の自宅の周辺に棲むリスたちは、道を渡るかどうか決める。ときどき私の自動車の鼻先でそうするので、ひやひやする。彼らは途中まで走り出たかと思うと、素早く踵《きびす》を返し、心を決められないことがある。うちの裏庭に棲む何組ものルリツグミは、巣作りをする時期になると、空の巣箱を一つ残らず見て回り、オスとメスが交互に何度も出たり入ったりする。彼らなら、住宅購入予定者を取り上げるテレビ番組「ハウスハンターズ」の恰好の題材となるだろう。何週間も調べたあと、オスが小枝か草の茎を数本、巣箱の一つに運び入れ、実際の巣作りはメスに任せて、あたりの守りにつく。長々と続いた意思決定のプロセスが、ついに結末を迎えたのだ。ルリツグミには自由意思があるのだろうか？

ＤＮＡの共同発見者であるイギリスのフランシス・クリックは、一九九四年の著書『ＤＮＡに魂はあるか』で、人間の自由意志は前帯状皮質という脳の特定の領域に宿っていると述べた。だが、この領域があるのは人間だけではなく、前帯状皮質がラットでも意思決定を助けているという有力な証拠がある。ところが、動物たちが毎日選択をしていることを示す手掛かりがあるにもかかわらず、私たちは彼らが自由意志を持っていることを、頑として認めようとしない。彼らの選択は過去の経験と持って生まれた好みの制約を受けているし、動物には目の前にあるあらゆる選択肢を十分検討する能力がない、と私たちは主張する。

同じ論法をじつに効果的に使って、私たち自身の種にも自由意志がないと言われてきたことなど、おかまいなしだ。そのような主張があったからこそ、プラトンやスピノザやダーウィンといった、歴史上有数の人物たちが、自由意志の存在を疑ったのだが。自由意志は支配的な唯物論の世界観にどうしてもそぐわない。ドイツの著名な進化論者のエルンスト・ヘッケルは、一八八四年に次のように指摘している。

> 動物の意志も、人間の意志も、けっして自由ではない。意志の自由という広く普及している独断的な説は、科学的な観点からはまったく擁護できない。人間と動物で意志の働きを科学的に調査した生理学者は誰もが、現実には意志はけっして自由でなく、つねに外部または内部の影響によって決定されるという確信に、必然的に到達せざるをえない[21]。

それでも、自由意志のじつに多くの定義のうちの一つは、さらに調べる余地があるように私には思える。アメリカの哲学者ハリー・フランクファートは、「人」を、単に自分の欲望を追うだけではなく、その欲望を十分自覚し、それが違うものであることを願う能力を持つ者と定義している。人は「自分の欲望の好ましさ」について考えた途端、自由意志を持つと言っていいかもしれない、とフランクファートは主張する[22]。これは素晴らしい。なぜなら、自由意思が存在するかどうかを試すには、ある欲望を満たしたいけれど、その行動を控えて別の欲望を満たせるような機会が得られる状況に動物を置くだけでいいからだ。動物たちは、最初の欲望を捨てることが、果たしてあるだろうか?

彼らにはそれができるに違いない。どんな衝動にも屈してしまうような動物は、ひっきりなしに困難な状況に陥ることになるだろうから。ウォントンであることには何の生存価もない。マサイマラ国立保護区で周期的な移動を行なうヌーたちは、渡ろうとする川に飛び込む前に、長い間ためらう。幼いサルは、遊び相手の母親が視界から去るまで待ってから喧嘩を始める。あなたの飼い猫は、あなたが背を向けたあと、ようやくキッチンのカウンターから肉を引っさらう。動物たちは自分の行動がもたらす結果をはっきりと自覚しており、だから私の自動車の前のリスたちのように、しばしばためらうのだ。

ときには目的をきれいさっぱり断念することもあり、それが最もよく見られるのが階層制の中だ。メスと交尾したい若いオスは、彼女に寄っていってつきまとい、機会を窺う。だが、アルファオスが彼の方を見ると、うまくいかないことを悟って、こそこそと去っていく。それよりもなお注目に値する場合もある。若いオスが股を開いて勃起したペニスをメスに見せるという、およそ慎ましいとは言えない求愛の合図を行なっている現場に、高位のオスが物陰から現れたときだ。若いオスは高位のオスを目にすると、たちまち両手を下ろしてペニスを覆い、視線を遮る。何が起こっているのか、相手のオスが少しでも疑おうものなら、自分が厄介な状況に陥るのを百も承知しているからだ。こういうことをするためには、相手が何を知っているかを理解する能力に加えて、自分の衝動を抑え込む能力も必要になる。私たちはここで、フランクファートの自由意志の定義に近づいていないだろうか？

ところが、フランクファート自身は、人間の大人以外のどんな生き物にも、自由意志を持つ余地を認めず、文字どおり次のように言っている。「意志の自由についての私の説をもってすれば、私たちが、自身のものよりも劣るいかなる種の成員もこの自由を享受するとは認めたがらない理由を説明するのはわけもない[23]」

これはB.S.だ！〔B.S.とはbullshitの略で、「戯言」を意味する英語の卑語〕

いや、勘違いしないでほしい。あなた同様、私はこの種の言葉は好きではないのだが、フランクファートは二〇〇五年に刊行された『ウンコな議論』〔原題は*On Bullshit*〕と題する本の名高い著者だから、私にはこの言葉を投げ返す資格があるように思える。彼の著書は、ヴィトゲンシュタインや聖アウグスティヌスを参照し、博識を活かし、思慮深くこのテーマを扱っており、bullshitとhumbug（でたらめ）やmisrepresentation（不正確な陳述）やbluff（はったり）との違いを詳しく説明している。B.S.は虚言に近い創造的な誇張で、フランクファートによると、「誰かが、知ったかぶりをしなければならない状況に追い込まれたときにはいつも避けられない[24]」という。彼は、「自身のものより劣る」種は、自分の欲望をモニタリングしないと主張するが、自分が知ったかぶりをしていないかどうかは少しもはっきりさせないので、これはおそらくB.S.の範疇に入るだろう。ナンセンスとも言えるかもしれない。ひょっとしたら、自由意志についての彼の主張は、五〇年前に最初になされたときには妥当だったのかもしれないが、新しい研究からは、それと相容れない結果が出ている。当時と比べると、人間の幼い子供と動物における未来志向や情動制御について、はるかに多くがわかっており、状況はかつて思われていたほど単純ではない。

第一に、動物は現在の虜であり、彼らは今、ここにだけ生きているという、世間で人気のある考え方は、「タイムトラベル」についての最近の研究で木っ端微塵になった。類人猿や、脳の大きい鳥、そしておそらく他の動物も、それまでの暮らしでの具体的な出来事を振り返り、将来のための計画を立てる。彼らの心は時間を旅する。チンパンジーはときどき、森の中のある場所で長いアシをひとつかみ集め、それから、それを口にくわえて何キロメートルも移動し、別の場所へ行き、そこでそのアシを使ってシロアリ塚からシロアリを吊り上げる。ずっとこの目的が頭にあった可能性が高い。スマトラ島のオランウータンのオスたちは、多くの場合、木の高い所から、熱帯雨林の広い範囲に届く叫び声を上げる。私は叫んでいるオスの下に立っていたことがあるので請け合えるが、その声を聞いたら震えが止まらなくなる。あたりにいる他のオランウータンはみな、注意深く耳を傾ける。最上位のオス（よく発達した頰だこを持つ、唯一の完全に成熟したオス）は、侮り難い存在だからだ。彼はいつも、その晩の寝床を作りながら、特定の方に向かって叫ぶが、その方向は毎晩違い、翌朝、彼が進んでいく方向に一致している。つまり、彼は自分がどこに行くかを約一二時間前に知っており、他の全員にも確実にそれを伝えるのだ。[25]

　動物における未来志向の証拠は、一連の制御された実験からも得られている。こうした実験では、霊長類あるいは鳥類が、翌日にしか使えなかったり食べられなかったりする道具や食べ物を提示される。これらの研究に基づいて、一部の動物には将来を考慮した認知機能があると、今では広く考えられている。公平さの研究も同じことを示している。もし最後通牒ゲームでチンパンジーが、別の選択をすれば自分がもっと多くの食べ物をもらえるのを知っていながら、平等な結果を意図的に選ぶのなら、その理由を説明する必要がある。私が気に入っている説明は、彼らは良い関係を保つために即時の利益を犠牲にするというものだ。これが正しければ、彼らは将来を考慮しているだけでなく、見事な抑制能力を備えてもいることになる。

　抑制能力は、マシュマロ・テストによってもっと直接的に試すことができる。一人でテーブルに向かって座り、マシュマロを食べないように必死になっている子供たちの抱腹絶倒の動画を、たいていの人が観たことがあるだろう。彼らはこっそり舐めたり、ほんの少しばかり食べたり、誘惑を避けるために視線を逸らしたりする。子供たちは、実験者が席を外している間、そのマシュマロに手をつけなければ、もう一つもらえることを約束されている。このマシュマロ・テストは、子供たちが即時の欲求充足と比べて未来にどれほどの重みを割り当てるかを測定する。類人猿は、同じような状況に置かれたらどうするか？　ある研究では、三〇秒ごとに中にキャンディが落ちてくる容器をチンパンジーが辛抱強く眺める。彼は、いつでもその容器を外して中身を平らげられるのは知っているが、そうするとキャンディがもう落ちてこなくなってしまうことも承知している。長く待てば待つほど、キャンディが容器にたくさんたまるのだ。類人猿は、この課題を人間の子供とほぼ同じようにこなし、最長一八分まで欲求充足を先延ばしした。[26]

だが、たとえば鳥類はどうか？　彼らはきっと、自制を必要としないのではないか。ところが、多くの鳥は食べ物をつまみ上げたあと、呑み込んでしまうこともできるのに、そうせず、お腹を空かせた雛の所に運んでいく。いくつかの種では、オスは求愛行動の間、空腹を我慢して相手のメスに食べ物を与える。ここでもカギを握っているのは自制だ。アイリーン・ペパーバーグが飼っていたアフリカ産の灰色のヨウムのグリフィンは、欲求充足の先延ばし課題でテストされると、長い間待つことができた。小さな止まり木に止まっている彼の前に、シリアルのような、あまり好みではない食べ物が入った器が置かれ、待つように言われた。一定時間待てば、カシューナッツか、キャンディさえももらえるかもしれないことを、彼は知っていた。彼は一〇回に九回の割合で待つことができ、最長で一五分も欲求充足の先延ばしに耐えた[27]。

フランクファートによる自由意志の定義に関する決定的に重要な疑問は、動物たちは自分が誘惑と闘っていることを理解しているかどうか、だ。彼らは自分の欲望を自覚しているのか？　人間の子供がマシュマロを見るのを避けたり、手で目を覆ったりするときには、私たちは彼らが誘惑を感じているものと想定する。子供たちは自分に言い聞かせたり、歌を歌ったり、手や足を使う遊びを考え出したり、さらには眠りに落ちたりしてまで、恐ろしく長い待ち時間に耐える。アメリカの心理学の父ウィリアム・ジェイムズは、「意志」と「自我の強さ」が自制の基盤だと、とうの昔に述べている。人間の子供の行動は、たいていこのように解釈される。彼らは意識的な戦略を使って気を散らしているというふうに言われる。

動物のなかには、人間と同じぐらいうまく情動を制御する者がいる。ある有名なテストでは、人間の子供たちが、1つ目のマシュマロを食べるのを我慢すれば、もう1つもらえることを約束される。彼らは誘惑と悪戦苦闘し、この甘いお菓子から目を逸らしたり、気を散らそうとしたりする。同様のかたちで類人猿やヨウムのグリフィンをテストすると、彼らは子供たちと同じぐらい長く持ちこたえた。グリフィンの前には器に入った食べ物が置かれ、それを食べずに待っていると、もっと良い食べ物がもらえた。グリフィンも、しばしば目を閉じたり、気を散らす方法を見つけたりした。

同じことが類人猿にも当てはまるかもしれない。たとえば、キャンディが落ちてくるテストでは、類人猿はおもちゃで遊べるときには、ずっと長く我慢し続けることができる。おもちゃに集中していれば、キャンディが出てくる装置のことを忘れやすくなる。普段よりもキャンディのテストの間のほうが、おもちゃをずっと多くいじるという事実から、彼らが意図的にそうしていることがわかる。[28] ヨウムのグリフィンも、目の前のあまり好ましくない食べ物のことを、積極的に頭から締め出そうとした。待ち時間がいちばん長く設定されていたテストの一回では、三分の一ほど時間が過ぎた頃、彼は器を部屋の向こうに放り投げてしまった。ぎりぎりで届かない所まで器を押しのけたり、独り言を言ったり、羽繕いをしたり、羽を揺すったり、大あくびをしたり、眠り込んでしまったりすることもあった。さらには、「ナッツがほしい！」と叫びながら、器の食べ物を食べずに舐めることさえあった。

人間の子供と類人猿とグリフィンの間で、この行動の著しい類似性が見られることを踏まえると、自分の欲望の自覚や、それを抑え込む意図的な試みを含め、共通の心的プロセスが存在することを想定するのが最善だろう。したがって、自由意志についての永遠の疑問に対する答えは、もし人間に自由意志があると想定するのなら、他の種にもあると想定する必要がおそらくある、というものになる。そう想定しなければ、実験状況下と野生の世界の両方で動物が示す抑制作用のいっさいを、どう解釈するべきかがわからなくなってしまう。

自分の赤ん坊を、思春期の善意のメスに抱き上げられたチンパンジーの母親を例に取ろう。これは日頃からよくある筋書きで、それは、若いメスたちが抗い難いほど赤ん坊に惹かれ、いつも腕に抱いてかわいがってやりたがるからだ。あいにく、彼女たちは赤ん坊の扱いに慣れていない。母親はそれを知っているので、哀れっぽく鳴いたり懇願したりしながら、その若いメスのあとについていき、子供を取り返そうとする。ところが、若いメスはそれを巧みにかわし続ける。それでも母親は、本格的に追いかけるのを控える。誘拐者が樹上に逃げ、大切な赤ん坊を危険にさらすのを恐れているからだ。同じ理由から、さっさと赤ん坊の体をつかむわけにもいかない。二頭のメスがそれぞれ手か脚を一本ずつ持って、悲鳴を上げる赤ん坊を引っ張り合うところを想像してほしい！　私はその現場を目にしたことがある。なんとも心を掻き乱される光景だった。だから母親は冷静さを保つ必要がある。ろくに関心がないかのように振る舞いさえするかもしれない。さりげなくそばに腰を下ろし、草か木の葉をむしゃむしゃ食べながら、自分が何の脅威も及ぼさないことを示す。ところが、いったん赤ん坊を取り戻して、自分の腹にしがみつかせると、状況は一変する。そのような母親が思春期のメスの方に向かっていき、鬱積した怒りを発散させるように猛烈に吠えたり金切り声を上げたりしながら、延々と追い回すのを、私は見たことがある。この一部始終からは、母親が赤ん坊を無事に取り戻すために、極度の心配と苛立ちを胸に押し込めていたという印象を受ける。

　すでに述べたように、霊長類の下位者は、上位者がいる所では自分の欲望を抑え込んだり隠したりしなければならないが、その逆もまた正しい。南アフリカで行なわれたフィールド実験では、野生のサバンナモンキーの群れに所属する一頭の低位のメスを訓練し、食べ物の容器を上手に開けられるようにした。「調達者」と呼ばれるこのメス以外に開け方を知っている者はいなかったが、彼女は賢かったので、食べ物を横取りするような上位者がそばにいないときにだけ、容器を開けた。上位者たちがみな、十分離れた所に行くまで待ってから、技を使った。一方、上位者たちは、どれだけ離れていれば、「調達者」が容器を開ける可能性があるかを学習した。

研究者たちはサルの三つの異なる群れで繰り返し実験を行ない、上位者が驚くべき忍耐と分別を示すことを報告した。彼らは容器の周りに拡がる半径約一〇メートルの仮想の「禁じられた円」の外側にとどまり、しばしば、離れた木の上で目を光らせながら待っていた。「調達者」は容器を開けるとすぐに、両手で食べ物をつかみ、頬袋（地上で暮らすサバンナモンキーが持つ便利な特徴）に素早く詰め込む。モモやアンズや干しイチジクで頬がぱんぱんになると、彼女の例に倣うために駆けつけた他のサルに追い払われても気にしない。静かな場所にあっさりと移動し、頬に詰め込んでいた食べ物をのんびりと味わうのだった。上位者が自らに課した抑制と順番待ちがなければ、誰もが恩恵を受けるようなかたちでは、けっして事は進まなかっただろう。[29]

自制の例は他にも山ほどある。自宅で大きな犬と小さな犬を飼っている人なら誰もが、二頭がいっしょに遊んでいるときに、自制が働いているのを目にすることができる。自制の表れのうちでも際立っているのが、排泄訓練だろう。犬はねぐらの外で排泄する傾向があるが、猫は覆えるように土の中に用を足す。飼い犬や飼い猫などは、依然として訓練する必要があるが、彼らの自然な傾向がおおいに助けになる。人間の子供にとって排泄訓練は、自分の身体機能の制御と自制全般への第一歩となる。フロイトはそれをやたらに重要視し、解放の快楽を求めるイドと、社会の規則や願望を吸収する超自我との間の熾烈な闘いとしてそれを説明した。

一方、類人猿は私たちにこれほどよく似ているにもかかわらず、彼らには排泄訓練はけっしてうまくいかないとあなたは思うだろう。野生の類人猿は木々の間を移動し、毎晩新しい寝床を作り、いつどこで排泄するかはほとんど気にしない。排泄物ははるか下の地面に落ちるだけだ。それでも、人間の家で育てている類人猿には、これまで排泄訓練が試みられてきた。

一九三〇年代に、ウィンスロップ・ケロッグと妻のルエラはグアという幼いチンパンジーを自宅で育て、彼女の排泄訓練について合計六〇〇〇枚近いメモをとった。ケロッグ夫妻は息子のドナルドに関しても同じようなメモをとった。両方の「生き物」（二人はグアとドナルドのことをそう呼んだ）の排尿と排便を比較できるようにするためだ。最初はグアのほうが覚えが悪かったが、意外にも、約一〇〇日が過ぎる頃からは、両者はしくじる回数が同じぐらいになり、その回数は減り続けた。排泄が迫っていることを折良く知らせられるという最終段階に、グアとドナルドは共にたどり着き、一歳頃からそうし始めた。両者の典型的な合図は、生殖器に手をぐっと押し当てるというものだった。唯一の違いは、グアが足を使うこともあった点だ。彼女は片足を生殖器に押し当てながら、もう一方の足と両手を突いて、異様な姿でぎこちなく動き回った。そういう恰好で養父母に近づき、声を出すのだった。のちには、夫妻にただ声をかけるだけで、排泄の必要を告げるようになった。チンパンジーは普通、身体機能に関してそのような自制を働かせる必要はないのだから、これは意志の力を伴う感嘆するべき行為だと思う[30]。

動物は、やみくもに衝動に従うわけにはいかない。彼らの情動的反応は必ず、状況の評価と実行可能な選択肢の審査を経る。だから、あらゆる動物が自制能力を持っている。そのうえ、罰や争いを避けるためには、群れの成員は自分の欲望、あるいは少なくとも行動を、周囲の意志に合わせる必要がある。妥協が肝心なのだ。この地球上での社会生活の長い歴史を考えると、こうした調整は深く根づいており、人間にも他の社会的動物にも等しく当てはまるはずだ。だから、私は個人的には自由意志の存在をあまり信じているわけではないとはいえ、どのように認知機能が内面の衝動に優先するかには、細心の注意を払う必要があると思う。ある行動をとりたいという衝動と闘い、もっと良い結果が約束されている別の行動に替えるのは、合理的行為主体性の表れだ。それは秩序立った社会ならどれにとっても不可欠でもある。だからアメリカの心理学者ロイ・バウマイスターは、次のように述べたのだ。「皮肉なことかもしれないが、自由意志は、人々が規則に従うことを可能にするために必要だ」[31]

したがって、私たちはこの問題について延々と続く議論を拡張し、自由意志が私たちを人間たらしめていると考えるのが習慣になっているのはなぜかと、問うてみることを提案する。いったいなぜ私たちは、自分には自由意志があるのに他の種にはないと、ここまで確信を持っているのか？　自分の将来を決める自由を持っているのは私たちだけだと、なぜ思うのか？　これまでに挙げた証拠を考えると、自分の情動や衝動の制御も、自分の欲望の自覚でさえも、人間と動物の間にあると考えられているこの違いの理由にはなりえない。試してみることのできる答えがあれば素晴らしいと思う。これまでこの議論はさまざまな偏見の影響を受けてきたから、その偏見が残っていたら、問題はけっして解決しないだろうからだ。試すことができる答えが見つかるまでは、もし人間が現に自由意志を持つに至ったのだとしたら、人間が最初だった可能性は低いというのが、私の仮の結論となる。

私の味方になってくれ

私たちは今ではようやく動物の情動について語ることが許されたので、安堵のあまり、自分たちがどれほどわずかしか知らないかを、つい忘れてしまう。人間を研究している心理学者と比べると、私たちは途方もない後れを取っている。二つか三つの情動に名前をつけ、その表れ方を記述し、生じたときの状況を記録するが、それらを定義して、何の役に立つのかを調べる枠組みを欠いている。あるいは、ひょっとするとそれほどの後れを取ってはいないのかもしれない。人間の情動も、そのような枠組みを欠いているからだ。生物学者はいつも生存と進化の観点から考える。だから、情動が行動にどのように影響を及ぼすかと尋ねるのは理に適っている。私たちは感情の側よりも行動の側により大きな関心がある。情動の価値は、赤ん坊がお腹を空かせて泣くことから、ゾウが苛立って突進することまで、情動が生み出す行動にあるからだ。情動は理由があって進化したのだし、自然淘汰は感情を「見る」ことができないものの、結果を伴う行動には間違いなく注意を払う。とはいえ、情動がどのように進化したのかは、相変わらず謎のままだ。

なおさら不可解なのは、最適の結果を保証するように、どうやって情動が調節されているのか、だ。情動は、何が当の生き物にとって最善かを、いつも知っているわけではない。たいていは知っているが、情動を無視したり、自分の行動を異なる方向に向かわせたりするほうが優る場合もある。私たち人間は、たいそうな用語を使って、この問題をどう扱っているかを説明する。たとえば、「実行機能」や「エフォートフル・コントロール」や「情動調節」などがそれだ。これらの能力は私たちが自分の生活を計画したりまとめ上げたりするうえで、きわめて重要だ。それなのに、動物はほとんど情動を持たず、情動には逆らえないという偏見のせいで、私たちはこうした用語はけっして動物には使わない。だが、動物は欲求充足の先延ばしテストで自制能力を発揮するばかりでなく、正反対の方向へと惹きつける、相容れない二つの情動に直面することもよくある。彼らは、闘うか逃げるか、子供を離乳させるか子供の癇癪に屈するか、攻撃者を避けるか仲直りをするか、交尾するか競争相手を追い払うかといった選択にためらう。

私が指導していた男子学生の一人は、不幸にも、クラウスという思春期のオスのチンパンジーに競争相手と見なされてしまった。クラウスは、この学生が通りかかると必ずディスプレイを行ない、泥や排泄物を投げつけ、強い嫌悪を表すのだった。クラウスは、私をはじめ他の誰にもそうすることはなかった。実際、彼は優しくて茶目っ気があると、私たちは思っていた。ある日クラウスは、屋外で一頭のメスに求愛行動をとっていた。そして、幸運に恵まれ、メスが彼の呼びかけに応じたまさにその瞬間、彼が敵対視している当の人間が顔を見せた。クラウスはメスを置き去りにし、たちまち怒りのディスプレイを始めた。交尾の魅力は、全身の毛を逆立てて自分の存在を誇示したいという欲望の足元にも及ばなかったのだ。ひょっとすると彼は生涯のうちでも、階層制の中での自分の地位を明確に示すことが絶対に必要な段階に入っていたのかもしれない。だとすれば、種こそ違っても、自分と似た年齢と同じ性別の者ほど、いびるのにふさわしい相手がいるだろうか？　クラウスは、そのメスとの逢引きは後回しにしても大丈夫と計算したのかもしれない。

このような計算には注意を向け始める必要がある。人間はそういう計算を四六時中しているのだから。私たちは自分の情動や欲望を巧みにさばき、それらの一部には従い、一部には逆らう。最善の決定に至るために、優先順位を設定する。この驚くべき能力は、私たちの大脳皮質のなせる業とされることが多い。人間の額が広いのは、高次の認知機能や衝動制御の座であるこの脳領域が並外れて大きいからだと言われている。私たちは自分の額を「高貴」だと考え、人種間で比較する（たとえば、「アーリア人の額」などと言う）という卑しむべき長い歴史さえ持っている。とはいえ、頭蓋骨の中身について額からわかることは意外なほど少ないし、人間の脳は、サルや類人猿の脳と構造的に大差はない。脳の他の部分と相対的に比べても、大脳皮質にはとくに変わった点はない。ニューロンの数を数える最新技術も、これを支持している。人間の場合、大脳皮質には脳内の全ニューロンの一九パーセントがあり、これは他の霊長類の場合と同じだ。人間と類人猿の脳は、胎児のときには同じぐらいの大きさで始まるが、人間の脳は母親の胎内にある間ずっと拡張し続けるのに対して、類人猿の脳は妊娠期間の中ほどで成長が遅くなる。[32] その結果、人間の大人の脳はどんな類人猿の脳と比べても三倍は大きく、ニューロンの数も多い（合計八六〇億個）。私たちは異なるコンピューターを持っているわけではないにしても、間違いなく高性能のコンピューターを持っているのだ。人間の認知機能が特別ではないなどとは誰も言っていないが、前頭葉の大きさに反映されている知能と情動との相互作用は、霊長類全体で同じである可能性が高いことを、もう認めていいのではないか。[33]

　じつに多くの情動調節が無意識のうちに行なわれ、社会的関係に欠かせない。だから私は、心理学者が人間の情動をテストするときにたいてい使う方法には問題があると感じている。私たちの情動の大半は社会的環境で進化したという事実があるにもかかわらず、彼らは参加者を独りきりでコンピューターの前に座らせたり、独りで脳スキャナーの中に入れたりする。情動は個人のものではなく、個人と個人の間のものだ。アメリカの神経科学者ジム・コーンは従来と異なる取り組み方を選び、実験の参加者をスキャナーに入れ、軽い電気ショックを与えるという合図に対する神経の応答を測定した。

脳画像を見ると、参加者が来るべき痛みを心配していたことがわかった。これは誰もが予想することだろう。だが、そのあとコーンがもう一人実験に加えると（女性の参加者は、夫の手を握っていることを許された）、恐れが消え、来るべきショックはちょっとした痛み程度にしか思えなかったことがわかった。そのうえ、夫との関係が良い女性ほど、手を握る効果が大きかった。立場を入れ替えてのテストは行なわれなかったが、おそらく同じ結果になったことだろう。別の研究では、手を握ると両方の参加者の脳波が同期することがわかった。これは、愛着と体の接触が情動反応を変えることを、説得力あるかたちで実証している。[34]

私はコーンの講演に出席したあと、彼の実験計画法を称讃した。すると彼は、たいていの心理学者は、私たちの種の典型的な応答は独りでいるときに起こると考えている、と言った。彼らは人間が独りでいるところを初期設定条件と見なしている。ところがコーンはそれとは正反対の立場をとり、他者とつながっているときの感じ方のほうが、真に標準的だと考えていた。人生のストレスと単独で対処する人はほとんどいない。私たちはつねに他者を頼る。実験では、女性は夫や恋人が着たTシャツの匂いを嗅げるときのほうがストレスを感じにくい。馴染み深い匂いには人を安心させる効果があることを考えると、人は独りで自宅にいるときに、しばしば配偶者や恋人のシャツを着たり、ベッドの彼らの側で寝たりすることもうなずける。[35]西洋の文化は自主性をおおいに好むが、私たちは心の中ではけっして独りぼっちではない。生物学者なら知っているとおり、人間は社会的であらざるをえない（集団の外では生き延びられないし、孤立状態に置かれると精神的に苦しむ）。だから、社会的環境の中で、それに伴うあらゆる情動の緩衝材とともに機能するのが、私たちの標準的な在り方なのだ。私が飼っていたオマキザルたちが仲間とのつながりを保つために鳴き声を上げていたのと大差はない。サルたちは離れ離れになっていても、自分が群れの一部だと考え、誰もがあたりにいてくれるという安心感を絶えず追い求めているわけだ。

生活の情動的な側面が最も深刻な打撃を受けるのは、成長の過程で愛情に満ちた環境を剝奪されたときだ。私たちは独力で生きていくようにはできていないし、他の霊長類もみな同じだ。育ちが情動にどのような影響を与えるかを私が初めて調べたのは、キンシャサ近くのロラ・ヤ・ボノボ・サンクチュアリでボノボを研究していたときだ。悲しいことに、そこのボノボはすべて、心に痛手を負った孤児だった。密猟者や狩猟者が、日頃から食肉用に野生のボノボを（他の多くの動物とともに）殺しており、死んだ犠牲者にしがみついている幼いボノボが見つかると、すべて「救出」され、生きたまま売られる。これは違法なので、これらの類人猿の赤ん坊は市場から没収され、ロラ・ヤ・ボノボ・サンクチュアリに連れてこられ、そこで「お母さん《ママン》」たちに育てられる。ママンとは、孤児の世話をしたり、彼らを抱いて動き回ったり、哺乳瓶でミルクを飲ませたりする現地の女性たちのことだ。二年ほどすると、子供たちはフェンスで囲まれた森に棲むコロニーに加わり、そこでいつの日か野生の世界に放たれるのを待つ。

私の共同研究者のザナ・クレイは、孤児となったボノボの共感レベルの研究に取りかかった。共感の指標の一つは、喧嘩で引き起こされた苦しみに傍観者がどう反応するか、だ。彼らは対決に敗れて金切り声を上げる敗者の体に両腕を回して、優しく抱き締めたり撫でたりして慰めることもあれば、片腕で相手の肩を抱きかかえていっしょに歩み去ることさえある。こうした行為によって敗者は落ち着きを取り戻し、驚くほど唐突に静かになったりする。

ボノボの大きなコロニーで喧嘩が自然に起こると、ザナはそれを録画し、詳しく分析できるようにした。すると、孤児がある程度の共感を示すのが観察できた。だが驚いたことに、ずば抜けた思いやりを見せたのは、コロニーで生まれて実母に育てられた、五、六頭のボノボだった。こうした背景を持つボノボは、痛みや苦しみを抱えている他者を慰める傾向が格段に強かった。私たちは彼らの行動を標準と捉え、孤児になると共感能力が著しく損なわれると結論した[36]。

情動調節が人間の子供にとってどれほど重要かを私たちは知っている。共感を示すためには、子供は自分自身の苦しみを制御する必要がある。他の子供が泣いているのを見たり聞いたりした幼い子供は、自分も苦しみ、自らも泣きだしてしまいかねない。とはいえその子は、もともと泣いていた子ほど深く苦しんでおらず、その苦しみから素早く抜け出すことが多い。そのおかげで、もう一方の子供に注意を向け、慰めてあげることができる。ところが、自分の情動を抑えられない子供は、その情動に圧倒され、他者への気遣いを示すのが苦手だ[37]。

共感はボノボでも同じように作用するかもしれない。孤児が自己調節に苦労するのに対して、母親に育てられたボノボは、情動の波を調節することを学習しているので、そういう苦労はしない。ザナはそれぞれのボノボが自分の苦しみをどう処理するかを観察することで、この考え方を試した。すると、孤児はある情動状態から別の情動状態へと移るのが遅く、母親に育てられたボノボよりも長い間、動揺したままでいることがわかった。他者に拒絶されたり噛まれたりしたあと、いつまでも金切り声を上げ続けるボノボは、他者を慰めることもめったになかった。言ってみれば、まず自分の情動の家を整頓しないかぎり、誰か他の者の情動の家を訪れる用意が整わないかのようだ。孤児たちに共感が欠けているのは十分理解できる。なにしろ、人間の手によって想像を絶するほどの虐待を受けたのだから。彼らは幼い頃に密猟者の罠や銃弾によって母親を奪われた。そのうえ、密猟者たちは、孤児を何か月にもわたって鎖で木につないでおいたかもしれない。だから、仲間のボノボにわずかに共感を見せるだけでも、驚くべきことなのだ。

　動物の情動を調べることに加えて、動物が情動をどのように管理しているのかも調査するべきであることを、この研究は私に教えてくれた。そうした調査をすれば、種の間だけではなく、各自の性格を決めている個体間の重要な違いの数々も明らかになるかもしれない。自己調節は奥深いテーマであり、人間の孤児も対象とされてきた。たとえば、一九八九年にニコラエ・チャウシェスクが権力の座から引きずり下ろされたあとにルーマニアで発見された孤児たちだ。これらの子供がどのような暮らしをしていたのかに、世界は衝撃を受けた。イギリスのジャーナリストのテッサ・ダンロップは、次のように報じている。「シレトの中心にある大きな灰色の建物に初めて足を踏み入れた瞬間、私は回れ右してさっさと外に出たいと本能的に思った。半裸の子供たちが四方八方から飛びついてきて、私の服を掻きむしった。そして、尿と汗の耐え難い臭いが鼻を衝き、思わず吐きそうになった[38]」そこの孤児たちは、愛も優しさも知らずに育った。監督者には虐待され、暴力を煽られた。たとえば、年長の子供は年下の子供を打ちのめすように言われたりした。施設で育った子供たちは、情動処理にかかわる脳領域である扁桃体が肥大し、過度に活発になり、好ましくない情報に過剰な注意を払うことが、脳の研究からわかっている。彼らは簡単におびえる。彼らの情動調節と精神保健は恒久的に損なわれており、だからルーマニアの孤児院は「魂の殺戮《さつりく》場」として知られていた。

隔離して育てられる動物にも、多くの共通点がある。たとえば、誕生直後の子牛を母親から引き離すという、酪農業の恐ろしい慣行がそうだ。これは母親と子供の両方に激しい情動障害を起こす。子牛は、母親のもとにとどまることを許された牛に比べて、社会的な活動が少なくて下手で、すぐにストレスを感じる。情動の評価が混乱しており、すぐに気が動転する。[39] こうしたプロセスについて、わかっていることはあまりにも少ない。一つには、動物の情動はずっとタブーだったからだが、動物は情動制御ができないただのウォントンだという考え方が広く受け容れられているせいでもある。とはいえ、牛やボノボやその他多くの種にとって、情動的知能は絶対不可欠だ。彼らの船は、感情の川をただ下流へと運ばれていくわけではない。この船には舵も櫓《ろ》もついていて、航行を助ける。愛と愛着なしに育つと、こうした船具が取り外されてしまう。だから孤児は情動の釣り合いを保つのに、あれほど苦労するのだ。

SENTIENCE What Animals Feel

「もちろん、類人猿としてそのとき私が感じたものは、今は人間の言葉でしか表現できない。したがってその表現は不正確なものとなる」(1)
フランツ・カフカ（一九一七年）

第7章 感覚性《センシェンス》 動物が感じるもの

ゾウに意識があると思いますかと訊かれると、私はときどきこう言い返す。「意識とは何なのか教えてください。そうしたら、ゾウにそれがあるのかお教えしましょう」これでたいていの人は黙ってしまう。意識とは何なのか、本当のところがわかっている人はいない。

もっとも、私の答えはずるくて、質問した人とゾウのどちらに対しても少し意地悪でもある。のしのしと歩くこの大型動物には意識があると、じつは私は思っているからだ。アジアゾウの研究をし、ゾウが鏡の中の自分を認識できることを最初に示したのが私のチームだった。その認識はしばしば自己認識の表れと見なされる(2)。私たちはゾウが協力する能力も試した。たとえば、協力しなければこなせない課題を与えて、助け合う必要があることをどれだけ理解しているかを調べた。ゾウは類人猿に引けをとらず、ほとんどの動物よりもうまくやってのけた。やることなすこと、思慮深く抜け目がないように思える。たとえばタイやインドの村の幼いゾウは、どこにいるのかわかるように（また庭やキッチンにいる人間をびっくりさせないように）首にベルをつけられると、ベルの中に草を詰めて音が出ないようにすることがある。そうすれば人間に気づかれずに歩き回れるからだ。この解決法はゾウに想像力があることを暗示している。誰かがこの方法を教えたわけではなく、草がたまたまベルの中に入ってゾウがその効果を発見することなどないのは確実だからだ。賢い解決法を思いつくには、私たち人間は頭の中で意識して原因と結果を結びつけている。それが人間のやり方だとしたら、どうしてゾウが意識なしで問題解決への近道をたどるなどということがあるだろうか？

あるとき私は、シンポジウムで高名な哲学者が、これから人間の意識を説明すると前置きし、私たちの厖大な数のニューロンの必然の結果だと主張するのを聞いた。ニューロンが相互に連結すればするほど私たちは意識的になるのだそうだ。彼は樹状突起が成長するところを動画で見せてくれさえした。それは息を呑むような体験だったが、意識がどのように生じるのか理解する助けには、まるでならなかった。最も驚かされたのは、人間の意識には他のどんな種の意識も遠く及ばないという彼の結論だった。私たちはあらゆる生物のなかでずば抜けて意識的だと、当然のことのように彼は言った。だが私には、この結論がニューロンやシナプスに関する彼の説からどうして導き出されるのか、理解できなかった。ニューロンとシナプスをたくさん持っているのは人間だけではない。八キログラムの脳を持っているマッコウクジラのように、私たちの一・四キログラムの脳より大きな脳を持つ動物はどうなのか？

まあ、いいだろう、人間のほうがニューロンをたくさん持っていて、ひょっとすると彼の説も成り立つかもしれない、と私は思った。人間の脳が最も多くのニューロンを持っていると、ずっと当たり前のように考えられていたから——実際に数え始めるまでは。ゾウの四キログラムの脳には、じつは人間の脳の三倍もニューロンがあることが今ではわかっている。[3] この発見に、多くの人が頭を抱えてきた。人間の意識に関する話を書き直さなければならないのだろうか？ ゾウより人間のほうが意識的であることを示す、どんな証拠が現にあるというのか？ 彼らが口を利かないからという、ただそれだけのことなのか？ それともゾウのニューロンのほとんどが高度な機能と結びついていない脳の部分にあるからだろうか？ この最後の根拠はもっともらしく聞こえる。ただし、脳のそれぞれの部分がどのように意識にかかわっているのか正確にはわかっていないという点を考えなければ、だが。この動物は三トンの体と、（物をつかむことができるペニスは別として）鼻だけでも四万の筋肉を持っている。歩くときは一歩一歩注意深く脚を動かさなければならないし（母親やおばさんたちの足の間を歩く小さな子ゾウのことを考えてほしい）、匂いを嗅ぎ分ける役目を担う遺伝子を、地球上のどの種よりも多く持っている。ゾウが自分自身の体と周りの環境を人間ほど自覚していないなどと、私たちには断言できるだろうか？ 意識は、体やその可動部や感覚入力の複雑さから生

1頭のゾウが低く重々しい声を上げながら、苦しんでいる仲間に自分の鼻を巻きつけて慰めているところ。ゾウは非常に共感的で情動的な生き物だが、彼らが何を感じているかは、科学ではまだ解明されていない。感情と意識は脳のニューロンの数によると主張されてきたため、ゾウが人間の3倍のニューロンを持つという最近の発見によってさまざまな先入観がぐらついている。

まれたことに疑いの余地はない。この複雑さの点に関してゾウを凌ぐ者はいない。

意識を持つのに大きな脳が必要だと主張したあの哲学者に、すべての哲学者が賛同しているわけではない。動物の研究と人間動物関係学（人間と動物の相互作用を研究する学問）が盛んになるにつれ、偏見を持たない多くの哲学者がさらなる研究を促すようなやり方で動物の感覚性《センシェンス》（経験したり、感じたり、知覚したりする能力）について考え始めている。ゾウが何を感じているのかはけっして知りえないとしても、ゾウが何かを感じていることは立証できるかもしれない点を、彼らは認めている。[4] 意識とは何かを明確に理解もせず、どうしてこの可能性を排除できるだろうか？ 意識にはさまざまな種類（自己認識、実存的意識、身体意識、内省意識など）があると言ってこの問題を解決しようとする人は、すでに十分曖昧な概念に、曖昧な区別を付け加えることによって、問題をいっそう複雑にしているだけだ。

したがって、私はいくらかの不安を覚えながら、動物のセンシェンスと意識という泥沼に足を踏み入れていくことにする。

食肉とセンシェンス

動物の意識に関する議論の裏には、多くの科学者ができれば避けたいと思う問題が隠れている。すなわち、人類は動物に何をしているのか、という問題だ。明らかに、私たちは彼らを大切に扱ってはいない。少なくとも彼らのほとんどを。この事実を抱えて生きていくには、科学が長い間やってきたように、動物は感情も自覚も持たない愚かな自動機械だとあっさり決めてかかるほうが楽だ。動物が石のようなものだとしたら、投げ捨てて踏みつけることもできる。だがそうでないなら、私たちは深刻な道徳的ジレンマを抱え込むことになる。今の工場式畜産の時代に、動物のセンシェンスを取り上げるのはタブーだ。動物は動物園に何千、研究室には何百万、さらに家庭にも何百万という数がいるが、畜産業には文字どおり何十億もいる。地球の陸生脊椎動物の全生物量に野生動物が占める割合はたった三パーセントほどでしかなく、四分の一は人間、ほぼ四分の三が家畜だ！

　昔ながらの農場では、動物はそれぞれ名前をつけられていたし、草を食《は》む牧草地や、転げ回る泥地や、砂浴びする砂地があった。牧歌的とはほど遠い生活だったが、子牛やブタをステンレスの狭い仕切りに詰め込み、ニワトリを数千羽単位で日の当たらない小屋に押し込み、牛にもう野外で草を食むことさえさせない今日と比べれば、ずっとましだった。今では動物たちは自分の排泄物にまみれて立っていなければならない。こうした動物たちのほとんどが人の目に触れないようにして飼われているので、彼らの惨状を見る機会はめったにない。私たちが目にするのは、足も頭も尻尾もついていない肉片だけだ。おかげで、パッケージにされる前の肉の存在をあれこれ考える必要はない。そして今ここでは、私たちが動物を食べているという事実について触れてさえおらず、彼らをどう扱っているのかについてだけ話しているのだが、それこそ私の最大の関心事だ。

　私は根っからの生物学者なので、自然界における命の循環に異議を唱えるわけにはいかない。あらゆる動物が、食べたり食べられたりすることで自分の役割を果たしているし、私たち人間はその相互関係のどちらの役割にも携わっている。私たちの祖先は、他の生き物を食べ、捕食者の食事にもなりながら、肉食動物と草食動物と雑食動物の巨大な生態系の一部を成していた。今日ではもう餌になることはめったにないとしても、無数の生き物に私たちの腐った死骸を貪らせている。けっきょく、すべては塵に帰るのだ。

私たちに最も近い霊長類の親戚は、わざわざ苦労をしてまで森の中でサルや小型のレイヨウを捕まえようとする。そんなとき、向こう見ずな技を使いつつ、高度な共同作業を行なう。獲物を仕留めると、嬉しそうな声を上げながら、じつに美味しそうにそのご馳走を楽しむ。また何時間もかけて、小枝でアリやシロアリを探り出しては食べる。厖大な量の動物性タンパク質を摂取するチンパンジーの個体群もいる（レッド・コロブス・モンキーがほぼ一掃されてしまった森もある）。その一方、それほど動物性タンパク質を摂らずに生き延びる個体群もいる[5]。オスのチンパンジーは肉を使って歓心を買い、交尾の成功率を倍増させることができる。

人間も肉をとても高く評価していて、機会さえあればいつでも肉を食べる。私たちは、肉食専門の動物のような牙も鉤爪も持たないかもしれないが、果実や野菜や木の実の食事を、脊椎動物、昆虫、軟体動物、卵などのタンパク質で補充する長い進化の歴史を持っている。いや、それは単なる補充ではなかった。最新の人類学研究によると、世界中の狩猟採集文化の七三パーセントが食糧の半分以上を動物から得ている[6]。こうした雑食性の背景が、私たちの多機能の歯や、比較的短い腸や、大きな脳に反映されている。

肉への関心が、私たちの社会的進化の道筋を決めてきた。小さくて分散している果物の採集はほとんどが個人の仕事だが、大きな獲物を狩るにはチームワークが必要だ。人は単独ではキリンやマンモスを家に持ち帰れない。私たちの祖先は、自分より大きな動物を狩ることによって類人猿から枝分かれした。そのために必要だったのが、複雑な社会の土台にあるような仲間意識や相互依存だった。私たちの協力的な性質や食物を分け合う性向、公平さの感覚、さらには道徳性でさえ、祖先が狩猟生活をしたおかげだ。そのうえ、肉食動物は草食動物よりもたいてい脳が大きく、また脳は成長して機能するために多くのエネルギーを必要とするので、動物性タンパク質の摂取は、発酵や加熱調理といった効果的な食物処理とともに、私たちの祖先の神経系の拡大を促したと見られている[7]。動物性タンパク質は彼らに、脳を大きくするためのカロリーや脂質、タンパク質、必須のビタミンB12の最適の組み合わせを与えた。肉がなければ私たちは、今日のような知性に満ちあふれた存在になっていなかったかもしれない。

だからといって、私たちが今のような食事を続けなければならないということにはならない。いや、肉を食べなければならないとさえ言えない。動物性タンパク質は過大評価されているのではないだろうか？　私たちは祖先とは別の時代に生きており、そこには別の可能性がある。そして、必要とするビタミンをすべて詰め込むことができる、培養肉や植物由来の肉といった、期待できる代替食品も開発されているのだ。

たとえ私が肉食自体を容認できるとしても、動物の扱い方や、飼育し、輸送し、殺す方法には、多くの問題がある。状況は下劣なことが多く、ときとして明らかに残虐だ。それに対して、先進国の多くの若者が肉抜きの食事を試みている。もっともこの食生活を続けるのは、生易しいものではない。二〇一四年のアメリカの人道的調査協議会の研究によると、自称ベジタリアンのうち、その食生活を一年以上続けているのは七人に一人の割合でしかないという[8]。だが、その取り組みは称讃するべきものだと思うし、私も不完全ではあるものの、独断的ではないかたちで尽力している。わが家のキッチンから哺乳類の肉を事実上すべて排除しているのだ。

ときには肉を食べるセミ・ベジタリアンの準菜食主義や、肉を食べる量を減らす減量主義といったものが流行し、勢いを得ている。植物由来の食物への転換を目指す革命が起こっていて、これが食肉生産者に従来の方法を変えさせることを願いたい。人類が肉消費を半分に減らし、相変わらず食肉とする動物の生活を劇的に向上させられたら、どれほど素晴らしいことだろう。さらに先に進み、中枢神経系から切り離されたかたちでペトリ皿の中で肉を生産することによって、本物の家畜を徐々に減らしていくことさえ可能かもしれない。そうした目標の追求は道徳的な責務だと思うが、それが最もうまく成し遂げられるのは、私たちが自らの由来に正直に向き合うときだろう――昨今しばしば耳にする、「私たちはビーガンたるべくできている」といったおとぎ話をでっち上げるのではなく。私たちは、断じてそのようにはできていない。

現在続いているこうした論争の結果として、センシェンスは、好んで使われると同時に含みのある用語になった。センシェンスは、切迫した生態学的な理由を別として、人類があらゆる形態の生命に敬意を払うべき三つの理由のうちの一つだ。その三つとは、あらゆる生命体に本来備わっている尊厳、あらゆる形態の生命が持つ、自身の存在と生存への関心、そして、センシェンスと苦しむ能力だ。この三つの理由を一つずつ検討していこう。それらは分類上、動物であろうと、植物であろうと、何か他のものであろうと、すべての生き物に関連している。

私たち人間は、特定の生き物に尊厳を付与することを強いられているわけではないので、そうするかどうかは私たち次第だ。こうあるべきではないのかもしれないが、人間とはそういうものだ。私は自分のベッドルームを飛び回る蚊や庭に生える雑草に尊厳を与えることはないだろうが、それは自分でも利己的な選択だと思う。目を見張るほど美しい蝶《ちょう》や、丹誠込めて育てられたバラには、より多くの敬意を抱いている。私たちによる尊厳の付与の仕方は、どう見ても主観的だ。唯一の客観的な基準は、生き物の知能と年齢かもしれない。私たちはたいてい、小さな脳を持つ動物よりも大きな脳を持つ動物のほうを尊重する。もっとも、私たち自身が大きな脳を持つことを考えれば、これも人類の偏見なのかもしれない。私たちは仲間の哺乳類も偏重する。イルカはワニよりも上、サルはサメよりも上、と評価している。だが、私はこうした判断にいつも懐疑的だ。それらが、科学的根拠のない昔の「自然の階梯」に、あまりにも都合良く当てはまるからだ。年齢に関しては、私たちは長寿を敬う。ジョージア州の自宅周辺には何本ものホワイトオークが生えていて、そのなかには樹齢二〇〇年を超えるものもあるかもしれない。私は、こうした高木も大いなる尊厳を持っていると思うし、高齢のゾウやカメやロブスターといった、ある年齢を超えた個々の生き物もすべてそうだと思う。ヨーロッパのいくつかの町では、市場が開かれる広場の中央に樹齢一〇〇〇年の菩提樹が生えている。そうした広場は「リンデンプラッツ（菩提樹の広場）」という、ふさわしい名前で呼ばれていることが多い。自然に対する敬意を持っている人なら、そうした美しい木を取り除こうなどと軽々しく考えることはないだろう。それは大聖堂をブルドーザーで壊すようなものだ。

　生き続けることへの関心は、地球上の生命に敬意を払う三つ理由のうちでいちばんわかりやすい。なぜなら、この関心こそあらゆる生き物の特徴だからだ。すべての生物は、空腹の敵に食べられないように最善を尽くし、生存して繁殖できるだけのエネルギーを得ようとする。意識的にそうするのではないかもしれないが、生きることへの執着は生きていることの一部で、例外はない。単細胞生物でさえ、毒性の物質から素早く泳いで離れる。植物は毒性の化学物質を放出して敵を追い払い、植物を食む牛や食い荒らす昆虫といった外界の脅威について、空気や根系を通して化学物質で警告し合う。各生き物の生存への関心はしばしば衝突するので、生き物は他の生き物の関心や利益を侵害せずに生き延びることはできない。むろんこれは、すべての動物に当てはまる。動物は太陽光をエネルギーに変換することができない。そのため動物は、生存に必要なカロリーを得るためには有機物を取り入れなくてはならない。すべての動物は他の生き物を傷つけたり、殺したりしている。たとえどれだけ有機的な農法によって野菜を栽培する人でさえ、野生動物の生息地を奪い、天然の農薬によって昆虫を根絶やしにし、人間の消費のために植物を犠牲にすることによって、他の生物の関心と利益を損なわざるをえない。自然界の一部である私たちは、他の生き物の関心と自らの関心とをつねに秤にかけ、たいていは自らの関心を優先させる。

　センシェンスの問題は、三つの理由のうちでいちばん複雑だ。センシェンスは、経験したり、感じたり、知覚したりする能力と定義される。センシェンスは最も広い意味では、細胞壁内で安定した化学的均衡を得ようとするすべての有機体に備わっている。真核細胞にもセンシェンスはある。ホメオスタシス（恒常性）を保つためには、細胞は、内部の酸素や二酸化炭素の濃度、pHレベルなどを感知して、たとえば浸透など、どういう作用に頼れば均衡を恢復できるかを知る必要がある。アメリカの微生物学者ジェイムズ・シャピロは、「生きた細胞も生き物も、認知的な（センシェンスを持つ）存在で、生存と成長と増殖を確実にするために、目的を持って作用・相互作用をする」[9]とまで主張している。

また、神経科学者アントニオ・ダマシオも、内部経験についての一九九九年の著書『意識と自己』で、細胞について以下のように書いている。

> それは、不均衡を感じるためには知覚のようなものを必要とする。その技術的なノウハウを保持するには、特定の作用を行なう性向というかたちの、潜在記憶とあまり違わないものを必要とする。予防的作用、あるいは修正的作用を行なうための、技能とあまり違わないものを必要とする。これがみな、私たちの脳の重要な機能に関する説明のように聞こえるのなら、それはもっともなことだ。ところが実際には、私は脳について語っているわけではない。なぜなら、その小さな細胞内には神経系などないからだ。[10]

この広い意味でのセンシェンスは、植物にも同じように当てはまる。植物は動きが極度に遅いために「行動」を検知しにくいものの、光や雨や音といった環境の変化を感じ、自身の存在への脅威と闘うための手段をとる。たとえばシロイヌナズナ（花をつける小さな草で、ブロッコリーと同じ科に属する）は、昆虫から身を守るために毒性の芥子《からし》油を葉で生成するが、毛虫が咀嚼《そしゃく》している音響振動を科学者が聞かせると、鳥の鳴き声の音響振動を聞かせたときよりもその量が多くなる。[11] 植物の「行動」は非常に複雑になりうる。たとえばヒマワリの向日性だ。ヒマワリは空を移動する太陽の動きを追うが、夜の間に東の方を向いて、太陽が昇ってくるのを待つ。だが、私は行動という言葉を鉤括弧に入れた。なぜならそれは、つまるところたいていは、化学物質の放出や、方向性を持った生長ということになるからだ。もっとも、素早く応答する植物もある。たとえば、葉を閉じて昆虫を捕える食虫性のハエトリグサや、オジギソウのように触れられると応答する植物だ。哺乳類は意識を失いうるが、奇妙なことにこうした植物は、それに類似した状態になりうる。病院の患者に処方されるのと同じ医療用の麻酔薬に反応して、接触に対する感受性と可動性を失うのだ[12]。

　科学はまだ、植物が持つ高度な防御や、警告シグナル、相互支援システムを研究し始めたばかりにすぎない。植物は「食べられたがらない」とときおり言われるが、そうした防御などは、たしかにそのとおりであることを示唆している。とはいえ、攻撃に対して毒性の気体を放出することによって、植物は「苦痛のあまり泣き叫んでいる」とまで主張しては行き過ぎだ。脅威に対する積極的な抵抗や、生存のための奮闘について語るのはかまわないが、痛みを感じるためには、植物は自身の状況を経験しなければならない。植物には動物の神経系に似た、電気信号を伝える経路があるものの、こうした経路を刺激することによって主観的状態が引き起こされるかどうかは、誰も知らない。主観的状態を認識して熟慮するための脳がないのだから、なおさらだ。たいていの科学者にとって、脳がなければ意識は考慮に値しない。ここで私たちは、植物にとってのセンシェンスの水準の限界に行き当たる。植物は周囲の環境にとてもうまく反応して、内部の水分や栄養分や化学物質の均衡を保つのかもしれないが、まったく何も感じはしない。環境の変化に反応するのと、環境の変化を経験するのとは、同じではないのだ。

　狭い意味では、センシェンスは痛みや喜びといった主観的な感情の状態を指す。植物は何も感じないと考え、植物がこの種のセンシェンスを持つことを否定するなら、中枢神経系を持たない動物に対しても同じようにするべきだ。たとえば牡蠣やイガイは、わずかな数の神経索と神経節（神経の集合）しか持たず、脳がないのだから、内部の状態を経験するのかどうか私たちにはわからない。植物と同じように、その場から離れることによって苦痛を伴う状況を避ける方法を、牡蠣は何も持たず、イガイは少ししか持っていない。殻を閉ざすことを別にして、痛みの感覚があると考えるのが理に適っているような行動をする器官を持っていない。したがって私は、二枚貝に狭い意味でのセンシェンスがあるとするのは気が進まない。

だが私たちは、どのような意見を持とうと一貫しているべきであり、植物にも二枚貝にもセンシェンスがあると考えるか、さもなければ、両者はもとより、菌類（植物でも動物でもない興味深い生物群）や微生物、海綿動物、クラゲなど、脳を持たない他のすべての生き物のセンシェンスを否定するかの、どちらかだ。こうした生き物が分類学上異なる界《かい》に属していることは、すべての生き物が同じ原理で成り立っていることを考えると、取るに足りない。同時に、ぜひとも思い起こしてほしいのは、科学界が長年にわたって動物を過小評価してきたことだ。現時点で、私たちが植物に同じことをしていない保証はない。

脳を持つ種に進むと、センシェンスを持っている可能性がぐんと高まる。ゾウ、類人猿、犬、猫、鳥類などにセンシェンスがあることは誰もがすんなりと受け容れるが、もっと小さな脳を持つ種についても考慮するべきだ。ベルファストのクイーンズ大学にあるバリー・マギーとロバート・エルウッドの研究室では、浜ガニに、明るい光から身を隠すための暗い場所を提供した。ところが、そうした隠れ家のうちのいくつかでは、浜ガニは潜り込むとただちに電気ショックを与えられた。彼らはすぐに、それらの場所を避けることを覚えた。これは、反射的な嫌悪（襲ってくる昆虫を植物が化学物質によって防ぐのと似た反応）の範囲を超えている。このような行動をとるためには、浜ガニは電気ショックを受けたときの正確な状況を思い起こす必要があったからだ。もし記憶に残る経験をしていなかったなら、どうして浜ガニは違う行動をとるだろうか？　実際に痛みを感じたに違いない。この問題は、さらに複雑だ。というのも、この実験をヤドカリで行なったところ、腹部を守るのにとても適した殻に入っているときは、質の劣る殻に入っているときよりも強い電気ショックを与えないと殻から出ていかないことがわかったのだ。どうやらヤドカリは、嫌悪するべき経験と棲み心地の良い家とを天秤にかけているらしい[13]。

これらの実験が示しているように、もし節足動物が痛みを感じているとすれば、主観的な感情状態を持っているという点で、彼らにはセンシェンスがあると考えるべきだ。これには、私たちが生きたまま茹《ゆ》でるロブスターや、大量に駆除する昆虫も含まれる。このような感情状態が、人間あるいは哺乳類一般のものと似ているどうかは問題ではない。大事なのは、これらの動物たちが感じたり記憶していたりすることだ。したがって、この原則が当てはまらないことを示す証拠が見つからないかぎりは、これを、中枢神経系を持つすべての動物に適用するべきだと言いたい。こうした理由から私が当惑したのが、カリフォルニア州のソーク研究所の科学者たちだ。ヒトとブタのキメラ（両方の種の細胞が混ざり合った個体）を作製している彼らは、この人工の生物が「センシェンスを持つようになる」のを防ごうと躍起になっているという。彼らはキメラに人間の心を持たせないために、宿主の脳にヒト細胞が定着するのを阻止したがっているのだ[14]。これらの科学者は、暴走する少数のヒト細胞にできることなどたかが知れているのにそれを過大評価しているだけでなく、ブタ自身がすでに十分にセンシエンスを持っていることを見落としている。

クリュシッポスの犬

紀元前三世紀のギリシアの哲学者クリュシッポスは、道が三つに分かれている所まで来た猟犬がどうしたかについて、こう語ったと言われている。猟犬は二本の道の匂いを嗅いだが、獲物が通った形跡はなかったので、迷うことなく、そしてそれ以上嗅ぐこともなく三本目の道を進んだ。クリュシッポスによれば、猟犬は論理的な結論を引き出したことになる。獲物が三本の道のうち二本を通らなかったとしたら、三本目の道を行ったに違いないと、犬は判断したのだ。偉大な思想家やイングランド国王のジェイムズ一世までもが、クリュシッポスの犬の話を引いて、言語を使わずに論理的な思考をする可能性を論じている。

マウスは迷路の中で分かれ道に遭遇すると数秒間ためらってから再び進むことが多い。どちらの道を行くかを決めるためには、マウスは自分を未来に置いてみる必要があることが、最近のいくつかの研究から窺われる。齧歯類は、以前にとった一連の行動を海馬《かいば》〔大脳辺縁系にあり、記憶や空間学習能力にかかわる部位〕で再現することがわかっている。だとすると、迷路の中でためらっているマウスはおそらく、以前通ったルートの記憶を、想像した未来のルートと比較しているのだろう。そうするには、経験済みの行動と予測した行動とを区別できなくてはならない。それには、原始的な自己感覚が必要だ。少なくとも、こうした実験を行なう科学者はそのように想定している。私はこの点に強く興味を引かれる。なぜなら、この思考実験では、人間が同様の判断を下す場合には自己感覚を必要とすることを私たちは前提とし、それを今度は、別の生き物にも自己感覚が備わっている証拠だと見なしているからだ。既知の事柄から未知の事柄を推定するこの方法はおおむね納得のいくものだが、難点を伴わないわけではない。なぜかと言うと、それは問題を解決する方法は一つしかないという仮定に成否がかかっているからだ。[15]

　クリュシッポスの犬は、「推量を使った論理的思考」と思われるものを示す見事な例だ。私にとって肝心なのは、言語の役割ではなくこの種の論理的思考が意識の存在を意味するかどうか、だ。幸いにも、現在は推量を使った論理的思考をテストする方法がある。アメリカの心理学者デイヴィッド・プレマックとアン・プレマックは、チンパンジーのサラに二つの箱を見せ、一方にはリンゴを、もう一方にはバナナを入れた。数分後、サラは実験者の一人がリンゴかバナナのどちらかをむしゃむしゃ食べているのを目にした。それからこの実験者は部屋を出ていき、サラには両方の箱を調べる機会が与えられた。彼女は興味深い二者択一の状況に直面した。実験者がどのようにして果物を得たのかを見ていなかったからだ。その果物が箱に入っていたものなのかどうか、よくわからなかった。それでもサラは、実験者が食べていなかった果物の箱の所へ必ず行った。サラは、実験者が二つの箱の一方から果物を取り、もう一方の箱にはもともとあった果物がまだ入っているはずだと結論したに違いない。たいていの動物はそのような想定はしないことをプレマック夫妻は指摘する。実験者が果物を食べてしまうのをただ見ているだけで終わる。[16]それとは対照的に、チンパンジーはつねに出来事の順番を把握しようとし、筋道を探し、空白を埋める。

別のテストでは、類人猿にまず、二つのカップの片方にだけブドウが入っていることを学習させたあとで、両方とも蓋を被せた二つのカップを見せた。どちらも蓋を被せた状態で振った。予想どおり、類人猿は中のブドウが音を立てるほうのカップを選んだ。そこで次に、実験者は空のカップだけを振った。当然何も音がしない。類人猿はもう一方のカップを選んだ。音がしないことから判断して、ブドウがどこにあるのかを推測したのだ[17]。他の二本の道に匂いが残っていないことに基づき、三本目の道を進んだという犬とまさに同じだ。

以前、これと同じ因果関係に基づいた推測の別の例を、バーガース動物園で見たことがある。そのとき、屋内のコロニーにいたチンパンジーたちは、私たちが彼らの大好物のグレープフルーツがいっぱい入った木箱を戸外にある彼らの島へ通じるドアを通って運ぶのを見ていた。彼らは興味津々といった様子だった。だが、私たちが空の木箱を持って建物に戻ってくると大騒ぎになった。果物がないことに気づいた途端、二五頭のチンパンジーが一斉に浮かれた様子ではやし立てたり、大声を出したりした。復活祭の卵探しを楽しみにしている子供たちのように、これからまもなく出ていって一日を過ごす島にグレープフルーツがあることを推測し、期待を膨らませたに違いない。

動物の意識は研究するのが難しいが、すでに挙げたような、私たち人間が無意識には行なえない論理的思考の例を詳しく調べることで、少しずつ明らかになってきている。パーティを計画するときは、必要なことのいっさいを意識的に考えざるをえない。動物が将来の計画を立てるときにも同じことが当てはまるに違いない。最新の神経科学は、意識とは、未来を想像することと過去のいくつかの出来事を結びつけて結論を導き出すことの両方を可能にする適応能力であることを示唆している。私たちは脳内に、別の出来事が起こるまで意識的に一つの出来事を蓄えておく「作業領域」を持っていると言われている。[18] たとえばラットの味覚嫌悪について考えてみよう。ラットは有毒な食べ物を与えられた結果、吐き気を催すのが何時間もあとだったときでさえも、その後はその食べ物を避けることがよく知られている。これは、単純な関連づけで説明することはできない。[19] もしかすると、ラットは記憶にある最近の出来事を意識的にたどって食べたものをすべて思い出し、吐き気の原因となった可能性が最も高い食物を突き止めているのではないだろうか？　私たち自身はもちろん、食中毒になったあとはそうするし、自分の消化器系にショックを引き起こした元凶と思われる特定の食べ物やレストランのことを考えるだけで吐き気を催す。

　ラットが脳内で過去の出来事の記憶を「再現」できることを示す証拠が増えてきている事実を考えれば、ラットが自身の記憶を見直す心的な作業領域を持っている可能性があるというのは、それほど現実離れした話ではない。[20]「エピソード記憶」として知られるこの種の記憶は、連合学習とは違う。連合学習とは、犬が「おすわり」という命令に応じると、ご褒美にクッキーがもらえることを学習する類だ。おすわりとご褒美の間に関連性を生み出すためには、トレーナーは犬にただちに褒美を与えないといけない。ほんの数分、間隔が空いただけでも、うまくいかない。この種の学習とは対照的に、エピソード記憶とは、具体的な出来事を思い出す能力だ。それは、ずっと昔の出来事のこともある。たとえば、自分の結婚式の日を思い出すときがそうだ。あの日着ていた服、天候、流した涙、誰が誰と踊っていたか、酔いつぶれてしまったのはどの叔父だったか……。この種の詳細な記憶には意識が必要だ。マルセル・プルーストが『失われた時を求めて』の中で、紅茶に浸した小さなマドレーヌを味わったあとで幼少期を思い起こすときのように。色鮮やかで生き生きとしたこのような記憶は、能動的に蘇らせ、じっくり思い返してみることができる。

　野生のチンパンジーは、食べ物を探して一日に一〇本余りの果樹を渡り歩くが、その際にはエピソード記憶が作用しているに違いない。森にはあまりにも多くの木があるため、やみくもに歩き回るわけにはいかないからだ。コートジヴォアールのタイ国立公園で研究しているオランダの霊長類学者カーリン・ヤンマートは、類人猿が以前に食べた物に関して抜群の記憶力を発揮することを発見した。彼らはおもに、過去数年間に実を食べたことのある木を確かめていた。熟した果実が大量に生《な》っていたら、満足げな声を上げながら貪るように食べ、必ず数日後に戻ってくるのだった。チンパンジーたちが、そのような木々を目指す途中に一晩を過ごす寝床を作り、夜明け前に起きる様子をヤンマートは記述している。ヒョウに出会う危険があるために、普段なら嫌がることだ。根深い恐怖を抱えているにもかかわらず、チンパンジーたちは最近食べた特定のイチジクの木を目指して長い移動を始める。リスから大型の鳥サイチョウまで、早朝にイチジクに殺到する他の動物を出し抜くためだった。驚くべきことに彼らは、寝床から遠くにある木を目指すときは近くの木を目指すときよりも早く起き、どちらの場合もほぼ同じ時刻に着くのだった。ここから、距離に基づいて移動時間を計算しているのだと推察される。ヤンマートはこれらをすべて考え合わせて、タイ国立公園のチンパンジーたちは朝食にたっぷりありつく計画を立てるために、過去の経験を能動的に思い起こすと確信している。[21]

　ケンブリッジ大学のニコラ・クレイトンは今や有名な実験を行ない、アメリカカケス（カラス科の鳥）が自分の隠した食べ物について何を覚えているかを調べた。アメリカカケスに、腐敗しやすい物

（ハチノスツヅリガの幼虫）と長持ちする物（ピーナッツ）という異なる食べ物を与えて隠させた。四時間後、彼らはピーナッツを探す前に好物のハチノスツヅリガの幼虫を探したが、五日後の反応は逆だった。幼虫のことは探そうとさえしなかった。そのときまでに、幼虫は腐ってまずくなっていただろう。だが彼らは、これほど長い時間がたったあとも、ピーナッツを隠した場所をしっかり覚えていた。この独創的な研究では対照実験もいくつか行なわれており、その結果、アメリカカケスは自分たちがいつどこに何を隠したかを思い出しているとクレイトンは結論することができた。彼らは頭の中でこの情報を巧みに処理し、正しい選択をしたに違いなかった。[22]

「メタ認知」の研究もある。メタ認知とは、何を知っているかを知ることを指す。たとえば私が誰かに、一九七〇年代のポップスターについての質問と、SF映画についての質問の、どちらに答えたいか訊かれたとしよう。私は迷わず前者を選ぶ。なぜなら、そちらの分野のほうが得意だからだ。私は自分が何を知っているかを知っている。このような実験は、動物（サル、類人猿、鳥、イルカ、ラット）でも行なわれており、彼らも、知っていることに関する確信の度合いがさまざまであることがわかっている。課題を与えられると、ためらわずに行なうこともある一方で、不確かな様子を見せて迷うこともある。ある初期の研究では、ナチュアという名前のイルカが、高音と低音を区別するよう求められた。彼の確信の度合いは一目瞭然だった。音の区別が易しいか難しいか次第で、回答用のパドルに向かって泳ぐスピードに差が出たのだ。二つの音の違いがはっきりしているときは、ナチュアは全速力で泳ぐから、頭で起こす波で、実験に使った電子装置がびしょ濡れになりそうなほどだった。研究者たちは、装置にプラスティックのカバーをつけなければならなかった。けれども、二つの音の高さが近ければ、ナチュアはスピードを落とし、頭を振り、躊躇《ちゅうちょ》した。回答用のパドルの一つに触れる代わりに、選択回避用のパドル（新たな試行を要求するためのパドル）を選んだ。それは、その課題に自分がおそらく失敗するのを知っていることを意味した。これはメタ認知が働いているということであり、メタ認知は、動物に彼ら自身の記憶や知覚の正確さを判断することを求めるため、意識を伴う可能性がある。[23]

たとえこの研究やその他の研究が、自分の記憶の中身を動物がどれほど自覚しているかを、プルーストが自分自身について雄弁に語ったようには、直接私たちに示せなくても、動物が意識的に時間の次元を旅し、脳を働かせて知識や経験を探し求める可能性を否定するのは難しい。[24]私たちは今、意識は何に役立っていて、なぜ進化したか、ほんの少しばかりわかり始めている。時をさかのぼり、時間的側面を調べるのを意識が助けているという主張は、情動にまで当てはめられるかもしれない。一部の動物にとっては、センシェンスがあるだけでは意識があることにはならないと主張できる。センシェンスとは、物事を経験したり、感じたりすること全般を指しており、それは完全に無意識のうちにできるからだ。とはいえ、すべての哺乳類や鳥類のように大きな脳を持つ種には、記憶や思考のためだけでなく、情動的な生活のためにも、オプションとして意識を加える必要がある。自らの経験や記憶を意識的に探ることができる動物なら、私たちが情動と呼ぶ体の急激な変化をはっきり認識する能力も備えているのではないかと私は思う。自分の周囲の出来事についてどう感じているかを認識すれば、おそらく意思決定に役立つだろう。

ここでの私の考察は、センシェンスを全部で三つのレベルに分けている。第一のレベルは、環境や自分自身の内部の状態に対する広い意味での感受性で、ホメオスタシスを維持して自分の存在を守るためのものだ。自己保存のためのセンシェンスは、完全に無意識で自動的に働く可能性があるが、あらゆる植物や動物、その他の生き物の特徴であると同時に、すべての高等生物の基礎となっているかもしれない。第二のレベルは、狭義のセンシェンスで、記憶されうるほどの、喜びや痛みやその他の感覚の経験に関するものだ。この種のセンシェンスは、学習や行動の修正を可能にするものであり、脳を持つどんな動物にも、脳の大きさにかかわらず、備わっていると見るのが最善だろう。そして、第三のレベルが意識で、このレベルでは、内面の状態と外部の状況は、単に思い出されるだけでなく評価や判断もされ、クリュシッポスの話の主人公によってなされたように、論理的に結びつけられる。意識的なセンシェンスは、感情の経験と問題の解決の両方を助ける。意識的なセンシェンスはいつどこで始まったのかわからないが、私の推測では、それは進化のかなり早い時期だった。

進化に奇跡はいらない

二〇一六年に、シチリア島の標高約七五〇メートルの山の頂にある古代からの城塞都市エリチェで、人間と動物の情動と感情に関する国際会議が開かれた。主催者の一人だった私は、会議の合間に、地中海の素晴らしい景観を望む曲がりくねった石畳の通りをヤーク・パンクセップと歩きながら、動物の感情について語り合った。私は具体的なことは口にしたくないという気持ちを伝え、「彼らが何を感じているかを、自分は理解していると思っているけれど、それは依然として推量にすぎません」と言った。パンクセップは、優しく物憂げな表情で首を振り、答えた。「第一にね、フランス、動物の感情に関しては確固たる証拠があります。第二に、知識に裏づけられた推測を少しばかりすることの、どこが問題でしょうか？」彼は、私が態度を明確にし、抱いている印象をもっと率直に述べるべきだと感じていた。今振り返ると、彼は正しかったと思う。だから、このあと彼の考えを伝え、なぜ彼がその考えのために生涯を通じて奮闘しなければならなかったのかを説明しよう。

パンクセップは、この会議の約一年後に不幸にも他界したが、彼が創始した情動神経科学の分野にとって途方もなく重要な人物だった。彼は人間と動物の情動を連続線上に配し、その全体を網羅する神経科学を初めて創り出した。彼は、当時支配的だった諸勢力に抵抗しなければならなかった。最も手強い相手は、B・F・スキナーの行動主義であり、彼らによると、人間の情動など取るに足りないし、動物に情動があるかどうかは疑わしいということになる。情動の神経科学的研究をしたがるパンクセップはさんざん嘲られたので、研究資金がろくに得られなかった。だが、資金不足をものともせず、ほとんど並ぶ者のないほどの尽力を重ねて動物の情動を立派なテーマに仕立て上げ、超音波発声に基づいた、ラットの喜びや遊びや笑いの研究で知られるようになった。ラットは、指でくすぐってもらうことを盛んに求め、それはおそらく脳内のオピオイド（アヘン様物質）が報酬となっていることを彼は発見した。彼の研究は、情動を、比較的新しく進化した大脳皮質にではなく、すべての脊椎動物が持つ進化的にとても古い大脳皮質下の領域に位置づけた。彼の一九九八年の大作『情動の神経科学――人間と動物の情動の基礎（*Affective Neuroscience: The Foundations of Human and Animal Emotions*）』は、学問の世界の基準に照らすとベストセラーとなった。彼は、時代に先んじていて、テンプル・グランディンや私を含む多くの動物学者に影響を与えた。

パンクセップは二〇一六年のエリチェ会議で、情動は言語や文化次第で異なる観念的所産であると考えるリサ・フェルドマン・バレットと、長時間にわたってやり合った。バレットの見方は次のようなものだった。情動は生まれつきのものではなく、過去の経験や、現実の一瞬ごとの判断で織り成されている。結果として、個別の情動を明確に特定するのは不可能だ。[25] 彼女の立場は、皮質下を重要視するパンクセップの立場とはほぼ正反対だった。どちらの科学者も折れる気配はなく、両者とも、相手の話を聞いていない人がするように、自分の主張を繰り返し続けた。だが、私はそんな激しい対決は無用だと思った。情動と感情の間に明確な境界線を引けば、たちまちどちらの立場も筋が通るからだ。パンクセップはおもに情動について語り、バレットはおもに感情について語っていた。バレットにとって感情と情動は同一だが、パンクセップや私や他の多くの科学者にとっては、両者は区別されるべきものだ。情動は観察でき、測定可能で、身体的な変化や行動に反映される。人間の体は全世界で同様なのだから、情動は、恋に落ちたときや楽しんでいるときや腹を立てたときに私たちに起こることなどを含め、おおむね普遍的だ。だからこそ、言語が異なる国にいても、情動的に切り離されていると感じることはないのだ。一方、感情は個人的な経験であり、土地によっても人によってもさまざまだ。ある人が痛みと感じることが、別の人には喜びと感じられるかもしれない。情動と感情の間には、単純な一対一の対応関係はない。どんな言語にも、主観的な状態を表現する、その言語独特の概念があり、人はそれぞれの感じ方やその理由に、異なる背景や経験を持ち込む。

とはいえ、感じ方には体がおおいにかかわっている。私たちはどう感じているかを説明しているとき、内臓にまつわる言葉を使ったり、手を胸や腹に当てたり、拳を握ったり、頭を抱えたり、まるで自分がばらばらになりかけているかのように、自分自身を抱き締めたりする。たとえば、泣くというのは、ただ音を出すどころの話ではない。呼吸に苦労し、心拍が不規則になり、横隔膜は押し下げられ、喉はつかえ、顔はぐしょぐしょになる。泣くときは、体全体で泣く。ウィリアム・ジェイムズはさらに突っ込んで、身体的な変化は情動の表現ではなく、むしろ情動そのものだと言っている。この点についての議論が続くなか、ラウリ・ヌンメンマーが率いるフィンランドのチームは、特定の情動に関係がある体の領域を図示した。彼らは実験の参加者に、身体図に色を塗って、そうした情動と関連する領域を示すよう求めた。すると、消化器系と喉は嫌悪と、上肢は怒りや幸せと、腹部は恐れや不安と、それぞれ関連づけられた。色が塗られた部分はフィンランドとスウェーデンと台湾の、ほとんど無関係の三つの言語を使う人の間で驚くほど似通っていたため、ヌンメンマーたちは、文化が異なっていても情動は同じように経験されると結論した。[26]

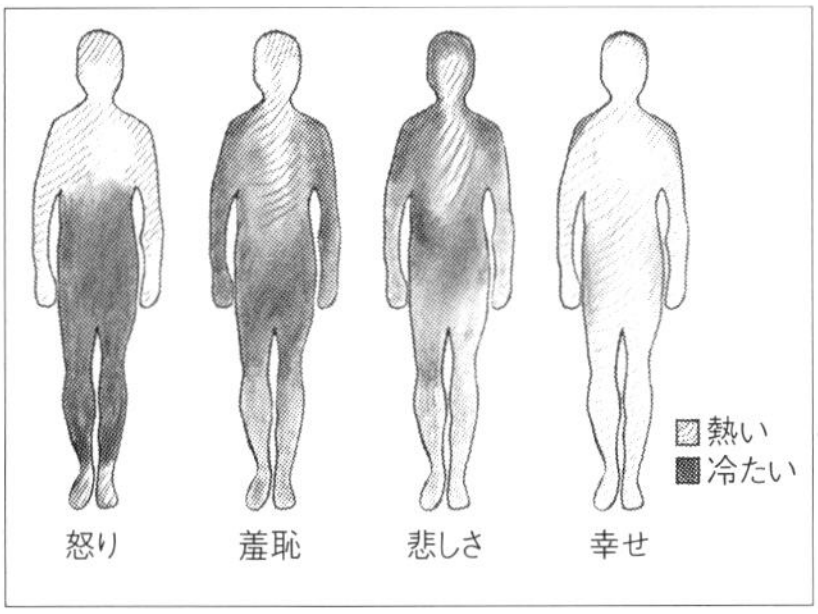

情動は、心に対してと同じぐらい体に対しても影響を及ぼす。3つの異なる文化の人々に、特定の情動を経験しているときに体のどの部分を最も強く感じるかを問い、人の形の図に色付けしてもらった。彼らは、怒りはたいてい頭部と胴部で、幸せは全身で感じるということで意見が一致した。それに対して、羞恥の場合は頭部や頬が熱くなるが、体の残りの部分は冷たくなる。一方、悲しさを感じているときは体のほとんどの部分が無感覚になる。Nummenmaa et al. (2014)の研究に基づく。

そうはいっても、私たちの感情の論じ方に違いがないということには断じてならない。私にはフランス人の姻戚がいるのでいつも驚くのだが、オランダ人は穏当な言葉で自分の感情を伝え、努めて冷静で妥当に聞こえるようにするのに対して、フランス人はまったく遠慮がなく、大げさで情熱的であり、恋愛や食事のこととなるとなおさらだ。妻と私は長年いっしょに暮らしているので、そのような文化的な違いにまごつくことはないが、それでもときどき誤解したり、大笑いしたり、あるいはその両方が重なったりもする。けれど、たとえオランダ人とフランス人は、気持ちの伝え方に関しては、異なる星からやって来たように見えるとしても、そしてそのせいで、感情は文化や言語次第の観念的所産であるというバレットの主張を支えているように見えるとしても、情動が体や声や表情に表れるときには文化的な障壁は崩れ去る。オランダとフランスのサッカーファンが、応援しているチームが負けたときに落胆する様子はそっくりだ。

この混乱の多くはけっきょく、科学が人間の情動を精査するときに使う言語のフィルターにもとをたどれる。私たちは言葉で表現された経験に的を絞り、言語の微妙な違いを重視し、本来注目するべき感情そのものよりも、その感情を捉えているという建前のレッテルのほうに注意を払うほどだ。一方、パンクセップのボトムアップの神経科学は脳の非常に深い所から始まるため、レッテルを貼ることや言語の概念はほとんど意味を持たない。それでも、感情はパンクセップの主題ではけっしてなかったにもかかわらず、彼は人間だけでなくラットにも感情はつねにあると確信していた。感情は情動の紛れもない一部なのだ。

何よりの証拠は、人間を愉快にしたり高揚させたりする薬物への動物の反応の仕方だ。人間の脳がこのような薬物によってどう変わるかはよくわかっている。ラットも、まったく同じ薬物に惹かれて同じ脳の変化を起こす。実際、特定の新しい薬物に対するラットの反応の仕方（投与を求めるか避けるか）は、人間がその薬物を、快楽をもたらすものと考えるか嫌悪するかの申し分のない指標となる。

これは、両者が同じ主観的経験をしていると仮定しないかぎり説明が難しい。

だが、誰もがこの解釈に満足しているわけではない。まだ一般的には、私たちは動物の感情を軽視する。あるいは、感情について語るときには鉤括弧に入れたり婉曲表現を使ったりして、曖昧にする。スイスの生理学者ヴァルター・ヘスは、猫の視床下部に電気的刺激を与えると攻撃的反応を引き起こせることを発見し、一九四九年にノーベル賞を受賞した。猫は毛を逆立ててシャーッという声を出し、背中を弓なりにして尾を激しく振り、爪を出して攻撃の体勢をとる。さらに、血圧が高くなる、瞳孔が拡張するなど、怒りの徴候も示すが、刺激を止めるとたちまち落ち着きを取り戻し、再び通常の振る舞いをするようになるのだった。ところが、ヘスは「まがいものの怒り」について述べるだけで、猫の行動の情動的な側面は隠してしまった。彼は引退後、それを後悔し、曖昧な言葉を使ったのはひとえにアメリカの研究者の怒りを避けるためだったことを認めた。彼らには、脳の皮質下領域で本格的な情動が引き起こされる可能性があることなど想像できなかったからだ。じつのところヘスは、猫が本物の怒りを感じていたに違いないといつも思っていた、と述べている。(27)

ヘスやパンクセップのようなヨーロッパ人が「アメリカの研究者」とか彼らの懸念とかと言うときは、行動主義者を指している。行動主義学派は世界中に拡がっているが、その見解や過激な教化活動は北アメリカの大学で最も顕著なようだ。行動主義は、出だしは素晴らしく、人間と動物の行動の両方を説明する統一的枠組みを創り出すことを目的としていた。観察できる行動を重視し、意識や思考や感情のような観察できないものを無視することから、その名がついた。心理学は「意識という軛《くびき》」を打ち捨てなければならない、と行動主義者は言った。(28) 頭の中で何が起こっているかについては従来ほど語らず、あるいはまったく語らず、実際の行動についてもっと述べる必要がある、というわけだ。

ところが半世紀後、この見上げた指針からの大きな逸脱が起こった。「認知革命」が到来したのだ。心理学者は一九六〇年代に、私たちの種における心的プロセスを重視し、意識と思考を探究し始めた。彼らは、行動主義のことをあまりにも偏狭だと批判し、脇へ押しやった。このとき、行動主義は重要な認知的概念をいくつか取り入れて時流に乗れば、自らを一新できただろう。だが、そうせずに、私たちの種を動物王国から除外することを選んだ。当然ながら彼らは、人間は考えることができず、自己認識もないと主張するのは難しかったが、動物に関しては、思考や自己認識は不可能であるという立場はまだ擁護できた。行動主義は、動物は刺激に反応する機械だとあくまで言い張る一方で、人間に対してはその取り組み方を緩やかで限定的に当てはめた。そうすることで、行動主義は人間と他のすべての種とを隔て、その隔たりは時とともに拡がるばかりだった。

その結果、世界中の心理学部は二種のまったく異なる教員を抱え始めた。人間の行動を研究する人々は、人間には高度な自覚を伴う広範で複雑な心的プロセスがあると安易に決めてかかった。彼らが提示した能力には本当にややこしいものもあった。たとえば、Aさんが知らない事柄をBさんが知っていることをAさんが知っていることをBさんが知る能力だ。一方、比較心理学者として知られる、動物を対象とする研究者は、正反対の取り組み方を採用して、心的プロセスに少しでも触れることを慎重に避け、できるかぎり単純な説明を選んだ。彼らは、経験からの学習という観点から動物の行動を説明した。動物の脳が大きいか小さいか、彼らが捕食者か被食者か、飛ぶのか泳ぐのか、変温動物か恒温動物かなどは考慮しなかった。好ましい結果を伴う行動は繰り返される可能性が高いとする

「効果の法則」の例外が歓迎されなかったことを考えると、大胆にも種の発達史に関連した特別な能力について推測する研究者は、激しい抵抗に遭うと思って間違いなかった。行動主義は生物学も生態学も進化も締め出したのだから、どうしてあれほど長く生き残ってきたのか、首を傾げたくなる。

　人間を対象とし、驚くほど気前良く仮定をする心理学者と、仮定をすることをやたらにけちる動物心理学者という二極分離が起こったために、はるか昔にウィリアム・ジェイムズが予測していた問題が生じた。彼は人間と他の動物の連続性を強調していた。

> 連続性を求めれば真の予言の力が得られることがわかった。したがって私たちは、意識の始まりを想定するためにありとあらゆる思考様式を誠心誠意試すべきである。それまで存在しなかった新しい特質による、この宇宙への侵入に相当するようには見えないようにするために。[29]

　あいにく、「侵入」（乱暴に無理やり入り込むこと）は、人間と動物の知能に関する対照的な認識の折り合いをつける唯一の方法だった。人間の進化の途中で驚くべき飛躍があったに違いないということを非常によく耳にするのはこのためだ。明らかに、あえて「神聖な火花」という言葉を口にする現代の学者はいないし、「特殊創造説」については言うまでもないが、その考え方はじつによく知られている。何が人間を特異な存在たらしめているのかに関する本が現在次々と出版されており、ある本の宣伝文にあるように、「人間は素晴らしい独自性を持つ。つまり、片方の足をいっしょに進化してきたすべての生き物の間にしっかりと置き、もう一方は宇宙で私たちだけが占有している、自己認識と理解という特別な場所に置いている」[30]ことを謳っている。人間例外論に関する本はどれも、私たちがどれほどの幸運に恵まれたか、大同小異の物語を語っている。すなわち、特別な（それでいて、いつも不可解な）脳のプロセスか、文化や文明の影響、あるいは並外れた結果をもたらす小さな変化の積み重ねを通して、人間は特別な存在になったというのだ。カール・マルクスの友人でドイツの哲学者フリードリヒ・エンゲルスは、「サルから人間への移行で労働が果たした役割」という小論文を発表してさえいる。

とはいえ、どの説を選ぼうと、通常のゆっくりとした円滑な進化の道筋ではなく、プレッツェル〔ドイツ発祥の、独特の結び目が特徴のパン〕のようなひねりを信じるように私たちは求められる。だが、このようなひねりが必要なのは、動物ができることを科学が無視してきたからにすぎない。私たちはあまりにも長い間、動物の能力を極端なまでに軽視してきたため、自分たちが到達した認知機能の水準には動物はけっして届かないように思えてしまうのだ。だが、動物の知能がけっして最低水準近辺にないとしたらどうだろう？

今日私たちは、仲間の種に関して遅まきながら起こった「認知革命」のさなかにいる。若い世代の科学者は、じつに長い間私たちを引き止めていたタブーを捨てた。私たちが考える他の種の知能水準は日々高くなっている。インターネットでは、「進化認知学」（進化という観点に立つ、人間と動物の知能の研究）における、胸躍るような科学的大発見が、類人猿やカラス、イルカ、ゾウなどの衝撃的な動画付きで頻繁に大きく取り上げられ、因果の推論、心の理論、計画立案、自己認識、文化の伝達が実証されている。進化認知学の新しい研究によって、動物の知能に対する評価が劇的に高まったので、人間の心を説明するのにはもう奇跡的な出来事は必要なくなった。人間の心の基本的な特徴は、大昔からあったのだ。

一方、神経科学は脳というブラックボックスをこじ開けて中を覗き、どのように動物が問題を解決するかの説明を次々に提供している。そうした説明は従来の学習理論にしだいに依存しなくなっている。行動主義はゆっくりと死を迎えようとしており、ときおり頭を持ち上げ、このような展開に弱々しくブレーキをかけようとするだけだ。パンクセップが生涯を通して経験したのが、まさにこのブレーキだ。その頃はまだ行動主義の最盛期だった。動物は機械であるという当時一般的だった見方は、彼には受け容れ難かったが、その一方で彼は、誰にも意識の起源についての立場を打ち出せないようにする「救いようのない不可知論」には不平を漏らした。

西洋では、人々はつねに夢中になってさまざまなものを機械になぞらえてきた。私たちが理解に手を焼く生物学的プロセスは機械にたとえられる。機械なら私たちにも理解できる。なにしろ、自分たちが設計するのだから。それぞれ心臓はポンプ、体は自動機械、脳はコンピューターのようだと言う。生物学はあまりに曖昧で厄介なので、全面的には受け容れることができず、それをニュートン力学のようなものに変えようとする。わけても有名なのが一七世紀のフランスの哲学者ルネ・デカルトで、彼は情熱をこの機械的な見方に押し込もうとした。

> これらの機能（情熱、食欲、記憶、想像など）は、時計や他の自動機械の動きがその釣合い重りや輪の配置から生じるのとまったく同じぐらい自然に、機械の器官の単なる配置から生じると考えて

ほしい。[31]

時計のたとえは、それが登場して以来ほぼずっと議論の的になってきた。このたとえには明らかな欠点がある。生物ではあらゆるものがいっしょに成長・発達し、すべてが完全につながっているからだ。脳は機械よりも、ゼラチン状のスープにはるかによく似ており、厖大な数の接続があって、すべてのレベルで信じられないほど統合されている。そのうえ、体の一部であって、切り離して考えるべきではない。それとは対照的に、時計は、別々に作られた個別の部品が時計製造者の作業台の上で初めて一つになる。組み立てられた部品は、言葉を交わすことも互いに頼ることもない。あらかじめ定められた結びつきがいくつかあるだけだ。離れたものどうしのコミュニケーションはない。一方、人体では新しいつながりが絶えず発見されている。腸のマイクロバイオーム（微生物叢《びせいぶつそう》）と脳のつながりや、母親と胎児の心搏同期などだ。[32] 時計では、各部分がほぼ独立した状態を保つので、時計を分解してもう一度組み立てても、再び統一体として機能する。だが、生き物に対してはそんな乱暴な扱いはできない。あなたが体の一部、たとえば肝臓を切り取ったら、全体が駄目になることは言うまでもない。あなたの「機械」は壊れてしまう。いや、壊れるのではなくて死んでしまうのだ！

パンクセップは、動物は限られた応答しかできない入力／出力システムと見なせば最も理解しやすいという考え方に我慢がならなかった。生き物には機械とは何の共通点もないし、そのような時計やコンピューターのたとえはみな、まったく役に立たない。代わりに、彼は動物の内面生活に真の興味を示し、どんな生物学者もそうするように、動物と人間には連続性があると考えた。

動物が何を感じるのかを直接知ることができなくても、たいして問題にならない。なにしろ科学には、観察できないものを研究してきた長い伝統があるのだ。自然淘汰による進化も直接目に見えるものではないし、大陸移動もビッグ・バンも同様だが、十分な裏付けがあるので、これらの理論はほぼ事実として扱われている。あるいは心理学の主要な概念である、心の理論を考えよう。他者の心理を推測・理解するこの能力がどのように働くかは、誰も見たことはないが、子供の発達の一指標だと考えられている。これらすべてで、私たちは証拠を集め、自分の説に合うかどうかを見る。地球が球形だという考え方でさえ、一九六七年に地球の最初のカラー写真が宇宙から撮られるまでは直接確認されていなかった。だから、動物の感覚と意識は見ることができないから科学が踏み込める領域ではないという、よくある主張は、けっして受け容れるべきではない。パンクセップは賢明にも次のように論じている。

> 他の動物に意識のような経験的状態の存在を想定しようというのなら、決定的な証拠よりも証拠の重みによって議論が決せられるような理論の次元で研究する覚悟でいなければならない[33]。

魚は悲鳴を上げなくても

霊長類学者としては奇妙に聞こえるかもしれないが、私は魚が大好きだ。子供の頃、土曜日ごとに自転車に乗ってイトヨやサンショウウオなど、さまざまな水生生物を捕りに出かけた。捕まえた生き物を瓶やバケツに入れ、その数はどんどん増えていったが、とうとうある年の誕生日に、初めて水槽をプレゼントしてもらった。それ以来、水槽はいつも身近にあり、今では自宅の壁に、水草を植えた作り付けの大きな淡水水槽を二つ埋め込んである。

私が飼っている魚は、もうめったに死ぬことはない。一匹の大きなプレコは二五歳を間違いなく超えているし、クラウンローチの小さな群れは少なくとも一五年は生きている。クラウンローチはちょっとニモ（ディズニーアニメの主役として有名になったクラウンフィッシュ）に似ているが、共通しているのは派手な縞模様だけで、クラウンフィッシュが海に棲んでいるのに対して、クラウンローチはまったく違う科の淡水魚だ。大きくて丸々しているがすばしこく泳ぎ、群れを成して泳ぎ回る様子には見とれてしまう。彼らはいつも寄り集まっていて、しょっちゅう触れ合い、狭い隙間にいっしょに潜り込んでいることも多い。良い水槽にする秘訣は隠れる場所をたくさん作ってやることで、クラウンローチは友達がそういう場所に入っているのを見つけるとたちまち自分も潜り込み、二匹でぴったり身を寄せ合って外を窺っている。六匹いる群れの全員が重なり合っていることもよくある。私は「友達」と言ったが、それは彼らがお互いを識別しているからだ。何度か新しいクラウンローチを仲間に加えようとしたとき、それを思い知らされた。新入りたちは、縄張りを持つ魚がよくやる追い出し攻撃を受けることはなかったが、よそよそしくされ、どうしても仲間に入れてもらえなかったのだ。

私のクラウンローチの社交性や、他の魚たちの交流はみな、たいていの人が思っているよりはるかに複雑で、見ていると楽しい。つがいになった魚たちのなかには、とても相性が良くてどこに行くにも寄り添ってすいすい泳ぐ者もいるし、いつも喧嘩をしたり身構えたりして餌を食べるのを妨害し合う者もいる。そういう仲が悪い魚たちからは、きまって子が生まれない。子供の世話をする魚もいる。

シクリッドの多くがそうだし、私が子供の頃に飼っていたイトヨもそうだった。受精後、オスのイトヨは卵を煽いでできるだけ多くの酸素を送ってやり、孵化から二、三日の間は、稚魚をひとまとまりに保とうとして、迷い出た赤ん坊を吸い込んではひたすら巣に戻してやる。このような交流を間近に見られるのも魚を愛好すればこそであり、そういう喜びがあるから、魚が軽視されるのが私には理解できない。まるで魚類は低級な生命形態であり、他の動物に対してと同等の関心を向けるに値しないとでも言わんばかりだ。

魚は、大きな群れでいるときだけではなく、互いを識別できるような小さな群れでいるときも、豊かな社会性を持ちうる。クラウンローチは熱帯の淡水魚で、いっしょに泳いだり、一斉に身を翻したり、寄り集まったりする。

　当然ながら、センシェンスに関する議論はしばしば、魚は痛みを感じるかどうかという問題になり、それがもう五〇年も続いている。高名なデカルト主義者がやったと言われているように、身ごもった犬を蹴り、犬が上げる悲鳴を機械の音だと思う者はいないだろう（ちなみに、デカルト自身は飼い犬を溺愛していたと言われる）が、人々は、こと魚となると、痛みを感じないかもしれないと思う。その勘違いの一因は、魚はバチャバチャ跳ね回ったり、危険から逃れたりするときに、必ずしも痛みを感じないことだ。多くの動物と同じように、魚はニューロン軸索上に末梢組織の損傷に反応する受容器を持っている。この反応は「侵害受容」と呼ばれ、自動的で、熱いストーブに触れると、痛みに気づきさえしないうちに指を引っ込める反応だ。侵害受容器が脳に信号を送り、脳は体に、脅威を取り除くように、あるいは脅威から離れるように指示する。魚はこの反射のような痛みのシステムしか持っていないと長らく主張されてきた。

これは、釣り針にかかってバタバタしている魚は何も感じていないという意味だろうか？　漁業関係者ならたしかに、そう考えてもらいたいだろう。多くの研究によれば、魚は大脳皮質がないので、痛みの感覚を持つようにはできていないという。また、魚はディストレスコール（遭難声）をまったく発しないという事実によっても、その思い込みが助長される。私たち人間は、甲高い声を痛みの最も明白な表現として捉えているので、魚が全然叫ばなければ、どれほどひどい痛みを受けているのかわからない。とはいえ、魚には別のコミュニケーションの方法がある。わが家の裏庭にある池の一つで飼っている金魚に、その良い説明になる事態が起こった。

私は野生動物は何でも好きだが、サギは別だと言わざるをえない。この美しい鳥は獲物をくちばしでつついて獲るように適応しているが、その仕事がちょっと上手過ぎる。これに対して、金魚は目立つように改良されていて、これは生存にははなはだ不利な特性だ。その結果、一羽のサギでも金魚の池を二、三時間で空にできる。ある日、わが家の池の一つの端近くにサギがいるのが見えたので、私はネットを張って金魚に近づけないようにした。ここで魚が獲れないとわかり、そのサギは来なくなった。

ところが、金魚の一匹がネットに引っかかった。ネットの一部が水中に垂れ下がっていたからだ。私はその金魚を自由にしてやったが、それまでこの魚はだいぶ長くもがいたに違いない。ネットに絡まっていた部分の金色の鱗が剥がれ、体にぐるっと一本白い筋が入っていた。そのあと他の金魚たちはみないつになくおびえていて、何日も、餌のためにさえ隠れ場所から出てこようとしなかった。金魚たちは、仲間がもがいていたのに気づいたのかもしれない。おそらく何時間も苦しんでいたのだろうから。だが不思議なことに、それとは別の池にいる金魚たちも、同じようにおびえていた。彼らも深い所にじっとしていた。私はテレパシーを信じていないので、わけがわからなかった。こちらの池の金魚たちは、ネットにかかった金魚の苦闘を直接知ることなどできるはずもなかったのだから。

一〇〇年近く前、あるオーストリアの科学者がSchreckstoff（シュレックストッフ）を発見した。ドイツ語の動詞schreckenは、何かに突然おびえたときの反応を意味する。たとえば、わが家の窓からクマが入ってきたら、私は死ぬほどschreckさせられるだろう。stoffは「物質」という意味だ。だからSchreckstoffは、捕食者によっておそらく肉体的な危害を加えられるか殺されるかした生き物が、恐怖に駆られて発した化学的メッセージを伝達する物質なのだ。その発信者にとっては手後れではあるものの、Schreckstoffの放出は他のすべての魚に対する警告であり、彼らに同じことが起こらないように、対応策を講じる余裕を与える。警告信号が発信者自身ではなく、受信者にだけ利益を与えるというのも不可解だが、私が疑問に思ったのは、その物質がどうやって二つの池の間を飛び越えたか、だ。そういえば、一つのフィルターで両方の池の水をきれいにしていた、と気づいたとき、私はやっと事情が呑み込めた。

傷ついた金魚の恢復（肌についた白い筋が消えるまで）には二か月かかったが、他の金魚たちは一週間のうちにいつもの状態に戻った。傷を負うような出来事を直接知らないのに、金魚たちはこの化学的警告システムのおかげで、正しい対捕食者反応を見せた。だが、Schreckstoffの活性成分（糖のような分子）は今では科学によって解明されているが、それによって魚が何を感じているのかという問題が解決したわけではない[34]。

生理学上、魚類は哺乳類によく似ている。突然の出来事にアドレナリン反応を示し、ぎゅうぎゅう詰めになったり嫌な目に遭ったりすると、コルチゾール値が上がる。狭量な縄張りの主に追われて一日中水槽のいちばん奥の隅に隠れている魚は、文字どおりストレスのせいで死ぬこともある。魚にもドーパミン、セロトニン、イソトシンといった神経伝達物質がある。イソトシンは魚にとってオキシトシンと同等で、社会的行動に役立っている。

したがって、魚の鬱の研究が行なわれているのも驚くにはあたらない。ある研究では、ゼブラフィッシュをエタノール中毒にして鬱を引き起こした。何週間も浮かれ気分にしたあと、実験者はエタノールの供給を止め、魚に禁断症状を引き起こした。魚たちは鬱状態の人のように、生きることへの興味を失い、活気が失《う》せ、他の魚との接触もなくなった。いつものように水面近くを勢い良く泳ぐこともせず、水槽の底に身を沈めて、あまり動かずじっとしていた。魚は普段は好奇心が強く、刺激が豊富な環境で最も調子が出るが、今やうんざりした様子で、水槽内を探索しようともしなかった。念のために言っておくが、魚がうんざりしているとか鬱状態にあるとか言うのは、単なる人間の状態の投影ではない。なぜなら、惨めな気分に見えるこれらの魚は、ジアゼパムのような抗鬱薬を与えられると元気を取り戻し、水槽の上のほうで多くの時間を過ごすようになるからだ。同じ薬剤が魚と人間の両方に効くのだから、神経系が非常に類似していることが窺える[35]。

痛みにしても、似たり寄ったりだ。イギリスの魚類学者ヴィクトリア・ブレイスウェイトは二〇一〇年の著書『魚は痛みを感じるか？』の中で魚の知能の例を紹介するとともに、魚が不快な刺激にどのように応答するかも示している。皮膚の下に酢のような刺激性のある化学物質を注入されると、魚は刺激から逃れようとして水槽の砂利に体を擦りつける。食欲をなくし、注意力が損なわれて見慣れない物体を避けようともしない。ところが、モルヒネのような鎮痛剤を投与されると、このような反応はなくなる。魚は痛みも避けようとするし、それは侵害受容システムから予期される反射のような反応にとどまらない。魚たちは痛みを伴う刺激と出遭った場所を覚えていて、その場所を避ける。浜ガニに当てはめたのと同じ理屈を使うと、不快な刺激が記憶されたのだから、その刺激は感じられたに違いないと、ここでは考えられる。これや他の研究のおかげで、魚はたしかに痛みを感じるというのが、今では一致した見方となっている[36]。

　読者のみなさんはきっと、この結論に至るのになぜこれほど時間がかかったのかと疑問に思っているだろうが、これに似た、なおさら不可解なケースがある。科学はとんでもなく長い間、人間の赤ん坊についても同じように感じていた。赤ん坊は人間未満の生き物であり、「でたらめな音」を発し、微笑むのはただ「おなら」が出たからで、痛みを感じることができないと考えられていたのだ。科学者が人間の乳児に対して、針、お湯や水、頭の拘束具などを使った拷問のような実験を大真面目で行ない、乳児は何も感じないことを実証しようとした。赤ん坊の反応は情動を伴わない反射だと考えられていた。そのため医師は、痛みを軽減する麻酔の助けも借りずに包皮切除や切開手術などを行なって、日常的に赤ん坊を傷つけた。唯一、筋弛緩剤《きんしかんざい》のクラーレは与えて、自分たちの行為に乳児が抵抗するのを都合良く防いだ。医療処置がようやく変わったのは、一九八〇年代に、赤ん坊が顔をしかめたり泣いたりして十分に発達した疼痛《とうつう》反応を示すことが明らかになってからだった。今日このような実験について読むと、信じ難い気持ちがする。赤ん坊の疼痛反応にもっと早く気づけなかったのだろうかと、首を傾げたくなる[37]！

したがって、痛みに対する科学界の懐疑的な態度は、動物にだけでなく、話すことのできないあらゆる生き物に当てはまる。まるで科学は、「それをされたとき、激痛を感じました！」というように、はっきりした言葉を伴うときだけ、感情に関心を示すかのようだ。言葉をこれほど重要視するのは本当に馬鹿げている。そのせいで、言葉を伴わない痛みと意識に関して一世紀以上もの間、不可知論が支持され続けたのだ。

透明性

動物の知能と情動に関する研究は、研究自体に反対する主張を生むという皮肉な結果をもたらした。私の研究成果も、逆に、怒りに満ちた非難を招くことがある。魚に酢を注入したり、サルに認知的課題をやらせたり、イルカを飼育下に置いたりするべきなのか？　さらには、ペットを家で飼うことさえ、するべきなのか？　動物は当然賢く、人間のような情動があるのだから、行動学的研究は不要だ、と主張する人もいる。そんなことは誰もが知っているのだから！　と。残念ながらこれには同意しかねる。本当にみんなが知っていたなら、私たちはその考えを受け容れてもらうためにこれほど必死に闘わずに済んだだろう。長いこと動物が、有意義な感覚も情動もない、口の利けない自動機械とされてきたことを忘れないでほしい。「誰もが知っている」という主張は通用しないのだ。

人間が永続的に動物と距離を置き、接触したり動物の能力を調べたりすることがまったくなかったら、動物についてほとんどわからず、おそらく関心も持たないだろう。私たちは、自分とかかわりのないものを気にかけることはめったにない。したがって、大勢の人が家にペットとして動物を飼い、繰り返し動物園や自然保護区に行って、動物を間近で見ているという事実は、自分たちの仲間の種との関係に多大な好影響を与えていると、私は固く信じている。多くの都市生活者はますます自然と疎遠になり、生き延びることの厳しい現実とかけ離れた、ディズニーの世界のような視点を持っている。動物といっしょに過ごせば、私たちの認識は大きく変わり、動物のことをもっと知りたくなったり、保護に関心を持ったりするようになる。何クラスもの児童・生徒が動物園を駆け回り、先生の作った質問表に書き込んでいる様子を目にすると、楽観的になる。熱心で知識欲にあふれているのが見て取れるからだ。これがようするに、進化生物学者のE・O・ウィルソンが「バイオフィリア（生命愛）」と表現したものだ。つまり、人間は本能的に自然や他の動物と結びついているのだ。人間には、一つには楽しみのため、もう一つには生存のために動物と密接にかかわり合ってきた長い歴史があり、それを放棄するのは、動物にとっても人間にとっても必ずしも良いこととは言えない。きっと、動物はこれまで以上に冷遇されるだろう。

　動物が逃げ込める手つかずの生息地がまだ残っていたら、事情は違っていたかもしれないが、残念ながら私たちの暮らす世界には、もうそんな場所はない。動物の自由という考えそのものが疑問視されている。遠い昔に人間と接触することを求めて家畜化した種のなかには、人間にすっかり依存している者がいる。野生動物も、人間の近くで生きるか、少なくとも人間の保護下で生きるしか選択肢がないことも多い。多くの野生動物が、拡大し続ける都市の中で、生き残るための生態的地位《ニッチ》を苦心して切り拓かざるをえなかった。動物の進化のじつに多くが、人工の環境に適応するように方向転換している。北アメリカの都市に棲むコヨーテ（わが家の裏庭にもいる）や、今ではヨーロッパのさまざまな都市で何千羽という単位で大きな鳴き声を響かせている色鮮やかな熱帯産の鳥、ワカケホンセイインコなどがそうだ。都市に棲む動物は、新しい環境に適応しながら、実際に遺伝子プールを変化させている。[38] その一方で、本来の生息地を失い、人間の環境に適応できない動物は、非常に厳しい状況にある。その実例はいくらでも挙げられるが、悲しいことに、人間に最も近い親戚である類人猿がその筆頭だ。

それをこの上なく単刀直入に言うと、もし私が明日生まれるオランウータンで、ボルネオ島のジャングルでの暮らしと世界でも第一級の動物園での暮らしのどちらかを選べるとしたら、おそらくボルネオ島は選ばないだろう。焼き払われた森に残る最後の一本の小さな木に、幼いオランウータンたちがしがみついている気の滅入るような写真が私たちのもとに届く。生息地を失ったオランウータンが農場で栽培されている果物を食べようとすると、害獣として扱われて撃たれる。オランウータンであふれ返るインドネシアのサンクチュアリに行き着く者もいる。この大型類人猿の種は、質の良い食糧を必要とし、気軽に別の場所に移すわけにはいかない。しかも、他の場所でさえそのほとんどは環境が悪化し、規模も縮小している。オランウータンのためのリハビリテーション・センターは、私たちが提供できるかぎりの支援を必要としていることは明らかだが、私たちは深刻な類人猿「難民」の危機に直面しており、解決の望みはほとんどない。推定で一〇万頭のオランウータン（全頭数の約半分だ！）が、この二〇年でボルネオ島から姿を消している。深刻な絶滅の危機に瀕している他の種も、同様の問題に見舞われている。サイ（ケニアの平原を武装した護衛に伴われて移動している）、マウンテンゴリラ（野生のマウンテンゴリラは残り一〇〇〇頭に満たない）、カリフォルニアコンドル（飼育下繁殖プログラムによって絶滅寸前から恢復した）、コガシラネズミイルカ（カリフォルニア湾にまだ生息しているこの小さなネズミイルカは三〇頭を下回る）など、数え上げればきりがない。自然の生息地こそ野生動物にふさわしく、彼らが自由でいられる唯一の場所だと、私たちは理想化し続けることはできるが、生き残れなければ、自由に何の意味があるだろう？

実験用の動物に関しては、状況は変わりつつある。人間に似ている動物ほど、私たちの道徳観をその動物にまで拡げやすい。現在も続いている意識の変化の恩恵を真っ先に受けたのがチンパンジーだったのも、そのためだ。一九九九年に、ニュージーランドが大型類人猿を研究で使うことを禁止する法案を可決し、スペインではこれらの動物に法的権利を与える決議案が採択された。とはいえ、どちらの国もそれまで実際には類人猿の研究を行なっていなかった。そのため私は、あるスペインのジャーナリストに、あなたの国が闘牛を廃止したらもっと感銘を受けたのに、と言わずにはいられなかった。オランダと日本が同様の法律を通過させたときに、ようやく類人猿の境遇を改善する活動が効果を見せ始めた。というのもこの二国は、それまで行なってきたことを非合法としたからだ。両国政府は個体数の調整手段として安楽死を認めないことにしたので、研究所にいたチンパンジーの引き取り先を見つけるという、多額の費用がかかる事態に直面した。病気に感染しているチンパンジーもいたため、特別な予防措置や世話が必要だったのだ。二〇一三年にはアメリカが、生物医学研究で類人猿の使用を禁止するのではなく出資を打ち切るという方法（実質的には類人猿の使用の禁止に等しい）で、これらの国の仲間入りをした。

この決定には大賛成だ。私自身が実施している、体を傷つけない行動研究の類も制限されはしたが。私は長年、ルイジアナ州にあるチンプヘイヴンの理事をしている。チンプヘイヴンは、実験から引退したチンパンジーのための世界最大の施設だ。類人猿は全国の研究所や施設からやって来ると、堀で囲まれて森林に覆われた大きな島々に解放されて余生を過ごす。チンプヘイヴンは自然の生息地以外で想像しうる最高の環境を提供する。現在の需要を考慮して、私たちは新たな島々の準備に精力的に励んでいる。

今も実験に使われている動物や農産業で飼育されている動物については、私は透明性に期待を寄せている。動物とどうかかわっていくか、そしてどのような利用を許可するかを決めるのは社会だが、動物を表舞台に連れ出すことが絶対に欠かせない。多くの場所で何が起こっているのかを私たちはろくに知らず、そのせいで、何の問題もないかのように行動しやすくなっている。研究施設を開放的にさせたり、飼育場に動物の飼育方法を公開する義務を負わせたりする必要がある。理想を言えば、スーパーマーケットで売られている肉のパッケージにバーコードをつけ、独立機関が撮影した写真を購入者が自分のスマートフォンに呼び出して、動物の生育環境を自分で判断できるようにしてほしい。飼育されている動物のいる場所をすべて動物園と同じ程度まで公開したら、状況は急速に改善するだろう。世論の圧力と消費者の好みが効力を発揮するはずだ。

私は霊長類の施設で長年働いてきたから思うのだが、社会的な生活環境を提供できないかぎり霊長類はいっさい飼育してはならないとする法律を定めれば、何よりの前進になるだろう。一頭用のケージを連ねてマカクを入れている施設が相変わらずあまりにも多い。どんな研究を不可欠だと考えているにしても、最低限、その動物に提供するべきなのは社会生活だ。たしかに、そのような生活にはストレスがないわけではない。いやむしろ、騒ぎや喧嘩は日常茶飯事だ。だが、絆作りやグルーミングや遊びの機会もある。私はこれまでずっと、集団生活を送る霊長類に取り組んできたため、経験から、彼らが社会的環境で繁栄することを知っている。いさかいを起こそうが、グルーミングをしようが、彼らはいっしょに暮らすようにできている。これが霊長類にとっていかに大切かを示すエピソードがある。かつて、ヤーキーズ国立霊長類研究センターのフィールド・ステーションにある屋外の区画で、真新しいジャングルジムをチンパンジーたちにプレゼントした。これは巨大な木製の骨組みで、地上高くにロープと居場所が設置され、そこからは何キロメートルも先まで周りを見渡すことができる。私たちは数週間、コロニー全体を屋内に収容しておき、その間に汗水流してこのジャングルジムを屋外に組み立てた。私たちはその造りに得意になり過ぎてチンパンジーの反応が楽しみなあまり、コロニーを屋外へ解放したらチンパンジーたちがジャングルジムに駆け寄って眺めを堪能するだろうとばかり思っていた。だが、彼らは屋内にいる期間にあちこちの区画に分けられていたため、解放されたときには明らかに別のことが頭にあった。

　最初に起こったのは、情動に満ちあふれた大々的な再会だった。チンパンジーは新しい構造物にはほとんど目もくれず、お互いのことだけを見ながら興奮と喜びのフーティングをした。長い間会えなかった友人や家族に歩み寄ると、次から次へと触れたり、キスしたり、抱き締め合ったりした。彼らにとっては、大事な瞬間はきわめて社会的なものだった。新しいジャングルジムを調べるのは後回しにできた。私はあらためて教えられた。最適な居住環境を提供しようとするときにはいつも、社会生活が物理的条件よりも必ず大切なのだ。

　集団での飼育に反対する研究者に共通する主張は、特定の手順を踏むためには、それぞれの動物に日常的に近づけるようにしておく必要がある、というものだ。ところが、霊長類を群れから離れるように訓練するのは簡単であることを考えると、この主張は根拠に乏しい。名前を呼んで、扉を開けるだけでいいのだから。実際、多くの実験は、自発性に基づいて実施することができる。ただし、動物たちが楽しめるものであれば、だが。日本の京都大学霊長類研究所には屋外放飼場に小部屋があり、チンパンジーは自由にそこに入って、自分でコンピューター画面を操作することができる。好きなときにそこを離れることもできる。ビデオカメラもついているので、デジタルデータを見ている研究者は、それがどのチンパンジーのものなのかわかる。絶えず近づく必要などもうないのだ。ワイヤレス技術とマイクロチップの進歩によって、研究の最中も霊長類たちはなかば自由でいられるようになったから。たとえば、ヤーキーズ国立霊長類研究センターのフィールド・ステーションでは、アカゲザルはそれぞれおよそ一〇〇頭の集団を形成して、屋外の広大な囲いの中で生活している。少しばかりの独創性と技術的なノウハウがあれば、こうした状況でほぼあらゆる種類の研究ができる。理想的には、霊長類の施設は小さなケージと拘束用の椅子をすべて廃棄して、動物が仲間との暮らしを楽しんでいる間に生活機能をモニタリングするといい。このほうがサルたちのためになるし、より優れた科学的知識ももたらされるだろう。多くの場所で、科学者とＩＴ専門家が力を合わせてこの目標を達成しようとしている。施設をこの方向に進ませるには、透明性がカギになる。どこの霊長類センターも、報道機関と一般市民に扉を開き、現場での見学もウェブカメラによる生中継を通じての見学もできるようにするべきだ。私たち自身が社会的な霊長類なのだから、ほとんどの人は、どういう生活環境がサルに最適であるかを直感的に理解できる。

こうして私たちの議論は、センシェンスの話から、私たちの保護下にある動物をどのように扱うべきかに移ってきた。この移行は自然であり時期も良い。今や科学にも社会にも、動物は機械であるという見方を捨て去る機が熟しているからだ。この見方をとっているかぎり、誰も倫理を気にする必要がなかった。残念ながら、それもあって、この見方が人気を集めてきたのかもしれない。これに対して、もし動物がセンシェンスを持つ生き物であるなら、私たちには彼らの状況や苦しみを考慮する義務がある。これが私たちの現状だ。私たち行動科学者は、一刻も早くこの義務の履行に取りかかる必要がある。なぜなら、動物を利用しているからだけでなく（これだけでも理由として十分だが）、動物の知能と情動に対する認識の変化の最前線にいるからでもある。私たちは、動物に対する新しい評価を得ようと力を尽くしており、したがって、必要な変革を実施するのを手助けするべきだ。どんな状況が動物にとって有益か、あるいは有害かを具体的に知るための手段が私たちにはある。さまざまな環境の選択肢を用意して、動物がどれを選ぶかを確かめることができる。ニワトリはコンクリートの床と地面のどちらを選ぶだろう？　ブタは本当にぬかるみが好きなのか？　動物が身体的・精神的・社会的にどれだけ満足な状態にあるかは測定可能だし、その研究自体が科学の一分野になりつつある。これはもちろん、動物は何も感じないと私たちが相変わらず固く信じていたら起こりえなかったことだ。

CONCLUSION

第8章 結論

初期の動物行動学者は、魚類や鳥類や齧歯類を研究し、行動パターンの成り立ちを調べた。動きを止めてから逃げ出す、威嚇してから攻撃するというように、順を追って行動が見られるのであれば、おそらくそれらは同一の動機に基づいているのだろうと私たちは推論した。当時私は学生であり、私たちはこうした一群の行動（「行動体系」と呼ばれる）をもっぱら話題にし、手の込んだ図を描いて、動物たちがいかに行動に優先順位をつけるのかを示した。イトヨのオスがジグザグダンスをして、メスに巣の中に卵を産みつけさせるように、動物たちはそれぞれの体系内で行動を切り替えて目的を果たしていることに私たちは気づいた。行動体系という捉え方は明快で客観的だが、抜け落ちているものがあった。その根源にある動機はどこから来るのだろうか？　その動機とは何なのか？　私たちはそうした疑問について議論する際にはいつも慎重になって、情動にはいっさい触れないようにした。だが今振り返れば、多くの行動体系の根源はどうも恐れや怒りといった内面の状態であるように見えていた。

動物の行動の動機として他に選びえた当時の有力な説の数々を考えてみるなら、情動にまったく言及しないのはなおさら不可解だった。主流だった見方は、動物には本能があるというものだ。本能とは、特定の状況が引き金となって起こる一連の生得の行為、つまり、あらかじめプログラムされている単純な応答で、たとえば、ある種の状況にはそれに適応したある種の行為で応じるというものだ。とはいえ、このような応答の仕方は厄介なものに思える。なぜなら、それでは固定した行動にしかつながりえないので、変化しつつある状況の下では大惨事を招くだろうからだ。

動物のオスが、まるで機械のように、メスの姿が見えると反応し、自動的に性的に興奮し、求愛し、接近し、マウンティングするようにプログラムされているとしよう。ときには、これでうまくいくかもしれないが、目を向けた対象が頑として受け容れてくれなかったらどうだろうか？　嫉妬深い上位のオスが近くに居合わせていたら？　あるいは、折悪く捕食者がひょっこり現れたところを想像してほしい。応答が完全に自動化されていたら、そのオスが窮地に陥りかねないことは明らかだ。もう科学者が本能についてめったに語らないのは、本能にはあまりに柔軟性がなさ過ぎるからだ。

私たちは本能ではなく情動の観点に立ち、交尾の相手として魅力的なメスの姿が見えたら、強い欲望が湧き起こるとともに、状況の慎重な評価も促されると考える。そうした欲望は、そのオスを駆り立て、望みうる最善の結果を追い求めさせる。他の情動も同じで、たとえば捕食者に向き合うときや、子供を守ろうとするとき、階層制の中でより高い地位を得ようと努力するとき、他者と同じ食べ物に興味があるときなどがそうだ。こうした状況では必ず情動が生まれ、その核心にはたいてい、その生き物にとっての最高の利益がある。だが、情動は単に体と心に下準備をさせるだけだ。何一つ具体的な行動をとるように命じるわけではない。動きを止めるほうが逃げ出すよりもいいときもあれば、食べ物を分け合うほうが喧嘩をするよりも多くをもたらすときもあるし、交尾の前に相手を隠れた場所に導く必要があるときも出てくる。情動のおかげで、こうした柔軟な対応が可能になる。

人工知能の分野ではこの利点が認められている。だからロボットに「情動」を持たせる試みがなされているのだ。一つには、人間との交流をしやすくするためだが、ロボットの行動のために論理アーキテクチャを与えることもまた、その目的だ。情動には、対象に注意を向けさせ、出来事を記憶に残るものにし、環境への関与に備えるという強みがある。情動は行動を組み立てる方法として、機械が出合うだろう状況の一つひとつのために個別の指示を与えるというやり方よりも優れている。科学者は、情動を基盤とするロボットをプログラムするとき、興味深い定義を考え出す。たとえば「現状に何も問題がなければ、ロボットは『幸せ』だ。動力をたくさん使っていたり、新たなエネルギーを得ている最中だったりすれば、とくに幸せになる[1]」のように。ロボットの情動を扱うのは「アフェクティブ・コンピューティング」と呼ばれる分野で、それがしだいに盛んになってきていることを考えると、ものに行動志向の内部の状態を持たせるのが、行動をまとめ上げる最善の方法であることが窺える。それこそまさに、進化が私たちに対してしたことだ。行動志向の内面の状態によって私たちは機能するのだし、ほとんどの動物も機能する。私たちは根っからの情動的存在なのだ[2]。

私にしてみれば、これまでずっと疑問に思えたのは、動物には情動があるかどうかではけっしてなく、どうして科学はこれほど長きにわたって情動を無視してこられたのか、だ。もともとは無視したりはしていなかった。ダーウィンの先駆的な著書を思い出してほしい。だが、最近では科学は間違いなくそうしてきた。これほど明らかなものを、私たちがわざわざ否定したり嘲笑したりしたのはなぜか？　それは言うまでもなく、私たちが情動を感情と結びつけるからで、両者の結びつきは、私たちの種においてさえ扱いにくいことで有名なテーマだ。感情が生まれるのは、情動が表面に湧き出てきて私たちがそれを自覚したときだ。私たちは情動を意識すると、それを言葉で表現し、他者にも知らせることができる。彼らは私たちの顔に表れた情動を見て取るが、感情は私たちが発した言葉から察する。私たちが「幸せ」だと言えば、人はそれを信じるが、もちろん、私たちが幸せでないことを彼らが自らの目で確かめられれば話は別だ。人間の夫婦の場合、まるで幸せであるかのように振る舞いながらも、その一か月後に離婚することがある。二人に近い人たちはたぶんわかっていただろう。もしもそうでないなら、どうしてまた兆候を見逃していたのかと呆れるだろう。私たちは語られた感情と見て取れる情動とを切り分けるのが得意で、たいていは感情よりも情動を信じる。

　世の中には頑迷な科学者がたくさんいて、彼らは、動物も私たちと同じように情動を経験するという可能性を考えると不快になる。一つには、どんな動物もいっさい感情を報告しないから、そして一つには、感情の存在は一定の水準の意識が存在することを前提とするが、それらの科学者は、そのような意識の存在を動物に認めたがらないからだ。だが、動物が私たちとじつによく似た行動をとり、共通の生理的反応を示し、同じ表情を見せ、同種の脳を持っていることを考えれば、動物の内面の経験がまったく違うほうが変ではないだろうか？　言語はこの問いに関係ないし、大脳皮質の大きさは違いを提唱する理由にはとうていならない。神経科学は、感情は大脳皮質で生じるという考え方をずいぶん前に捨てた。感情は、脳のずっと奥深くの、体と密接につながっている部位から生じる。感情は風変わりな副産物などではなく、情動にとって不可欠な一部分である可能性さえある。感情と情動は切り離せないのかもしれない。何と言おうと、生き物はどの情動に従えばいいのか、どの情動を抑圧したり無視したりすればいいのか、選別する必要がある。自分の情動を自覚するのが情動を管理する最善の方法だとすれば、感情は情動の要だ。私たちにとってだけでなく、すべての生き物にとって。

だが今のところ、これはどれも推測の域を出ない。それは確かだ。感情は情動よりも、科学によって探究しにくいのは明らかだから。他の種の、個々の生き物の内的な経験を測定できる日が来るかもしれないが、当面は目に見える外的なもので満足するしかない。この点では、私たちは進歩し始めており、情動の科学が動物行動研究の次の最先端領域になると私は予想している。私たちは、ありとあらゆる種類の新しい認知能力を次々に発見する段階まで来ているが、情動がなければ認知機能に何の意味があるのか、と問う必要がある。情動は、私たちの人生においても、あらゆるものに意味を与え、認知機能のおおもととなる。情動の周辺を恐る恐るうろつくのをやめ、すべての動物がどれほど情動に衝き動かされているのかという疑問に、真正面から向かい合う時が来たのだ。

謝辞

霊長類学者としての私の関心の中心を社会的領域が占めていたため、研究の背景にはいつも情動があった。情動が、霊長類の政治や争い事の解決、絆作り、公平さの感覚、協力に不可欠であることは否定のしようがない。私は自発的な社会的行動の観察者として出発したが、けっきょくは顔認識や他者の状況への共感などの心的能力をテストすることになった。したがって、以前にまして明確に情動へと邁進する時が来た。そして生まれたのが本書だ。私はこの『ママ、最後の抱擁』を、前作『動物の賢さがわかるほど人間は賢いのか』の姉妹篇と見なしている。『動物の賢さがわかるほど人間は賢いのか』は、全篇を通じて動物の知能がテーマだ。この二冊は一方が情動を、もう一方が認知を扱っているが、実生活では両者は完全に融合している。

幸運なことに、私はユトレヒト大学で霊長類の表情の専門家であるヤン・ファン・ホーフの教えを受けた。顔は心の窓である以上、表情を論じるときに情動について触れないわけにはいかない。人間の場合も、情動の研究は顔から始まった。その結果、私は早い段階で動物の情動というテーマに対しても違和感を覚えなくなった。たいていの研究者が、依然としてその話題を避けようとしていた頃のことだ。

研究者仲間や研究協力者から学生やポスドクまで、この探究の旅で私に同行してくれた多くの人々に感謝する。ここ数年に絞って言えば、サラ・ブロスナン、サラ・カルカット、マシュー・キャンベル、デヴィン・カーター、ザナ・クレイ、ティム・エプリー、ケイティ・ホール、ヴィクトリア・ホーナー、リサ・パー、ジョシュア・プロトニック、ステファニー・プレストン、ダービー・プロクター、テレサ・ロメロ、マリーニ・サチャック、ジュリア・ヴァツェク、クリスティーン・ウェブだ。本書の各部を手伝ってくれたヴィクトリア・ブレイスウェイト、ヤン・ファン・ホーフ、ハリー・カニマン、デズモンド・モリス、クリスティーン・ウェブにお礼を申し上げる。研究を行なう機会を与えてくれたバーガース動物園、ヤーキーズ国立霊長類研究センター、キンサシャ郊外のロラ・ヤ・ボノボ・サンクチュアリに、そしてこのような研究を可能にする学究環境とインフラを提供してくれたエモリー大学とユトレヒト大学に謝意を表したい。私の人生にかかわり、それを豊かにしてくれた多くのサルや類人猿のことを思うと、いつもいとおしさで胸がいっぱいになる。なかでも一番は、もちろんママで、本書の中心的存在であり、今は亡きこのアルファメスに、私は強烈な感銘を受けた。

エージェントのミシェル・テスラーと、ノートン社の編集者ジョン・グラスマンにもお世話になった。二人は原稿を熱心に、そして厳しい目で読み込んでくれた。妻のカトリーヌは、いつもそばにいて私を支え、甘やかし、私の日々の執筆を文体の面で助けてくれる。私たちの互いへの愛情と友情ほど素晴らしく感じられるものはない。おまけにそこから、私は人間の情動について多くの教訓をじかに享受してこられたのだ。

訳者あとがき

『ママ、最後の抱擁――わたしたちに動物の情動がわかるのか』という本書の題は、著者とごく親しかったママという名の年老いたメスのチンパンジーと著者の恩師との抱擁《ハグ》に由来する。この題からも想像がつくとおり、それは感動に満ちた場面であり（www.youtube.com/watch?v=INa-oOAexno でその様子の短い動画をぜひご覧いただきたい）、そこに見られる心と体の変化、すなわち情動が、本書のテーマとなる（著者による情動の詳しい定義は、本文一一五ページを参照のこと）。

本書は、*Mama's Last Hug: Animal Emotions and What They Tell Us about Ourselves* の全訳で、前作『動物の賢さがわかるほど人間は賢いのか』の姉妹篇という位置付けだ。前者は情動を、後者は知能（認知）を扱っているが、「実生活では両者は完全に融合して」おり、「情動は……あらゆるものに意味を与え、認知機能のおおもと」であるというのが著者の見解だから、この二作は姉妹篇と呼ぶのがまさにふさわしい。

外部からは観察しえない「内面の主観的状態」である感情とは違い、「身体的・心的状態」である情動は行動を促す。したがって、霊長類学者として動物の行動を観察してきた著者の関心が、行動の背景にある情動に向かったのはごく自然なことだろう。そして、著者は本書を通して、さまざまな情動を取り上げ、「情動が、霊長類の政治や争い事の解決、絆作り、公平さの感覚、協力」などの行動に「不可欠」であることを示していく。

さて、情動が表れる行動のうち、本書でとくに注目しているのが争い事の解決、いわゆる「仲直り（和解行動）」だ。一九八二年刊の第一作 *Chimpanzee Politics*（邦訳は『チンパンジーの政治学――猿の権力と性』他）で若くして一躍世界的に有名になった著者は、アメリカ下院議長だった共和党の大物政治家ニュート・ギングリッチが以前、この作品を新人議員に推薦したことに、前作と本作で触れている。著名人に推薦されれば、普通なら名誉であり誇らしくもあるのだろうが、この場合に限っては、著者は複雑な思いだったのではないか。なぜなら、アルファオス（最上位のオス）の座を巡るマキアヴェリ的な権力闘争ばかりが注目され、「アルファとはただの勝者ではなく、周りの人間をみな徹底的に叩きのめし、彼らに毎日誰が勝者かを思い知らせる者」という偏った見方を広めるのを助長してしまった嫌いがあるからだ。

著者の見るところでは、「たいていのアルファオスは、弱い者を守り、平和を保ち、苦しむ者を元気づけ」、「最終的な仲裁者であり、調和を取り戻すことに余念がない」。著者としては、自作を推薦されるのなら、こちらの面の研究成果に光を当てるかたちであってほしいのではないか。実際、本書と前作、さらにその前の二作（『道徳性の起源』『共感の時代へ』）の題を見ただけで、著者がどちらの方向に進んでいるかは明らかだろう。本作がママという究極の調停者だったアルファメスを主役として登場させたこと、そして、チンパンジーと同じぐらい人類に近く、メスによる集団的支配を行ない、暴力は稀で最も共感的な類人猿であるボノボにもかなりの分量を割いていることは、けっして偶然とは思えない。

霊長類の行動研究の第一人者と目される著者を支えているのが、プロローグのエピソードでも面白おかしく語られている、生来の卓越した観察力だ。著者に言わせると、観察の極意は、パターンを認識するとともに状況全体に注意を払うことだそうだ。当然、それはバランスのとれた見方につながり、偏りに気づき、それを正すきっかけとなる。本書は、文化や社会、研究者も含めた無数の人々がこれまで抱きがちだった多くの偏見を明らかにしてくれる。知性の重視／情動の軽視、理論の重視／観察の軽視、科学と理性の重視／共感と情動の軽視、言語の重視／非言語の軽視、男性の重視／女性の軽視、チンパンジーの重視／ボノボの軽視、文化・文明を偏重し、自然状態は争いとする見方、ホモ・エコノミクスという虚像、杓子定規の倫理や、人道的な拠り所を欠いた科学と理性の危うさ、情動の負の面など、枚挙の暇がない。

もちろん著者も人の子。主張や批判に偏りがあったとしても不思議はない。実際、書きぶりからは、著者なりの偏りの気配が感じ取れなくもない。それでも、全体として見れば、長年の研究に裏打ちされた見識は、そうした偏りを補って余りあるだろう。

冒頭で紹介した動画と併せて、衰弱した状態で救出されたチンパンジーが恢復して森に放たれる前に恩人たちを抱き締める、心温まる動画（http://news.janegoodall.org/2017/11/21/tchimpounga-chimpanzee-of-the-month-wounda/）や、課題への報酬で差をつけられたオマキザルが不公平に激怒する、抱腹絶倒の動画（www.youtube.com/watch?v=meiU6TxysCg）を見れば、情動に関する著者の主張の確かさが、ありありと窺われる。人間だけが特別ではなく、動物との連続性があることは明らかで、情動の存在は疑いようがない。そして、この共通した情動の連なりに伴って、仲直りや、共感、協力といった特質が存在しているのだとすれば、心強い。長い進化の歴史の中で自分たちにとって自然なものとして育まれてきた特質なのだから。自らの出自を振り返り、本質的な部分を見分け、そのなかの長所を活かし、短所を抑えることこそが、本当の叡智だろう。それができなければ、ホモ・サピエンス（賢い人間）の名が廃《すた》るとしか言いようがない。

　強権や独裁、分断や対立が目立つ今の時代にあって、本書はなおさら示唆に富んだ作品になっている。適者生存という言葉があるが、著者が本書で引用している問いが胸に突き刺さる。著者の作品ではもうお馴染みの、ロシアの革命家にして生物学者ピョートル・クロポトキンが一〇〇年以上前に発した問いだ。「適者とは誰か？　絶えず互いに争っている者たちか、それとも、互いに支え合う者たちか？」

　クロポトキンや著者の頭の中では当然、「者」というのは人間と社会的な動物に等しく当てはまる。そして著者は、第七章を見ればとりわけよくわかるように、動物たちの現状をおおいに憂えており、動物の保護や権利の擁護に心を砕いている。動物の幸せは、人間の幸せと切り離せない。動物に対する態度を変えられれば、自ずと同じ人間の他者に対する態度も変えられるはずだ。動物に共感的な目を向けられる社会は、人間にも共感的な目を向けられる社会であり、その逆もまた真なのだ。

最後になったが、簡単ながら謝辞を。今回も版権の交渉にあたり、翻訳を任せてくださった紀伊國屋書店出版部の和泉仁士さん、前作に続いて編集全般を手掛けてくださった同出版部の塩野綾子さん、デザイナーの芦澤泰偉さんと五十嵐徹さんをはじめ、刊行までにお世話になった大勢の方々に、心から感謝申し上げる。

二〇二〇年八月

柴田裕之

32. Peter van Leeuwen et al. (2009).
33. Jaak Panksepp (2005), p. 31.
34. Ajay Mathuru et al. (2012).
35. Julian Pittman and Angelo Piato (2017).
36. Victoria Braithwaite (2010); Lynne Sneddon (2003); Sneddon, Braithwaite, and Michael Gentle (2003).
37. David Chamberlain (1991).
38. Menno Schilthuizen (2018).

第8章　結論

1. Sandra Gadanho and John Hallam (2001), p. 50.
2. Michael Arbib and Jean Marc Fellous (2004).

39. Kathrin Wagner et al. (2015).

第7章　感覚性

1. Franz Kafka (1917). *A Report to an Academy*. www.kafka.org
2. Joshua Plotnik, Diana Reiss, and Frans de Waal (2006).
3. Suzana Herculano-Houzel et al. (2014).
4. Martha Nussbaum (2001); Mark Rowlands (2009); Peter Godfrey-Smith (2016); Kristin Andrews and Jacob Beck (2018).
5. Craig Stanford (2001).
6. Loren Cordain et al. (2000).
7. Richard Wrangham (2009); Suzana Herculano-Houzel (2016).
8. https://faunalytics.org/wp-content/uploads/2015/06/Faunalytics_Current-Former-Vegetarians_Full-Report.pdf
9. James Shapiro (2011), p. 143.
10. Antonio Damasio (1999), p. 138.
11. Heidi Appel and Rex Cocroft (2014).
12. Ken Yokawa et al. (2017).
13. Barry Magee and Robert Elwood (2013).
14. キメラのセンシェンスについては、www.inverse.com/article/26995 を参照のこと。
15. Kristin Hillman and David Bilkey (2010); Thomas Hills and Stephen Butterfill (2015).
16. David Premack and Ann Premack (1994).
17. Josep Call (2004).
18. Stanislas Dehaene and Lionel Naccache (2001).
19. John Garcia et al. (1955).
20. Danielle Panoz-Brown et al. (2018).
21. Karline Janmaat et al. (2014).
22. Nicola Clayton and Anthony Dickinson (1998).
23. David Smith et al. (1995).
24. Robert Hampton (2001).
25. Lisa Feldman Barrett (2016).
26. Lauri Nummenmaa et al. (2014).
27. Jaak Panksepp (1998).
28. John B. Watson (1913).
29. William James (1890), p. 148.
30. Kenneth Miller (2018) のカバーの宣伝文。
31. René Descartes (1633), p. 108.

6. Lee Dugatkin (2011).
7. Richard Easterlin (1974).
8. 10年後、私たちはこの実験を録画し、その動画はインターネット上でたちまち大人気を博し、1億回以上も視聴されてきた。私たちが使った試験用ケージを見て、サルたちがいつもこのような状態で暮らしていると思い込み、非難の声を上げる人もいた。実際には、毎回サルたちは30分ほどこのケージにいただけで、そのあと群れに戻っている。
www.youtube.com/watch?v=meiU6TxysCg
9. Sarah Brosnan and Frans de Waal (2003b, 2014).
10. evonomics.com/scientists-discover-what-economists-never-found-humans
11. Friederike Range et al. (2008), Jennifer Essler et al. (2017).
12. Irene Pepperberg (2008), p. 153.
13. Sue Savage-Rumbaugh, 著者によるインタビュー。de Waal (1997), p. 41.
14. Rachel Sherman (2017).
15. Michael Alvard (2004).
16. Darby Proctor et al. (2013).
17. John Rawls (1972), p. 530.
18. Helmut Schoeck (1987), George Walsh (1992) も参照のこと。
19. Christophe Boesch (1994).
20. Richard Wilkinson (2001).
21. Ernst Haeckel (1884), p. 238.
22. Harry Frankfurt (1971).
23. Harry Frankfurt (1971), p. 17.
24. Harry Frankfurt (2005), p. 63.
25. Carel van Schaik et al. (2013).
26. Michael Beran (2002).
27. Adrienne Koepke, Suzanne Gray, and Irene Pepperberg (2015).
28. Ted Evans and Michael Beran (2007).
29. Cécile Fruteau, Eric van Damme, and Ronald Noë (2013).
30. Winthrop and Luella Kellogg (1933).
31. Roy Baumeister (2008), p. 16.
32. Tomoko Sakai et al. (2012).
33. Suzana Herculano-Houzel (2009); Robert Barton and Chris Venditti (2013).
34. Jim Coan, Hillary Schaefer, and Richard Davidson (2006); Pavel Goldstein et al. (2018).
35. Marlise Hofer et al. (2018).
36. Zanna Clay and Frans de Waal (2013).
37. Nim Tottenham et al. (2010).
38. www.bbc.com/news/magazine-22987447

40. Jane Goodall (1986b).
41. James Anderson et al. (2017).
42. Andrew Ortony and Terence Turner (1990); Liah Greenfeld (2013).
43. Piera Filippi et al. (2017).
44. Robert Sapolsky (2017), p. 569.

第5章　権力への意志

1. *Mother Jones*, March 3, 2016.
2. Mauk Mulder (1977).
3. Ina Fried (September 5, 2005), *CNET News*.
4. Muzafer Sherif et al. (1954).
5. Jane Goodall (1990).
6. Toshisada Nishida (1996).
7. Jill Pruetz (2017).
8. Laurence Gesquiere et al. (2011).
9. Winston Churchill (1924).
10. Coren Apicella et al. (2012).
11. Richard Wrangham and Dale Peterson (1996), p. 63.
12. Michael Wilson et al. (2014).
13. Barbara Fruth and Gottfried Hohmann (2018).
14. Jingzhi Tan, Dan Ariely, and Brian Hare (2017).
15. James Rilling (2011).
16. Douglas Fry (2013).
17. John Horgan (2014).
18. Takeshi Furuichi (1997, 2011).
19. Takayoshi Kano (1992).
20. Nahoko Tokuyama and Takeshi Furuichi (2017).
21. Takeshi Furuichi (1997).
22. www.cnn.com/2016/01/12/europe/putin-merkel-scared-dog

第6章　情動的知能

1. Antonio Damasio (1994), p. 49-50.
2. www.sacred-texts.com/chr/thomas.htm
3. Mark O'Connell (2015), Alan Jasanoff (2018).
4. Daniel Goleman (1995), Peter Salovey et al. (2003).
5. Pyotr Kropotkin (1902), p. 6.

5. Frans de Waal (1997a).
6. James Henry Leuba (1928), p. 102.
7. 同上。http://news.janegoodall.org/2017/11/21/tchimpounga-chimpanzee-of-the-month-wounda/
8. Edvard Westermarck (1908), p. 38.
9. Malini Suchak and Frans de Waal (2012).
10. Frans de Waal and Lesleigh Luttrell (1988).
11. David Chester and Nathan DeWall (2017).
12. Filippo Aureli et al. (1992).
13. Julia Sliwa and Winrich Freiwald (2017).
14. Mathias Osvath and Helena Osvath (2008).
15. Otto Tinklepaugh (1928).
16. Adam Smith (1776), Chapter II, p. 14.
17. Kimberley Hockings et al. (2007).
18. Fany Brotcorne et al. (2017).
19. Michael Mendl, Oliver Burman, and Elizabeth Paul (2010).
20. Catherine Douglas et al. (2012).
21. Caitlin O'Connell (2015), p. 3.
22. Jessica Tracy (2016); Tracy and David Matsumoto (2008).
23. Jessica Tracy (2016), p. 91.
24. Paul Chen, Roman Carrasco, and Peter Ng (2017).
25. Abraham Maslow (1936).
26. Daniel Fessler (2004).
27. 後ろめたそうな犬のデンヴァー。www.youtube.com/watch?v=B8ISzf2pryI
28. Alexandra Horowitz (2009).
29. Konrad Lorenz (1960).
30. Christopher Coe and Leonard Rosenblum (1984), p. 51.
31. *Chimpanzee Politics* (de Waal, 1982), p. 92より。
32. June Tangney and Ronda Dearing (2002), Petra Michl et al. (2014).
33. Winthrop and Luella Kellogg (1933), p. 171.
34. Fausto Caruana et al. (2011).
35. Paul Rozin, Jonathan Haidt, and Clark McCauley (2000); Joshua Tybur, Debra Lieberman, and Vladas Griskevicius (2009).
36. Victoria Horner and Frans de Waal (2009).
37. Erica van de Waal, Christèle Borgeaud, and Andrew Whiten (2013).
38. Cécile Sarabian and Andrew MacIntosh (2015); Sarabian et al. (2018), and Valerie Curtis (2014).
39. Jane Goodall (1986a), p. 466.

20. Ivan Norscia and Elisabetta Palagi (2011).
21. Jeffrey Mogil (2015).
22. Michael Ghiselin (1974), p. 247.
23. Alan Sanfey et al. (2003).
24. Nadia Ladygina-Kohts (1935), p. 121.
25. Carolyn Zahn-Waxler and Marian Radke-Yarrow (1990).
26. Deborah Custance and Jennifer Mayer (2012).
27. Teresa Romero, Miguel Castellanos, and Frans de Waal (2010).
28. Joshua Plotnik and Frans de Waal (2014).
29. Marie Rosenkrantz Lindegaard et al. (2017).
30. Sarah Blaffer Hrdy (2009).
31. Patricia Churchland (2011).
32. Simon Baron-Cohen (2005).
33. Adam Smith (1759), p. 9.
34. James Burkett et al. (2016).
35. Tony Buchanan et al. (2012).
36. Lauren Wispé (1991).
37. Konrad Lorenz (1980).
38. Sarah Brosnan and Frans de Waal (2003a).
39. Koichiro Zamma (2002), p. 11.
40. Tania Singer et al. (2006).
41. Brian Hare and Suzy Kwetuenda (2010), Jinghzi Tan and Hare (2013).
42. Victoria Horner et al. (2011).
43. Ernst Fehr et al. (2008).
44. Shinya Yamamoto, Tatyana Humle, and Masayuki Tanaka (2012).
45. Roger Fouts (1997).
46. Martin Hoffman (1981), p. 133.
47. Inbal Ben-Ami Bartal, Jean Decety, and Peggy Mason (2011).
48. Nobuya Sato et al. (2015).
49. Inbal Ben-Ami Bartal et al. (2016).
50. Felix Warneken and Michael Tomasello (2014).

第4章　私たちを人間たらしめている情動

1. Kerstin Limbrecht-Ecklundt et al. (2013).
2. Joseph LeDoux (2014).
3. Disa Sauter, Oliver Le Guen, and Daniel Haun (2011).
4. Marcel Proust (1982), p. 425.

13. Michael Kraus and Teh-Way Chen (2013).
14. David McFarland (1987), p. 151.
15. Anne Burrows et al. (2006).
16. John Lahr (2000), p. 206.
17. Robert Provine (2000).
18. Marina Davila Ross, Susanne Menzler, and Elke Zimmermann (2007).
19. Raoul Schwing et al. (2017).
20. Nadia Ladygina-Kohts (1935).
21. Marc Bekoff (1972).
22. Jessica Flack, Lisa Jeannotte, and Frans de Waal (2004).
23. Richard Alexander (1986).
24. Jaak Panksepp and Jeff Burgdorf (2003), p. 535.
25. チンパンジーの母親が息子から石を巻き上げるところ。
    www.youtube.com/watch?v=jealP0egJ9k
26. Lisa Parr et al. (2005).

第3章　体から体へ

1. Marian Breland Bailey (1986), p. 107.
2. Nikolaus Troje (2002), 動画は以下を参照のこと。
   www.biomotionlab.ca/Demos/BMLwalker.html
3. Frans de Waal and Jennifer Pokorny (2008).
4. *The Correspondence of Charles Darwin*, vol. 2: *1837-1843*.
5. Blaise Pascal, *Pensées* (1669): "*Le cœur a ses raisons, que la raison ne connaît point.*"
6. Frans de Waal (2011), p. 194.
7. Daniel Vianna and Pascal Carrive (2005).
8. Lisa Parr (2001).
9. Sarah Calcutt et al. (2017).
10. Ulf Dimberg et al. (2000, 2011).
11. Simon Baron-Cohen (2005), p. 170.
12. David Neal and Tanya Chartrand (2011).
13. Leo Tolstoy (1904), p. 1.
14. Cat Hobaiter and Richard Byrne (2010).
15. Katy Payne (1998), p. 63.
16. Yasuo Nagasaka et al. (2013).
17. Susan Perry et al. (2003).
18. Annika Paukner et al. (2009).
19. Matthew Campbell and Frans de Waal (2011).

原注

プロローグ

1. B. F. Skinner (1953), p. 160.

第1章　ママの最後の抱擁

1. ママがヤン・フォン・ホーフをハグするところ。
www.youtube.com/watch?v=INa-oOAexno
2. Donald O. Hebb (1946), p. 88.
3. Tetsuro Matsuzawa (2011).
4. Otto Adang (1999), p. 116.
5. Bruce Springsteen (2016), p. 78.
6. Robert Yerkes (1941).
7. Steffen Foerster et al. (2016).
8. Barbara King (2013).
9. James Anderson et al. (2010), Dora Biro et al. (2010).
10. Inna Schneiderman et al. (2012), Dirk Scheele et al. (2012).
11. Larry Young & Brian Alexander (2012), Oliver Bosch et al. (2009).
12. Patricia McConnell (2005), p. 253.
13. Geza Teleki (1973).

第2章　心を覗く窓

1. Gregory Berns et al. (2013).
2. Paul Ekman (1998), p. 373.
3. Paul Ekman and Wallace Friesen (1971).
4. Irenäus Eibl-Eibesfeldt (1973).
5. Charles Darwin (1872), p. 219.
6. John van Wyhe and Peter Kjærgaard (2015), p. 56.
7. Charles Darwin (1872), p. 142.
8. Kathryn Finlayson et al. (2016), Dale Langford et al. (2010).
9. Matthijs Schilder et al. (1984), Jen Wathan et al. (2015), Mathilde Stomp et al. (2018).
10. Juliane Kaminski et al. (2017).
11. Jan van Hooff (1972).
12. Richard Andrew (1963).

Schuster.[『最後の日々――続・大統領の陰謀』上下巻、常盤新平訳、文春文庫、1980、他]

Wrangham, R. W. 2009. *Catching Fire: How Cooking Made Us Human*. New York: Basic Books.[『火の賜物――ヒトは料理で進化した』依田卓巳訳、NTT出版、2010]

Wrangham, R. W., and D. Peterson. 1996. *Demonic Males: Apes and the Evolution of Human Aggression*. Boston: Houghton Mifflin.[『男の凶暴性はどこからきたか』山下篤子訳、三田出版会、1998]

Yamamoto, S., T. Humle, and M. Tanaka. 2012. Chimpanzees' flexible targeted helping based on an understanding of conspecifics' goals. *Proceedings of the National Academy of Sciences USA* 109: 3588–92.

Yerkes, R. M. 1941. Conjugal contrasts among chimpanzees. *Journal of Abnormal and Social Psychology* 36: 175–99.

Yokawa, K., et al. 2017. Anaesthetics stop diverse plant organ movements, affect endocytic vesicle recycling and ROS homeostasis, and block action potentials in Venus flytraps. *Annals of Botany*: mcx155.

Young, L., and B. Alexander. 2012. *The Chemistry Between Us: Love, Sex, and the Science of Attraction*. New York: Current.[『性と愛の脳科学――新たな愛の物語』坪子理美訳、中央公論新社、2015]

Zahn-Waxler, C., and M. Radke-Yarrow. 1990. The origins of empathic concern. *Motivation and Emotion* 14: 107–30.

Zamma, K. 2002. A chimpanzee trifling with a squirrel: Pleasure derived from teasing? *Pan Africa News* 9: 9–11.

synthesis of human gait patterns. *Journal of Vision* 2: 371–87.

Tybur, J. M., D. Lieberman, and V. Griskevicius. 2009. Microbes, mating, and morality: Individual differences in three functional domains of disgust. *Journal of Personality and Social Psychology* 97: 103–22.

van de Waal, E., C. Borgeaud, and A. Whiten. 2013. Potent social learning and conformity shape a wild primate's foraging decisions. *Science* 340: 483–85.

van Hooff, J. A. R. A. M. 1972. A comparative approach to the phylogeny of laughter and smiling. In *Non-verbal Communication*, ed. R. Hinde, 209–241. Cambridge: Cambridge University Press.

van Leeuwen, P., et al. 2009. Influence of paced maternal breathing on fetalmaternal heart rate coordination. *Proceedings of the National Academy of Sciences USA* 106: 13661–66.

van Schaik, C. P., L. Damerius, and K. Isler. 2013. Wild orangutan males plan and communicate their travel direction one day in advance. *PLoS ONE* 8: e74896.

van Wyhe, J., P. C. Kjærgaard. 2015. Going the whole orang: Darwin, Wallace and the natural history of orangutans. *Studies in History and Philosophy of Biological and Biomedical Sciences* 51: 53–63.

Vianna, D. M., and P. Carrive. 2005. Changes in cutaneous and body temperature during and after conditioned fear to context in the rat. *European Journal of Neuroscience* 21: 2505–12.

Wagner, K., et al. 2015. Effects of mother versus artificial rearing during the first 12 weeks of life on challenge responses of dairy cows. *Applied Animal Behaviour Science* 164: 1–11.

Walsh, G. V. 1992. Rawls and envy. *Reason Papers* 17: 3–28.

Warneken, F., and M. Tomasello. 2014. Extrinsic rewards undermine altruistic tendencies in 20-month-olds. *Motivation Science* 1: 43–48.

Wathan, J., et al. 2015. EquiFACS: The Equine Facial Action Coding System. *PLoS ONE* 10: e0131738.

Watson, J. B. 1913. Psychology as the behaviorist views it. *Psychological Review* 20: 158–77.

Westermarck, E. 1912 [orig. 1908]. *The Origin and Development of the Moral Ideas*. Vol. 1. 2nd ed. London: Macmillan.

Wilkinson, R. 2001. *Mind the Gap*. New Haven, CT: Yale University Press. [『寿命を決める社会のオキテ』竹内久美子訳、新潮社、2004]

Wilson, M. L., et al. 2014. Lethal aggression in Pan is better explained by adaptive strategies than human impacts. *Nature* 513: 414–17.

Wispé, L. 1991. *The Psychology of Sympathy*. New York: Plenum.

Woodward, R., and C. Bernstein. 1976. *The Final Days*. New York: Simon and

2020、他]

Smith, J. D., J. Schull, J. Strote, K. McGee, R. Egnor, and L. Erb. 1995. The uncertain response in the bottlenosed dolphin (*Tursiops truncatus*). *Journal of Experimental Psychology: General* 124: 391–408.

Sneddon, L. U. 2003. Evidence for pain in fish: The use of morphine as an analgesic. *Applied Animal Behaviour Science* 83: 153–62.

Sneddon, L. U., V. A. Braithwaite, and M. J. Gentle. 2003. Do fishes have nociceptors? Evidence for the evolution of a vertebrate sensory system. *Proceedings of the Royal Society, London B* 270: 1115–21.

Springsteen, B. 2016. *Born to Run*. New York: Simon and Schuster.[『ボーン・トゥ・ラン——ブルース・スプリングスティーン自伝』上下巻、鈴木恵・加賀山卓朗 他訳、早川書房、2016]

Stanford, C. B. 2001. *Significant Others: The Ape-Human Continuum and the Quest for Human Nature*. New York: Basic Books.

Stomp, M., et al. 2018. An unexpected acoustic indicator of positive emotions in horses. *PLoS ONE* 13: e0197898.

Suchak, M., and F. B. M. de Waal. 2012. Monkeys benefit from reciprocity without the cognitive burden. *Proceedings of the National Academy of Sciences USA* 109: 15191–96.

Tan, J., and B. Hare. 2013. Bonobos share with strangers. *PloS ONE* 8: e51922.

Tan, J., D. Ariely, and B. Hare. 2017. Bonobos respond prosocially toward members of other groups. *Scientific Reports* 7: 14733.

Tangney, J., and R. Dearing. 2002. *Shame and Guilt*. New York: Guilford.

Teleki, G. 1973. Group response to the accidental death of a chimpanzee in Gombe National Park, Tanzania. *Folia primatologica* 20: 81–94.

Tinklepaugh, O. L. 1928. An experimental study of representative factors in monkeys. *Journal of Comparative Psychology* 8: 197–236.

Tokuyama, N., and T. Furuichi. 2017. Do friends help each other? Patterns of female coalition formation in wild bonobos at Wamba. *Animal Behaviour* 119: 27–35.

Tolstoy, L. 1975 [orig. 1904]. *The Lion and the Dog*. Moscow: Progress Publishers.

Tottenham, N., et al. 2010. Prolonged institutional rearing is associated with atypically large amygdala volume and difficulties in emotion regulation. *Developmental Science* 13: 46–61.

Tracy, J. 2016. *Take Pride: Why the Deadliest Sin Holds the Secret to Human Success*. New York: Houghton.

Tracy, J. L., and D. Matsumoto. 2008. The spontaneous expression of pride and shame: Evidence for biologically innate nonverbal displays. *Proceedings of the National Academy of Sciences USA* 105: 11655–60.

Troje, N. F. 2002. Decomposing biological motion: A framework for analysis and geohelminth infection in free-ranging macaques. *Biology Letters* 11: 20150757.

Sarabian, C., R. Belais, and A. J. J. MacIntosh. 2018. Feeding decisions under contamination risk in bonobos. *Philosophical Transactions of the Royal Society B* 373.

Sato, N., L. Tan, K. Tate, and M. Okada. 2015. Rats demonstrate helping behavior toward a soaked conspecific. *Animal Cognition* 18: 1039–47.

Sauter, D. A., O. LeGuen, and D. B. M. Haun. 2011. Categorical perception of emotional facial expressions does not require lexical categories. *Emotion* 11: 1479–83.

Scheele, D., et al. 2012. Oxytocin modulates social distance between males and females. *Journal of Neuroscience* 32: 16074–79.

Schilder, M. B. H., et al. 1984. A quantitative analysis of facial expression in the plains zebra. *Zeitschrift für Tierpsychologie* 66: 11–32.

Schilthuizen, M. 2018. *Darwin Comes to Town: How the Urban Jungle Drives Evolution*. New York: Picador.

Schneiderman, I., et al. 2012. Oxytocin during the initial stages of romantic attachment: Relations to couples' interactive reciprocity. *Psychoneuroendocrinology* 37: 1277–85.

Schoeck, H. 1987. *Envy: A Theory of Social Behaviour*. Indianapolis: Liberty Fund.

Schwing, R., X. J. Nelson, A. Wein, and S. Parsons. 2017. Positive emotional contagion in a New Zealand parrot. *Current Biology* 27: R213–R214.

Shapiro, J. A. 2011. *Evolution: A View from the 21st Century*. Upper Saddle River, NJ: FT Press Science.

Sherif, M., et al. 1954. *Experimental study of positive and negative intergroup attitudes between experimentally produced groups: Robbers' Cave Study*. Norman: University of Oklahoma Press.

Sherman, R. 2017. *Uneasy Street: The Anxieties of Affluence*. Princeton, NJ: Princeton University Press.

Singer, T., B. Seymour, J. P. O'Doherty, K. E. Stephan, R. J. Dolan, and C. D. Frith. 2006. Empathic neural responses are modulated by the perceived fairness of others. *Nature* 439: 466–69.

Skinner, B. F. 1965 [1953]. *Science and Human Behavior*. New York: Free Press. [『科学と人間行動』河合伊六 他訳、二瓶社、2003]

Sliwa, J., and W. A. Freiwald. 2017. A dedicated network for social interaction processing in the primate brain. *Science* 356: 745–49.

Smith, A. 1937 [orig. 1759]. *A Theory of Moral Sentiments*. New York: Modern Library. [『道徳感情論』村井章子・北川知子訳、日経BP社、2014、他]

———. 1982 [orig. 1776]. *An Inquiry into the Nature and Causes of the Wealth of Nations*. Indianapolis: Liberty Classics. [『国富論』上下巻、高哲男訳、講談社学術文庫、

elephant. *Proceedings of the National Academy of Sciences USA* 103: 17053–57.

Premack, D., and A. J. Premack. 1994. Levels of causal understanding in chimpanzees and children. *Cognition* 50: 347–62.

Proctor, D., R. A. Williamson, F. B. M. de Waal, and S. F. Brosnan. 2013. Chimpanzees play the Ultimatum Game. *Proceedings of the National Academy of Sciences USA* 110: 2070–75.

Proust, M. 1982. *Remembrance of Things Past*, 3 vols. New York: Vintage Press.［『失われた時を求めて1――スワン家のほうへI』吉川一義訳、岩波文庫、2010、他］

Provine, R. R. 2000. *Laughter: A Scientific Investigation*. New York: Viking.

Pruetz, J. D., et al. 2017. Intragroup lethal aggression in West African chimpanzees (*Pan troglodytes verus*): Inferred killing of a former alpha male at Fongoli, Senegal. *International Journal of Primatology* 38: 31–57.

Range, F., L. Horn, Z. Viranyi, and L. Huber. 2008. The absence of reward induces inequity aversion in dogs. *Proceedings of the National Academy of Sciences USA* 106: 340–45.

Rawls, J. 1972. *A Theory of Justice*. Oxford: Oxford University Press.［『正義論』川本隆史・福間聡・神島裕子訳、紀伊國屋書店、2010、他］

Rilling, J. K., et al. 2011. Differences between chimpanzees and bonobos in neural systems supporting social cognition. *Social Cognitive and Affective Neuroscience* 7: 369–79.

Romero, T., M. A. Castellanos, and F. B. M. de Waal. 2010. Consolation as possible expression of sympathetic concern among chimpanzees. *Proceedings of the National Academy of Sciences* 107: 12110–15.

Rowlands, M. 2009. *The Philosopher and the Wolf: Lessons from the Wild on Love, Death and Happiness*. New York: Pegasus.［『哲学者とオオカミ』今泉みね子訳、白水社、2010］

Rozin, P., J. Haidt, and C. McCauley. 2000. Disgust. In *Handbook of Emotions*, ed. M. Lewis and S. M. Haviland-Jones, 637–53. New York: Guilford.

Sakai, T. et al. 2012. Fetal brain development in chimpanzees versus humans. *Current Biology* 22: R791–R792.

Salovey, P., M. Kokkonen, P. N. Lopes, and J. D. Mayer. 2003. Emotional intelligence. In *Feelings and Emotions: The Amsterdam Symposium*, eds. T. Manstead, N. Frijda, and A. Fischer, 321–340. Cambridge: Cambridge University Press.

Sanfey, A. G., J. K. Rilling, J. A. Aronson, L. E. Nystrom, and J. D. Cohen. 2003. The neural basis of economic decision-making in the ultimatum game. *Science* 300: 1755–58.

Sapolsky, R. M. 2017. *Behave: The Biology of Humans at Our Best and Worst*. New York: Penguin.

Sarabian, C., and A. J. J. MacIntosh. 2015. Hygienic tendencies correlate with low

Journals of Gerontology, Series B: Psychological Sciences and Social Sciences 68: 168–75.

O'Connell, C. 2015. *Elephant Don: The Politics of a Pachyderm Posse*. Chicago: University of Chicago Press.

O'Connell, M. 2017. *To Be a Machine*. London: Granta.

Ortony, A., and T. J. Turner. 1990. What's basic about basic emotions? *Psychological Review* 97: 315–31.

Osvath, M., and H. Osvath. 2008. Chimpanzee (*Pan troglodytes*) and orangutan (*Pongo abelii*) forethought: Self-control and pre-experience in the face of future tool use. *Animal Cognition* 11: 661–74.

Panksepp, J. 1998. *Affective Neuroscience: The Foundations of Human and Animal Emotions*. New York: Oxford University Press.

———. 2005. Affective consciousness: Core emotional feelings in animals and humans. *Consciousness and Cognition* 14: 30–80.

Panksepp, J., and Burgdorf, J. 2003. "Laughing" rats and the evolutionary antecedents of human joy? *Physiology and Behavior* 79: 533–47.

Panoz-Brown, D., et al. 2018. Replay of episodic memories in the rat. *Current Biology* 28: 1–7.

Parr, L. A. 2001. Cognitive and physiological markers of emotional awareness in chimpanzees (*Pan troglodytes*). *Animal Cognition* 4: 223–29.

Parr, L. A., M. Cohen, and F. B. M. de Waal. 2005. Influence of social context on the use of blended and graded facial displays in chimpanzees. *International Journal of Primatology* 26: 73–103.

Paukner, A., S. J. Suomi, E. Visalberghi, and P. F. Ferrari. 2009. Capuchin monkeys display affiliation toward humans who imitate them. *Science* 325: 880–83.

Payne, K. 1998. *Silent Thunder: In the Presence of Elephants*. New York: Simon and Schuster.

Pepperberg, I. M. 2008. *Alex and Me*. New York: Collins. [『アレックスと私』佐柳信男訳、幻冬舎、2010]

Perry, S., et al. 2003. Social conventions in wild white-faced capuchin monkeys: Evidence for traditions in a neotropical primate. *Current Anthropology* 44: 241–68.

Pinker, S. 2011. *The Better Angels of Our Nature: Why Violence Has Declined*. New York: Viking. [『暴力の人類史』上下巻、幾島幸子・塩原通緒訳、青土社、2015]

Pittman, J., and A. Piato. 2017. Developing zebrafish depression-related models. In *The Rights and Wrongs of Zebrafish: Behavioral Phenotyping of Zebrafish*, ed. A. V. Kalueff, 33–43. Cham: Springer.

Plotnik, J. M., and F. B. M. de Waal. 2014. Asian elephants (*Elephas maximus*) reassure others in distress. *PeerJ* 2: e278.

Plotnik, J. M., F. B. M. de Waal, and D. Reiss. 2006. Self-recognition in an Asian

Masson, J. M., and S. McCarthy. 1995. *When Elephants Weep: The Emotional Lives of Animals*. New York: Delacorte.［『ゾウがすすり泣くとき――動物たちの豊かな感情世界』小梨直訳、河出文庫、2010、他］

Mathuru, A. S., et al. 2012. Chondroitin fragments are odorants that trigger fear behavior in fish. *Current Biology* 22: 538–44.

Matsuzawa, T. 2011. What is uniquely human? A view from comparative cognitive development in humans and chimpanzees. In *The Primate Mind*, ed. F. B. M. de Waal and P. F. Ferrari, 288–305. Cambridge, MA: Harvard University Press.

McConnell, P. 2005. *For the Love of a Dog*. New York: Ballantine Books.

McFarland, D. 1987. *The Oxford Companion to Animal Behaviour*. Oxford: Oxford University Press.［『オックスフォード動物行動学事典』木村武二監訳、どうぶつ社、1993］

Mendl, M., O. H. P. Burman, and E. S. Paul. 2010. An integrative and functional framework for the study of animal emotion and mood. *Proceeding of the Royal Society B* 277: 2895–904.

Michl, P., et al. 2014. Neurobiological underpinnings of shame and guilt: A pilot fMRI study. *Social Cognitive and Affective Neuroscience* 9: 150–57.

Miller, K. R. 2018. *The Human Instinct: How We Evolved to Have Reason, Consciousness, and Free Will*. New York: Simon and Schuster.

Mogil, J. S. 2015. Social modulation of and by pain in humans and rodents. *PAIN* 156:S35–S41.

Mulder, M. 1977. *The Daily Power Game*. Amsterdam: Nijhoff.

Nagasaka, Y. et al. 2013. Spontaneous synchronization of arm motion between Japanese macaques. *Scientific Reports* 3: 1151.

Neal, D. T., and T. L. Chartrand. 2011. Amplifying and dampening facial feedback modulates emotion perception accuracy. *Social Psychological and Personality Science* 2: 673–78.

Nishida, T. 1996. The death of Ntologi: The unparalleled leader of M Group. *Pan Africa News* 3: 4.

Norscia, I., and E. Palagi. 2011. Yawn contagion and empathy in *Homo sapiens*. *PloS ONE* 6: e28472.

Nowak, M., and R. Highfield. 2011. *SuperCooperators: Altruism, Evolution, and Why We Need Each Other to Succeed*. New York: Free Press.

Nummenmaa, L., E. Glerean, R. Hari, and J. K. Hietanen. 2014. Bodily maps of emotions. *Proceedings of the National Academy of Sciences USA* 111: 646–51.

Nussbaum, M. 2001. *Upheavals of Thought: The Intelligence of Emotions*. Cambridge: Cambridge University Press.

O'Brien, E., S. H. Konrath, D. Grühn, and A. L. Hagen. 2013. Empathic concern and perspective taking: Linear and quadratic effects of age across the adult life span.

む動物たち』秋山勝訳、草思社文庫、2018]

Koepke, A. E., S. L. Gray, and I. M. Pepperberg. 2015. Delayed gratification: A grey parrot (*Psittacus erithacus*) will wait for a better reward. *Journal of Comparative Psychology* 129: 339–46.

Kraus, M. W., and T. W. Chen. 2013. A winning smile? Smile intensity, physical dominance, and fighter performance. *Emotion* 13: 270–79.

Kropotkin, P. 2009 [orig. 1902]. *Mutual Aid: A Factor of Evolution*. New York: Cosimo. [『相互扶助論』大杉栄訳、同時代社、2017、他]

Ladygina-Kohts, N. N. 2002 [orig. 1935]. *Infant Chimpanzee and Human Child: A Classic 1935 Comparative Study of Ape Emotions and Intelligence*. Ed. F. B. M. de Waal. Oxford: Oxford University Press.

Lahr, J. 2000. *Dame Edna Everage and the Rise of Western Civilisation: Backstage with Barry Humphries*, 2nd ed. Berkeley: University of California Press.

Langford, D. J., et al. 2010. Coding of facial expressions of pain in the laboratory mouse. *Nature Methods* 7: 447–49.

Lazarus, R., and B. Lazarus. 1994. *Passion and Reason*. New York: Oxford University Press.

LeDoux, J. E. 2014. Coming to terms with fear. *Proceedings of the National Academy of Sciences USA* 111: 2871–78.

Leuba, J. H. 1928. Morality among the animals. *Harper's Monthly* 937: 97–103.

Limbrecht-Ecklundt, K., et al. 2013. The effect of forced choice on facial emotion recognition: A comparison to open verbal classification of emotion labels. *GMS Psychosocial Medicine* 10.

Lindegaard, M. R., et al. 2017. Consolation in the aftermath of robberies resembles post-aggression consolation in chimpanzees. *PLoS ONE* 12: e0177725.

Lipps, T. 1903. Einfühlung, innere Nachahmung und Organenempfindungen. *Archiv für die gesamte Psychologie* 1: 465–519.

Lorenz, K. 1960. *So kam der Mensch auf den Hund*. Vienna: Borotha-Schoeler. [『人イヌにあう』小原秀雄訳、ハヤカワ文庫NF、2009、他]

———. 1966. *On Aggression*. New York: Harcourt. [『攻撃——悪の自然誌』日高敏隆・久保和彦訳、みすず書房、1985、他]

———. 1980. Tiere sind Gefühlsmenschen. *Der Spiegel* 47: 251–64.

Magee, B., and R. E. Elwood. 2013. Shock avoidance by discrimination learning in the shore crab (*Carcinus maenas*) is consistent with a key criterion for pain. *Journal of Experimental Biology* 216: 353–58.

Maslow, A. H. 1936. The role of dominance in the social and sexual behavior of infra-human primates: I. Observations at Vilas Park Zoo. *Journal of Genetic Psychology* 48: 261–77.

368–81.

Hobaiter, C., and R. W. Byrne. 2010. Able-bodied wild chimpanzees imitate a motor procedure used by a disabled individual to overcome handicap. *PLoS ONE* 5: e11959.

Hockings, K. J., et al. 2007. Chimpanzees share forbidden fruit. *PLoS ONE* 2: e886.

Hofer, M. K., H. K. Collins, A. V. Whillans, and F. S. Chen. 2018. Olfactory cues from romantic partners and strangers influence women's responses to stress. *Journal of Personality and Social Psychology* 114: 1–9.

Hoffman, M. L. 1981. Is altruism part of human nature? *Journal of Personality and Social Psychology* 40: 121–37.

Horgan, J. 2014. Thanksgiving and the slanderous myth of the savage savage. *Scientific American Cross-Check Blog*.

Horner, V., and F. B. M. de Waal. 2009. Controlled studies of chimpanzee cultural transmission. *Progress in Brain Research* 178: 3–15.

Horner, V., D. J. Carter, M. Suchak, and F. B. M. de Waal, 2011. Spontaneous prosocial choice by chimpanzees. *Proceedings of the Academy of Sciences USA* 108: 13847–51.

Horowitz, A. 2009. *Inside of a Dog: What Dogs See, Smell, and Know*. New York: Scribner. [『犬から見た世界——その目で耳で鼻で感じていること』竹内和世訳、白揚社、2012]

Hrdy, S. B. 2009. *Mothers and Others: The Evolutionary Origins of Mutual Understanding*. Cambridge, MA: Belknap.

James, W. 1950 [orig. 1890]. *The Principles of Psychology*. New York: Dover.

Janmaat, K. R. L., L. Polansky, S. D. Ban, and C. Boesch. 2014. Wild chimpanzees plan their breakfast time, type, and location. *Proceedings of the National Academy of Sciences USA* 111: 16343–48.

Jasanoff, A. 2018. *The Biological Mind: How Brain, Body, and Environment Collaborate to Make Us Who We Are*. New York: Basic Books.

Kaburu, S. S. K., S. Inoue, and N. E. Newton-Fisher. 2013. Death of the alpha: Within-community lethal violence among chimpanzees of the Mahale Mountains National Park. *American Journal of Primatology* 75: 789–97.

Kaminski, J., et al. 2017. Human attention affects facial expressions in domestic dogs. *Scientific Reports* 7: 12914.

Kano, T. 1992. *The Last Ape: Pygmy Chimpanzee Behavior and Ecology*. Stanford, CA: Stanford University Press.

Kellogg, W. N., and L. A. Kellogg. 1967 [orig. 1933]. *The Ape and the Child: A Study of Environmental Influence upon Early Behavior*. New York: Hafner.

King, B. J. 2013. *How Animals Grieve*. Chicago: University of Chicago Press. [『死を悼

Godfrey-Smith, P. 2016. *Other Minds: The Octopus, the Sea, and the Deep Origins of Consciousness*. New York: Farrar, Strauss and Giroux.

Goldstein, P., I. Weissman-Fogel, G. Dumas, and S. G. Shamay-Tsoory. 2018. Brain-to-brain coupling during handholding is associated with pain reduction. *Proceedings of the National Academy of Sciences USA* 115: 201703643.

Goleman, D. 1995. *Emotional Intelligence*. New York: Bantam. [『EQ――こころの知能指数』土屋京子訳、講談社+α文庫、1998、他]

Goodall, J. 1986a. *The Chimpanzees of Gombe: Patterns of Behavior*. Cambridge, MA: Belknap. [『野生チンパンジーの世界』杉山幸丸・松沢哲郎監訳、ミネルヴァ書房、2017、他]

———. 1986b. Social rejection, exclusion, and shunning among the Gombe chimpanzees. *Ethology and Sociobiology* 7: 227–36.

———. 1990. *Through a Window: My Thirty Years with the Chimpanzees of Gombe*. Boston: Houghton Mifflin. [『心の窓――チンパンジーとの三〇年』高崎和美・高崎浩幸・伊谷純一郎訳、どうぶつ社、1994]

Grandin, T., and C. Johnson. 2009. *Animals Make Us Human: Creating the Best Life for Animals*. Boston: Houghton Mifflin. [『動物が幸せを感じるとき――新しい動物行動学でわかるアニマル・マインド』中尾ゆかり訳、NHK出版、2011]

Greenfeld, L. 2013. Are human emotions universal? *Psychology Today*.

Haeckel, E. 2012 [orig. 1884]. *The History of Creation, Or the Development of the Earth and its Inhabitants by the Action of Natural Causes*, vol. 1. Project Gutenberg. [『自然創造史1』石井友幸訳、晴南社、1946、他]

Hampton, R. R. 2001. Rhesus monkeys know when they remember. *Proceedings of the National Academy of Sciences USA* 98: 5359–62.

Hare, B., and S. Kwetuenda. 2010. Bonobos voluntarily share their own food with others. *Current Biology* 20: R230–R231.

Hebb, D. O. 1946. Emotion in man and animal: An analysis of the intuitive processes of recognition. *Psychological Review* 53: 88–106.

Herculano-Houzel, S. 2009. The human brain in numbers: A linearly scaledup primate brain. *Frontiers in Human Neuroscience* 3: 1–11.

———. 2016. *The Human Advantage: A New Understanding of How Our Brain Became Remarkable*. Cambridge, MA: MIT Press.

Herculano-Houzel, S., et al. 2014. The elephant brain in numbers. *Frontiers in Neuroanatomy* 8: 46.

Hillman, K. L., and D. K. Bilkey. 2010. Neurons in the rat Anterior Cingulate Cortex dynamically encode cost-benefit in a spatial decision-making task. *Journal of Neuroscience* 30: 7705–13.

Hills, T. T., and S. Butterfill. 2015. From foraging to autonoetic consciousness: The primal self as a consequence of embodied prospective foraging. *Current Zoology* 61:

Filippi, P. et al. 2017. Humans recognize emotional arousal in vocalizations across all classes of terrestrial vertebrates: Evidence for acoustic universals. *Proceedings of the Royal Society B* 284: 20170990.

Finlayson, K., J. F. Lampe, S. Hintze, H. Würbel, and L. Melotti. 2016. Facial indicators of positive emotions in rats. *PLoS ONE* 11: e0166446.

Flack, J. C., L. A. Jeannotte, and F. B. M. de Waal. 2004. Play signaling and the perception of social rules by juvenile chimpanzees. *Journal of Comparative Psychology* 118: 149–59.

Foerster, S., et al. 2016. Chimpanzee females queue but males compete for social status. *Scientific Reports* 6: 35404.

Fouts, R., and T. Mills. 1997. *Next of Kin*. New York: Morrow. [『限りなく人類に近い隣人が教えてくれたこと』高崎浩幸・高崎和美訳、角川書店、2000]

Frankfurt, H. G. 1971. Freedom of the will and the concept of a person. *Journal of Philosophy* 68: 5–20.

———. 2005. *On Bullshit*. Princeton, NJ: Princeton University Press. [『ウンコな議論』山形浩生訳、ちくま学芸文庫、2016、他]

Fruteau, C., E. van Damme, and R. Noë. 2013. Vervet monkeys solve a multiplayer "forbidden circle game" by queuing to learn restraint. *Current Biology* 23: 665–70.

Fruth, B., and G. Hohmann. 2018. Food sharing across borders: First observation of intercommunity meat sharing by bonobos at LuiKotale, DRC. *Human Nature* 29: 91–103.

Fry, D. P. 2013. *War, Peace, and Human Nature: The Convergence of Evolutionary and Cultural Views*. Oxford: Oxford University Press.

Furuichi, T. 1997. Agonistic interactions and matrifocal dominance rank of wild bonobos (*Pan paniscus*) at Wamba. *International Journal of Primatology* 18: 855–75.

———. 2011. Female contributions to the peaceful nature of bonobo society. *Evolutionary Anthropology* 20: 131–42.

Gadanho, S. C., and J. Hallam. 2001. Robot learning driven by emotions. *Adaptive Behavior* 9: 42–64.

Garcia, J., D. J. Kimeldorf, and R. A. Koelling. 1955. Conditioned aversion to saccharin resulting from exposure to gamma radiation. *Science* 122: 157–58.

Gazzaniga, M. S. 2008. *Human: The Science Behind What Makes Your Brain Unique*. New York: Ecco. [『人間とはなにか——脳が明かす「人間らしさ」の起源』上下巻、柴田裕之訳、ちくま学芸文庫、2018、他]

Gesquiere, L. R., et al. 2011. Life at the top: Rank and stress in wild male baboons. *Science* 333: 357–60.

Ghiselin, M. 1974. *The Economy of Nature and the Evolution of Sex*. Berkeley: University of California Press.

屋書店、2017]
de Waal, F. B. M., and L. M. Luttrell. 1985. The formal hierarchy of rhesus monkeys: An investigation of the bared-teeth display. *American Journal of Primatology* 9: 73–85.
———. 1988. Mechanisms of social reciprocity in three primate species: Symmetrical relationship characteristics or cognition? *Ethology and Sociobiology* 9: 101–18.
de Waal, F. B. M., and J. Pokorny. 2008. Faces and behinds: Chimpanzee sex perception. *Advanced Science Letters* 1: 99–103.
Dehaene, S., and L. Naccache. 2001. Towards a cognitive neuroscience of consciousness: Basic evidence and a workspace framework. *Cognition* 79: 1–37.
Descartes, R. 2003 [orig. 1633]. *Treatise of Man*. Paris: Prometheus.
Dimberg, U., P. Andréasson, and M. Thunberg. 2011. Emotional empathy and facial reactions to facial expressions. *Journal of Psychophysiology* 25: 26–31.
Dimberg, U., M. Thunberg, and K. Elmehed. 2000. Unconscious facial reactions to emotional facial expressions. *Psychological Science* 11: 86–89.
Douglas, C., et al. 2012. Environmental enrichment induces optimistic cognitive biases in pigs. *Applied Animal Behaviour Science* 139: 65–73.
Dugatkin, L. A. 2011. *The Prince of Evolution: Peter Kropotkin's Adventures in Science and Politics*. CreateSpace.
Easterlin, R. 1974. Does economic growth improve the human lot? In *Nations and Households in Economic Growth: Essays in Honor of Moses Abramovitz*. Ed. M. Abramovitz, P. David, and M. Reder, 89–125. New York: Academic Press.
Eibl-Eibesfeldt, I. 1973. *Der vorprogrammierte Mensch: Das Ererbte als bestimmender Faktor im menschlichen Verhalten*. Vienna: Verlag Fritz Molden. [『プログラムされた人間——攻撃と親愛の行動学』霜山徳爾・岩淵忠敬訳、平凡社、1977]
Ekman, P. 1998. Afterword: Universality of emotional expression? A personal history of the dispute. In *Darwin*, ed. P. Ekman, 363–93. New York: Oxford University Press.
Ekman, P., and W. V. Friesen. 1971. Constants across cultures in the face and emotion. *Journal of Personality and Social Psychology* 17: 124–29.
Essler, J. L., W. V. Marshall-Pescini, and F. Range, 2017. Domestication does not explain the presence of inequity aversion in dogs. *Current Biology* 27: 1861–65.
Evans, T. A., and M. J. Beran. 2007. Chimpanzees use self-distraction to cope with impulsivity. *Biology Letters* 3: 599–602.
Fehr, E., H. Bernhard, and B. Rockenbach, 2008. Egalitarianism in young children. *Nature* 454: 1079–83.
Fessler, D. M. T. 2004. Shame in two cultures: Implications for evolutionary approaches. *Journal of Cognition and Culture* 4: 207–62.

familiaris) to distress in humans: An exploratory study. *Animal Cognition* 15: 851–59.

Damasio, A. R. 1994. *Descartes' Error: Emotion, Reason, and the Human Brain*. New York: Putnam.［『デカルトの誤り――情動、理性、人間の脳』田中三彦訳、ちくま学芸文庫、2010、他］

———. 1999. *The Feeling of What Happens: Body and Emotion in the Making of Consciousness*. New York: Harcourt.［『意識と自己』田中三彦訳、講談社学術文庫、2018、他］

Darwin, C. 1987. *The Correspondence of Charles Darwin*, vol. 2: *1837–1843*. Ed. F. Burkhardt and S. Smith. Cambridge: Cambridge University Press.

———. 1998 [orig. 1872]. *The Expression of the Emotions in Man and Animals*. New York: Oxford University Press.［『人及び動物の表情について』浜中浜太郎訳、岩波文庫、1931］

Davila Ross, M., S. Menzler, and E. Zimmermann. 2007. Rapid facial mimicry in orangutan play. *Biology Letters* 4: 27–30.

de Montaigne, M. 2003 [orig. 1580]. *The Complete Essays*. London: Penguin.

de Waal, F. B. M. 1982. *Chimpanzee Politics*. London: Jonathan Cape.［『チンパンジーの政治学――猿の権力と性』西田利貞訳、産経新聞出版、2006、他］

———. 1986. The brutal elimination of a rival among captive male chimpanzees. *Ethology and Sociobiology* 7: 237–51.

———. 1989. *Peacemaking Among Primates*. Cambridge, MA: Harvard University Press.［『仲直り戦術――霊長類は平和な暮らしをどのように実現しているか』西田利貞・榎本知郎訳、どうぶつ社、1993］

———. 1997a. The chimpanzee's service economy: Food for grooming. *Evolution and Human Behavior* 18: 375–86.

———. 1997b. *Bonobo: The Forgotten Ape*. Berkeley: University of California Press.［『ヒトに最も近い類人猿ボノボ』加納隆至監修、藤井留美訳、TBSブリタニカ、2000］

———. 2007 [orig. 1982]. *Chimpanzee Politics: Power and Sex among Apes*. Baltimore: Johns Hopkins University Press.［前掲『チンパンジーの政治学』］

———. 2008. Putting the altruism back into altruism: The evolution of empathy. *Annual Review of Psychology* 59: 279–300.

———. 2011. What is an animal emotion? *The Year in Cognitive Neuroscience, Annals of the New York Academy of Sciences* 1224: 191–206.

———. 2013. *The Bonobo and the Atheist: In Search of Humanism Among the Primates*. New York: Norton.［『道徳性の起源――ボノボが教えてくれること』柴田裕之訳、紀伊國屋書店、2014］

———. 2016. *Are We Smart Enough to Know How Smart Animals Are?* New York: Norton.［『動物の賢さがわかるほど人間は賢いのか』松沢哲郎監訳、柴田裕之訳、紀伊國

Calcutt, S. E., T. L. Rubin, J. Pokorny, and F. B. M. de Waal. 2017. Discrimination of emotional facial expressions by tufted capuchin monkeys (*Sapajus apella*). *Journal of Comparative Psychology* 131: 40–49.

Call, J. 2004. Inferences about the location of food in the great apes. *Journal of Comparative Psychology* 118: 232–41.

Campbell, M. W., and F. B. M. de Waal. 2011. Ingroup-outgroup bias in contagious yawning by chimpanzees supports link to empathy. *PloS ONE* 6: e18283.

Caruana, F., et al. 2011. Emotional and social behaviors elicited by electrical stimulation of the insula in the macaque monkey. *Current Biology* 21: 195–99.

Chamberlain, D. B. 1991. Babies don't feel pain: A century of denial in medicine. Lecture at the 2nd International Symposium on Circumcision, San Francisco, CA.

Chen, P. Z., R. L. Carrasco, and P. K. L. Ng. 2017. Mangrove crab uses victory display to "browbeat" losers from re-initiating a new fight. *Ethology* 123: 981–88.

Chester, D. S., and C. N. DeWall. 2017. Combating the sting of rejection with the pleasure of revenge: A new look at how emotion shapes aggression. *Journal of Personality and Social Psychology* 112: 413–30.

Churchill, W. S. 1924. Shall we commit suicide? *Nash's Pall Mall Magazine*.

Churchland, P. S. 2011. *Braintrust: What Neuroscience Tells Us about Morality*. Princeton, NJ: Princeton University Press.[『脳がつくる倫理――科学と哲学から道徳の起源にせまる』信原幸弘・樫則章・植原亮訳、化学同人、2013]

Clay, Z., and F. B. M. de Waal. 2013. Development of socio-emotional competence in bonobos. *Proceedings of the National Academy of Sciences USA* 110: 18121–26.

Clayton, N. S., and A. Dickinson. 1998. Episodic-like memory during cache recovery by scrub jays. *Nature* 395: 272–74.

Coan, J. A., H. S. Schaefer, and R. J. Davidson. 2006. Lending a hand: Social regulation of the neural response to threat. *Psychological Science* 17: 1032–39.

Coe, C. L., and L. A. Rosenblum. 1984. Male dominance in the bonnet macaque: A malleable relationship. In *Social Cohesion: Essays Toward a Sociophysiological Perspective*, ed. P. R. Barchas and S. P. Mendoza, 31–63. Westport, CT: Greenwood.

Cordain, L., et al. 2000. Plant-animal subsistence ratios and macronutrient energy estimations in worldwide hunter-gatherer diets. *American Journal of Clinical Nutrition* 71: 682–92.

Crick, F. 1995. *The Astonishing Hypothesis: The Scientific Search for the Soul*. New York: Scribner.[『DNAに魂はあるか――驚異の仮説』中原英臣訳、講談社、1995]

Curtis, V. A. 2014. Infection-avoidance behaviour in humans and other animals. *Trends in Immunology* 35: 457–64.

Custance, D., and J. Mayer. 2012. Empathic-like responding by domestic dogs (*Canis* rats. *Science* 334: 1427–30.

Barton, R. A., and C. Venditti. 2013. Human frontal lobes are not relatively large. *Proceedings of the National Academy of Sciences USA* 110: 9001–9006.

Baumeister, R. F. 2008. Free will in scientific psychology. *Perspectives on Psychological Science* 3: 14–19.

Bekoff, M. 1972. The development of social interaction, play, and metacommunication in mammals: An ethological perspective. *Quarterly Review of Biology* 47: 412–34.

Beran, M. J. 2002. Maintenance of self-imposed delay of gratification by four chimpanzees (*Pan troglodytes*) and an orangutan (*Pongo pygmaeus*). *Journal of General Psychology* 129: 49–66.

Berns, G. S., A. Brooks, and M. Spivak. 2013. Replicability and heterogeneity of awake unrestrained canine fMRI responses. *PLoS ONE* 8: e81698.

Biro, D., T. Humle, K. Koops, C. Sousa, M. Hayashi, and T. Matsuzawa. 2010. Chimpanzee mothers at Bossou, Guinea, carry the mummified remains of their dead infants. *Current Biology* 20: R351–R352.

Bloom, P. 2016. *Against Empathy: The Case for Rational Compassion*. New York: Ecco. [『反共感論——社会はいかに判断を誤るか』高橋洋訳、白揚社、2018]

Boesch, C. 1994. Cooperative hunting in wild chimpanzees. *Animal Behaviour* 48: 653–67.

Bosch, O. J., et al. 2009. The CRF System mediates increased passive stress-coping behavior following the loss of a bonded partner in a monogamous rodent. *Neuropsychopharmacology* 34: 1406–15.

Braithwaite, V. 2010. *Do Fish Feel Pain?* Oxford: Oxford University Press. [『魚は痛みを感じるか?』高橋洋訳、紀伊國屋書店、2012]

Brosnan, S. F., and F. B. M. de Waal. 2003a. Regulation of vocal output by chimpanzees finding food in the presence or absence of an audience. *Evolution of Communication* 4: 211–24.

———. 2003b. Monkeys reject unequal pay. *Nature* 425: 297–99.

———. 2014. The evolution of responses to (un)fairness. *Science* 346: 314–322.

Brotcorne, F., et al. 2017. Intergroup variation in robbing and bartering by long-tailed macaques at Uluwatu Temple (Bali, Indonesia). *Primates* 58: 505–16.

Buchanan, T. W., S. L. Bagley, R. B. Stansfield, and S. D. Preston. 2012. The empathic, physiological resonance of stress. *Social Neuroscience* 7: 191–201.

Burkett, J., et al. 2016. Oxytocin-dependent consolation behavior in rodents. *Science* 351: 375–78.

Burrows, A. M., B. M. Waller, L. A. Parr, and C. J. Bonar. 2006. Muscles of facial expression in the chimpanzee (*Pan troglodytes*): Descriptive, comparative and phylogenetic contexts. *Journal of Anatomy* 208: 153–67.

参考文献

Adang, O. 1999. *De Machtigste Chimpansee van Nederland*. Amsterdam: Nieuwezijds.

Alexander, R. D. 1986. Ostracism and indirect reciprocity: The reproductive significance of humor. *Ethology and Sociobiology* 7: 253–70.

Alvard, M. 2004. The Ultimatum Game, fairness, and cooperation among big game hunters. In *Foundations of Human Sociality: Ethnography and Experiments from Fifteen Small-Scale Societies*, ed. J. Henrich et al., 413–35. London: Oxford University Press.

Anderson, J. R., et al. 2017. Third-party social evaluations of humans by monkeys and dogs. *Neuroscience and Biobehavioral Reviews* 82: 95–109.

Anderson, J. R., A. Gillies, and L. C. Lock. 2010. Pan thanatology. *Current Biology* 20: R349–R351.

Andrew, R. J. 1963. The origin and evolution of the calls and facial expressions of the primates. *Behaviour* 20: 1–109.

Andrews, K., and Beck, J. 2018. *The Routledge Handbook of Philosophy of Animal Minds*. Oxford: Routledge.

Apicella, C. L., F. W. Marlowe, J. H. Fowler, and N. A. Christakis. 2012. Social networks and cooperation in hunter-gatherers. *Nature* 481: 497–501.

Appel, H. M., and R. B. Cocroft. 2014. Plants respond to leaf vibrations caused by insect herbivore chewing. *Oecologia* 175: 1257–66.

Arbib, M. A., and J. M. Fellous. 2004. Emotions: From brain to robot. *Trends in Cognitive Sciences* 8: 554–61.

Aureli, F., R. Cozzolino, C. Cordischi, and S. Scucchi. 1992. Kin-oriented redirection among Japanese macaques: An expression of a revenge system? *Animal Behaviour* 44: 283–91.

Bailey, M. B. 1986. Every animal is the smartest: Intelligence and the ecological niche. In *Animal Intelligence*, ed. R. Hoage and L. Goldman, 105–13. Washington, DC: Smithsonian Institution Press.

Baron-Cohen, S. 2005. Autism—'autos': Literally, a total focus on the self? In *The Lost Self: Pathologies of the Brain and Identity*, ed. T. E. Feinberg and J. P. Keenan, 166–80. Oxford: Oxford University Press.

Barrett, L. F. 2016. Are emotions natural kinds? *Perspectives on Psychological Science* 1: 28–58.

Bartal, I. B.-A., et al. 2016. Anxiolytic treatment impairs helping behavior in rats. *Frontiers in Psychology* 7: 850.

Bartal, I. B.-A., J. Decety, and P. Mason. 2011. Empathy and pro-social behavior in

［マ行］

［ヤ行］

［ラ行］

[タ行]

[ナ行]

[ハ行]

[サ行]

［カ行］

索引

［英文字］

［ア行］

著者

フランス・ドゥ・ヴァール Frans de Waal

1948年オランダ生まれ。エモリー大学心理学部教授、ヤーキーズ国立霊長類研究センターのリヴィング・リンクス・センター所長、ユトレヒト大学特別教授。霊長類の社会的知能研究における第一人者であり、その著書は20以上の言語に翻訳されている。米国科学アカデミー会員。2007年には米「タイム」誌の「世界で最も影響力のある100人」、2019年には英「プロスペクト」誌の「世界のトップ思想家50人」の一人に選ばれた。邦訳された著書に、『動物の賢さがわかるほど人間は賢いのか』『道徳性の起源』『共感の時代へ』(以上、紀伊國屋書店)、『チンパンジーの政治学』(産経新聞出版)、『あなたのなかのサル』(早川書房)、『サルとすし職人』(原書房)、『利己的なサル、他人を思いやるサル』(草思社)ほかがある。

訳者

柴田裕之(しばた・やすし)

1959年生まれ。翻訳家。早稲田大学理工学部、アーラム大学卒。訳書にハラリ『21Lessons』『ホモ・デウス』『サピエンス全史』(以上、河出書房新社)、ベジャン『流れといのち』『流れとかたち』、ドゥ・ヴァール『動物の賢さがわかるほど人間は賢いのか』『道徳性の起源』『共感の時代へ』、コーク『身体はトラウマを記録する』(以上、紀伊國屋書店)、ファーガソン『スクエア・アンド・タワー』(東洋経済新報社)、トポル『ディープメディスン』(NTT出版)ほか多数。

ママ、最後《さいご》の抱擁《ほうよう》

わたしたちに動物《どうぶつ》の情動《じょうどう》がわかるのか

2020年 10月 8日　第1刷発行

発行所…………株式会社 **紀伊國屋書店**

東京都新宿区新宿3-17-7

出版部（編集）03(6910)0508

ホールセール部（営業）03(6910)0519

〒153-8504　東京都目黒区下目黒3-7-10

装幀……………芦澤泰偉＋五十嵐 徹

印刷・製本………中央精版印刷

ISBN978-4-314-01178-5 C0045　Printed in Japan

定価は外装に表示してあります